U0190225

自然的 召唤

粪便的秘密

[英] 理查德·琼斯 著

郑浩 译

广西师范大学出版社

·桂林·

自然的召唤
ZIRAN DE ZHAOHUAN

CALL OF NATURE: The Secret Life of Dung
by Richard Jones
Copyright © 2017 Richard Jones
Published by arrangement with Pelagic Publishing
through Bardon-Chinese Media Agency
Simplified Chinese translation copyright © 2020
by Guangxi Normal University Press Group Co., Ltd.
ALL RIGHTS RESEVED
著作权合同登记号桂图登字：20-2018-038 号

图书在版编目（CIP）数据

自然的召唤：粪便的秘密 /（英）理查德·琼斯著；
郑浩译. --桂林：广西师范大学出版社，2020.11
书名原文：Call of Nature: The Secret Life of Dung
ISBN 978-7-5598-3095-1

Ⅰ．①自… Ⅱ．①理…②郑… Ⅲ．①粪便处理－普
及读物 Ⅳ．①X705-49

中国版本图书馆 CIP 数据核字（2020）第 197183 号

广西师范大学出版社出版发行

（广西桂林市五里店路 9 号　邮政编码：541004）
网址：http://www.bbtpress.com

出版人：黄轩庄
全国新华书店经销
湛江南华印务有限公司印刷

（广东省湛江市霞山区绿塘路 61 号　邮政编码：524002）

开本：880 mm × 1 230 mm　1/32
印张：13.25　　字数：360 千
2020 年 11 月第 1 版　　2020 年 11 月第 1 次印刷
定价：108.00 元

如发现印装质量问题，影响阅读，请与出版社发行部门联系调换。

目 录

推荐序

在古埃及神话传说中，太阳神推滚着太阳每天行经天空，夜晚则穿过冥界返回东方，并再次于地下重生。圣蜣螂（*Scarabaeus sacer* Linnaeus，1758）是埃及常见的个体较大的昆虫，古埃及人经常看到圣蜣螂在清晨太阳初升的时候制作粪球，并在原野上推滚粪球，行动敏捷，就像太阳越过天空一样，粪球不断被制作和埋入土壤被视为日升日落。除了行为上具有"神迹"，圣蜣螂的形态结构也具有"神迹"，其头部唇基前缘为齿状，与太阳光芒四射暗合；6个足总共30节，这与一个月30日刚好相同。因此蜣螂不但被视为太阳神的化身，还被视为灵魂不朽的象征。取食粪便的蜣螂被视为至高无上的太阳神，这对现代人来说可能难以理解。圣蜣螂因为结合了太阳、土壤和牲口三个农业社会最重要的因素，而受到古埃及人的重视。这近乎天意的"安排"也造就了圣甲虫。古罗马和古希腊继承和改变了对圣甲虫的崇拜，直到古希腊晚期仍以蜣螂作为避邪圣物，旧约圣经中也提到了蜣螂，但欧洲人仅认为圣甲虫是幸运的象征了，其神话传说的色彩已经显著减弱。

哺乳动物粪便是一个特殊的生境，也是生态系统中物质循环和能量流动的重要节点。取食粪便的昆虫很多，其中以金龟科蜣螂亚科（正文中的金龟亚科）和蜉金龟亚科、粪金龟科等类群为主，尤其是蜣螂可以高效地使哺乳动物粪便快速破碎化，在生态系统中扮演了重要的分解者角色。哺乳动物粪便经过蜣螂的消化系统后，仅少量被吸收消化，大部分被蜣螂排泄到土壤中，这无疑增加了土壤的肥力。另外蜣螂在土壤中掘洞，客观上也疏松了土壤。蜣螂是植物种子"二次"传播的一个重要途径，在马来西亚，蜣螂也可以为姜科植物传粉，这些蜣螂与植物的互作关系客观上促进了植被恢复和水源涵养。蜣螂还可以与其他动物产生互作关系，比如蜣螂一方面可以将地表粪便快速转移到地下，降低粪生有害双翅目昆虫的滋生，另一方面蜣螂可以携播捕食双翅目昆虫的卵和幼虫的巨螯螨，进一步降低双翅目昆虫的种群数量，因此加拿大农业部也把蜣螂作为天敌昆虫，纳入家畜有害生物防治体系中。除此之外，能够导致狼或狗消化道疾病的旋尾线虫可以寄生在蜣螂体内，蜣螂扮演了其发育历程中必需的中间宿主角色。综上，蜣螂的生态价值和保护意义重大，相关著述颇丰。

　　蜣螂具有复杂的行为及与之相适应的特化形态结构，这些结构也被开发作为仿生对象。比如蜣螂在粪便中出入自由，而且"出粪便而不染"，其特殊的脱附仿生原理在于蜣螂体壁表面具有的刚毛、凹陷、鞘翅纵沟、皱纹等结构，构成其体表的非光滑表面。这些非光滑表面具有减粘脱附的功能。因此蜣螂在材料学和工程学上都具有重要的仿生意义，目前已据此设计出新型的推土机、犁壁、铁锨、饭铲、菜刀和不粘锅等，解决了国民生产生活中的很多实际问题，具有重要的经济意义。很多蜣螂是夜间活动的昆虫，其复眼具有特定区域，能够感受微弱的月光偏振光，并据此导航和辨识方向，这对于开发新型导航系统具有重要参考价值。除了以上仿生应用，蜣螂在中国也是传统中药，蜣螂提取物可用于广谱性抗菌、抗病毒、抗肿瘤细胞、抑制前列腺增生等药品的开发。同时，世界上虫草属有400多种，这么多种的虫草并不全寄生在蝙蝠蛾幼虫上，而是广泛分布在昆虫纲多个目，其中包括最初从蜣螂中发现的虫草——蜣螂虫草（*Cordyceps geotrupis* Teng，1934）。目前只有中药冬虫夏草作为临床之用，对于蜣螂虫草是否具有药效，还有待进一步研究。

粪食性昆虫在文化、理论研究和应用等方面都具有重要的内涵和价值，我自博士期间开始对粪食性金龟开展研究工作，目前负责的《中国动物志·蜣螂卷》也进入了出版流程。欣闻本译著《自然的召唤：粪便的秘密》临近付梓，该书原著与法布尔《昆虫记》相比，其内容的科学性、深度和广度都提升了一个层次，译者行文流畅，对于读者了解粪食性昆虫颇有裨益。

白　明

2020年秋于北京

译者序：何以为脏

"这句话逻辑不通"，我的朋友抗议道。

那是在二校之前，编辑把电子版发给我。恰逢这位朋友来找我倒腾代码，我打开序给他读。谁知才读到第三句，就出现了上面的一幕。

当时的版本是这样的，"与大众认知相反，粪便一词并不'脏'"。我以为自己抖了个机灵，因为原文是"Contrary to popular opinion, excrement is not a dirty word"，而我从无直译之心，把"非脏词"处理成"词不'脏'"，似乎顺理成章。

这个不必要的机灵并非难以领会，关键在于个人对脏词的界定和理解。在本书末章，作者以可观的篇幅罗列出与粪便有关的词汇，其中也包括少数众所周知的英文脏词。该章主标题十分值得"玩味"，原文为"Dung is a four-letter word"，four-letter word 即脏词，"原材料"来自描述排泄、性行为及生殖器官的词汇，粪词难免出现其中。但 dung 本身亦非脏词，然而它又的确由四个字母组成。这种在字面义和比喻义之间走钢丝的文字游戏让我感到哭笑不得，便索性取其比喻义，最终将之处理为"粪即秽语"，把会心的一笑留给自己。

实际上，作者的逻辑是自洽的。开篇已明确粪非脏词，而末章标题又说粪是"四字词"，不过是为了抖机灵。毕竟，开篇之"粪"词亦收录于末章之"粪学字典"中。尽管从表面上看，我最终的处理打破了这种自洽，但我的态度是开放的。对于客观存在，施以粗暴评价毫无意义，只会沦为笑料。"粪便"当然不是脏话或秽语，与它有关的秽语才是，也就是排泄物"术语"和秽语的极小交集。我就此把自己的处理当成一个笑料，博您一笑，算是一笑还一笑。

就如粪词与某些人口中的秽语存在交集，排泄物与人眼中的秽物的交集似乎更是与生俱来的。然而，就如有些粪词可能已成为使用最为普遍的咒骂武器，粪便本身显然也是世上广为利用的养分资源。虽然无论从字面义，还是从比喻义，粪便都有臭不可闻的属性，但贡献这种不可闻之臭的化学物质，也是某些香水之所以香，某些加工食品之所以受欢迎的幕后功臣。不管您愿不愿意，粪便中的部分细菌会通过某种途径重新回到您的肠道，成为您生命中不可或缺的"益生菌"的一部分。简而言之，在某种意义上，您的眼中之脏、口中之秽、鼻嗅之臭、所排之污皆为您所"爱"。其原因，则在于它们与您息息相关，与人类脱不了干系。

说到这里，与其装模作样地自我"灵魂拷问"——何以为脏，不如说这种"脏"属于我们想努力摆脱却注定无法实现的物事。实际上，我无意就对"脏"的界定和理解展开讨论，我只想提醒读者，对于内心排斥的话题，我们要保持开放的心态、清醒的头脑，去认识它，看清它。

本书并不想说服您"拥抱"粪便，其讲述的主要对象实为利用粪便的生物及其手段，只是一来人类是利用主体当中的一分子，二来绕不过被利用的客体，才容易让人联想到人及其排泄物。事实上，即便是讲粪便，人粪也不是相关内容的主角，牛粪和象粪更有资格。

我把利用粪便的其他生物称作"粪客"。粪客不嫌弃粪便，它们是本书的真正主角。"粪甲"又是主角中的主角，而站在最中间位置的，则是蜣螂。因此，对于昆虫爱好者，尤其是甲虫爱好者而言，本书是一大福利。

相对于读者您，我算得上本书的先期读者。同时，我也在意收拾自己的烂摊子，或者说是个在乎清理"己出之脏"（clean up one's own mess，俗话即"自己的屁股自己擦"）的人。原书给我不错的阅读体验，还带来了不少乐趣。我想说的是，既然自以为"洁癖"（不尽然）如鄙人者都能从这看似臭不可闻的话题中受益匪浅，本书显然有其吸引人的价值。我希望译文不让您失望。若不幸适得其反，我推荐您阅读原书。

郑　浩

2020年9月于北京

作者序

在拘于礼节的社会阶层，人们不常提起它，那是他们关上门、悄悄独自解决的事。不过，那也是每一个人都需要解决的事，即便在整个动物界，也没有哪一个体可以例外。与大众认知相反，"粪"并非脏词。从生物学的角度看，排粪是一个引人入胜的过程，甚至在完成之后仍发挥着重要的作用。

实际上，粪便落地只是另一过程——循环再利用的开始。随之而来的，是围绕它形成的复杂生态网络，众多粪食者、腐食者、捕食者、寄生者争分夺秒，为了能最好地利用"粪量有限"的资源而展开竞争。

古埃及人钟爱推粪型蜣螂，甚至以之为形象造出一个推日的神祇。四千年前，蜣螂护身符曾是最流行的首饰，有的制作工艺细致，款式精美华丽，有的虽缺乏雕琢，但也透出一分质朴的简洁之美。他们的动机如何，我们只能臆测，但古埃及人推崇蜣螂所展现出的智慧和执着却是显而易见的。换言之，他们已彻底抛弃了对这类昆虫某些习性的恶感，转而认同它们对环境友好的循环再利用行为。

没有那些来自嗜粪动物群的无名英雄，我们很快就会埋身于自身和牲畜的粪污之中。这不是夸大其词，如此情形已在地球的另一边发生过。英国在澳大利亚建立殖民地时，曾犯下一个巨大的错误。牛、羊、马这些为我们熟知的牲畜被带到陌生的大陆，200年后，人们不得不从海外搬请救兵来清除它们的粪便，到现在依然远未及问题被解决的地步。

生态环境好比一个互联所有鲜活之物的复杂网络，非一般手段可衡量。我们的研究达不到无所不包、无处不漏、无时不察的程度，但通过着眼世界的局部，观察其中的个体如何相互依存，我们也能得到一些领悟。至少，这可以让我们对这个星球上生物之多样、物事之庞杂的现实产生敬畏之心。一摊粪便虽量少体微，孤形单影，但通过观察那些粪甲、粪蝇及其他来来回回对粪便加以循环再利用的动物，我们便至少迈出了认识全局的第一步。

由此可见，粪便承载着一系列生态启示，一些显得离奇，一些令人震惊，实际上，还有一些让人觉得非常美好。我们没有必要对粪便嗤之以鼻、侧目而视。它们只是维持自然世界运转的小小一分子。我觉得自己非常幸运，从小就对自然历史产生了浓厚的兴趣。尽管在小男生之间流传着诸多关于粪便的笑话，但粪便也是自然历史的一部分，我的爱屋及乌因而也是从小开始的。

父亲向我们使了一个眼色。"你们听到那个没有？"他如是问道。起初，我不知他说的是什么。是房间角落的收音机正在播放的BBC广播四台节目，还是我兄弟猛冲下楼的轰响，或是从厨房灶台上的水壶里发出的水烧开的尖声？都不是。他指的是从窗边传来的几近无声的"滴、滴、滴"的轻叩。他一副了然于胸的神情，好像有什么新鲜玩意儿要炫耀似的。

我那时才10岁。父亲的起居室书盈四壁，但我们管它叫娱乐室，常在里面泡着。父亲坐在房间中央锃亮的木质大书桌后。书桌上散满了笔、论文和书籍，或许还有一台显微镜和一屉昆虫标本。我趴在靠墙的一张稍小的普通办公桌上，可能在写作业。实际上，我不能肯定那时的10岁小孩有作业可写。我更有可能在写自然日记，把那天全家外出远足时的见闻写下来。我甚至有可能在制作自己专属的昆虫标本，或者正胡乱画着一张植物草图或地图。

轻叩声确实是从窗户外面传来的。我们拉开窗帘，想看看是什么。可是，室内的灯光虽然明亮，却无法穿透室外的黑暗，我什么也看不见。我爸更有经验。于是，我们穿上鞋，转到屋前一看究竟。

当我们来到窗下时，叩声停止了，但我爸向窗槛指去。在可能与我的视线齐平或略高的位置，一只甲虫正在黄色的漆面上爬行。这只甲虫中等大小（长12毫米），虫体修长，两侧平行，近圆柱形，体色深褐近黑，足短而粗壮，触角锤状特征明显。这是一只赤足蜉金龟（*Aphodius rufipes*），继而成为我的第一件蜣螂标本。乌斯河从我们家和港口小镇纽黑文之间流过，两岸的河漫滩地形成放牧草甸。这只甲虫就是从那里飞来的，尽管飞行距离只有数百米，但对于一只长约半英寸的昆虫来说，这算得上一大成就。

尽管我现在努力回忆，但仍不能确定，当时的自己是否认为在粪中生活是一种古怪的习性。或许我对粪便再循环的概念已有所感知。可以确定的是，我当时便知道锹甲的幼虫生于腐木之中。我或许还知道"雄蜂蝇"（长尾管蚜蝇）在水浸的树洞中繁殖。反正，它们取食的都是腐败有机质。

在那之后，不用多久，我爸还会向我展示大个头的粪金龟属蜣螂——脊粪金龟（*Geotrupes spiniger*），也有可能是粪金龟（*Geotrupes stercorarius*）。它以不可抗拒的力量在我紧握的手中步步为营，试图逃离桎梏。最终，它成功了，飞离时如同一架迷你直升机升空。它那带齿的足所展现出的力量让我感到惊奇，它飞离时，我能感受到轻柔的下吹风，时至今日仍难以忘怀。

我有"解剖"牛粪的天赋，这样一来，便认识了许多其他种类的蜣螂。我在其中发现过体长略短于赤足蜉金龟，但较之更厚实的掘粪蜉金龟（*Aphodius fossor*），它们个头大，具光泽，是我所爱。其中也有个头小、身被麻斑的佩氏蜉金龟（*Aphodius paykulli*），它们亦是我所爱。当我"升级"到扒狗粪时，身形厚实、形似推土机的龟缩嗡蜣螂（*Onthophagus coenobita*）出现在了我眼前。最终，我在阿什顿森林的兔粪下挖出了神秘的提丰粪金龟（*Typhaeus typhoeus*）。

现在，我仍偶尔在牛粪或马粪中发现赤足蜉金龟，只是它们再也没有出现在我灯光透射的窗前。尽管如此，每当我将这种身形平滑优雅的蜣螂执于指间，我的思绪仍会回到纽黑文的那个温暖夏夜，脑海里回响起那只赤足蜉金龟用它那小巧的头轻叩娱乐室玻璃窗的声音。

理查德·琼斯

2016年1月于伦敦

第一章

绪言——粪为何物？

酱酱的颜色，敲钟般地响，猜猜是什么？

铛——牲口拉的屎！

——《蒙提·派森的飞行马戏团》（1969年12月）①

　　无论是根据我们个人的一手经验，还是基于我们与牲畜颇深的历史渊源，粪便最为人熟知的颜色是褐色。这是它的默认颜色，在以屎屎尿尿为主题的漫画里如此，在恶搞店里售卖的塑料狗狗便便玩具亦是如此。不过，只要您曾在狗屎遍地如雷区一般的都市街道上穿行过，就会知道，那些懒惰又缺心眼的狗主人未扫除的"地雷"，从灰黄到红再到黑，什么颜色都有。如果把所有种类动物的排泄物都算上，这调色板上的颜色很快就会不够用。您看，鬣狗屎是白色的；鸟粪色彩"斑驳"，也可以是白的、灰的；爬行动物排泄的粪便，颜色可浅如淡灰色，也可深如墨水般的蓝黑色（我的宠物束带蛇"贝儿"一月拉两次的屎略呈绿色）；蚜虫分泌的蜜露是透明的，或者说，物如其名，带点蜜的颜色；鳞翅目幼虫的

---

① 谐音幽默，与"铛"同音的dung即为动物粪便。《蒙提·派森的飞行马戏团》（*Monty Python's Flying Circus*），是英国著名喜剧团体Monty Python创作表演的喜剧小品集，于1969—1974年在BBC播出，对现代流行文化影响深远。——译者

虫粪可以是黑色、绿色，甚至可以是偏蓝色的绿松石色。显然，颜色跟大自然中的很多物事一样，不能作为一种实用的指南。

所以，我换一种更好的方式拉开序幕，列出一个教科书式的简单等式，以期理解粪便的基本生物化学原理：

$$食物 - 营养 + 代谢废物 = 粪便$$

回忆过去上过的生物课，您的脑海里或许还能隐约浮现"唾液淀粉酶""胃酸""幽门括约肌"等字眼。肠道中的化学反应固然复杂，但从摄食到排便，一切始于消化。要全面地理解粪便为何物，最好也从简略了解消化过程入手。

有关人类消化过程的研究已较为深入。人类是杂食动物，食性非常广，食物来源遍布世界各地，类型多种多样。因此，当我们研究其他动物时，我们对自身的理解就派上了用场——在研究对象为哺乳动物时尤为如此。因为，它们排泄的，就是我们极为熟悉的褐色粪便。

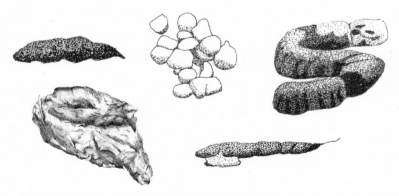

动物粪便千姿百态，大小各异，颜色可为黑色（如刺猬粪，上左），白色（如鬣狗粪，上中），也可为彩色，例如，鹅屎（上右）是绿色的，蛇屎（下右）是蓝灰色的。有的甚至会有紫罗兰的气味（如水獭粪，下左）

食物享受的"豪华服务"

消化过程从咀嚼开始。咀嚼，显然指利用牙齿将大块食物切成小块的物理过程。这不仅使食物易于吞咽，也利于消化液发挥作用。毕竟，食物被嚼成碎软的小块之后，处理起来，比又大又硬的整块要迅速得多。然而，动物咀嚼食物，并不都像人类在餐桌前那般彬彬有礼，细嚼40下才慢咽下去。鸟类没有牙齿，虽然口部也会简单地动几下，但大多时候是为了迫使猎物停止挣扎。实际上，它们将食物整体吞咽，利用砂囊来"咀嚼"。砂囊是鸟类前胃（后接）肌肉发达的部分，内部含有沙砾（或者说是小石子）。在砂囊壁有节奏的运动下，食物被来回挤压，裂碎成更易于消化的基质。除了鸟类，有些爬行动物和鱼类也生有砂囊。无论咀嚼的机制如何，其结果都是形成更易于被胃消化的原材料——都是以使食物颗粒获得更多的表面积为目的，进而使消化的化学过程更易进行。

对于人类而言，咀嚼不只是切割和碾碎。实际上，在唾液消化酶的作用下，一些食物的消化过程在口中便已开始。唾液淀粉酶可将淀粉（面包、马铃薯、意大利面之类食物的主要碳水化合物成分）分解为不同形式的糖。做一个在家里就可以进行的简单实验——将一片面包放入口中，不停地嚼，即使碎得稀烂，也别吞下去。仅过去几分钟，面包就会变甜很多。这是我从过去的生物老师麦考斯兰先生那儿学到的。在O级（有些年轻读者或许对此感到陌生，它是GCSE在过去的称谓）课程[①]上，他表面上是要以实践的方式，向我们展示淀粉的水解催化过程。但我怀疑，那也是为了让闹哄不停的我们安静下来，用一坨略微发霉的面包堵住我

[①] O级（O-Level），即普通教育基本水平证书（General Certificate of Education: Ordinary Level），始行于1951年；GCSE，即普通中等教育证书（General Certificate of Secondary Education），始行于1988年，取代普通教育基本水平证书。两者皆属于英国中等教育认证体系。——译者

们的嘴。口腔的环境是中性的，或略微偏碱性。不过，被嚼成一团的食物被吞下之后，经过食管（或食道），到达胃，就会处于强酸环境之中。

尽管胃中的盐酸酸度强得可将铁溶解，但其存在目的，不仅仅是为了对食物"大打出手"，还在于形成合适的化学环境，让高度复杂的食物消化酶得以"施展拳脚"。消化蛋白质的主要过程在胃中进行。在这一过程中，极度复杂的蛋白分子被剪切成片段。若有细菌随着食物一并入腹，其中大多数也会在这一阶段被酸杀灭。最终，食物成为稀如烂泥般的食糜。这是一种气味刺鼻的灰黄色流质，好似泡满了剁碎的胡萝卜。如果您不幸在进食两小时后发生呕吐，就能见识它们的真容。在胃的底端，有一圈肌肉，形成单向的阀，那就是幽门括约肌。通过它，食糜被缓缓地送入肠部。

人类的小肠完全是另一番天地。它只有手指一般粗，但蜿蜒曲折，长达6米，是细狭的长管结构。小肠是食物消化和吸收的主要场所，若干重要的化学转化过程，便发生在它的前几厘米处。位于胃部之下的胰脏分泌碳酸氢钠，将（进入十二指肠的）胃酸中和,（在小肠内）形成略微偏碱的环境。此外，它还分泌一些碱性（环境下发挥活性的）酶，主要有蛋白酶和肽酶，以及更多的淀粉酶，前两者将蛋白质进一步消化，后者将淀粉分解。胆囊分泌的胆汁是一种黄褐色的稠厚液体，可缓缓地流入肠内，将不溶于水的脂肪乳化成微小的液滴。胆汁还含有一种被称作胆红素的黄色代谢废物。胆红素源自血红蛋白（血液中运输氧的红细胞分子），是受损的红细胞在肝脏内分解后形成的。在穿过消化道的过程中，胆红素转变为另一种色泽浓重的化学物质——粪胆素。就是这种暗棕色色素，使得哺乳动物粪便带上特征鲜明的褐色。

人即人所食

　　组成生命体的生化物质，也是我们所食之物的成分。它们复杂得出奇，大多数的基本组成形式，是数条长链结构。这些结构由重复的化学单元构成，就像珍珠串成的项链。经过折叠、扭曲，这些链状结构交联在一起，就构成了从蛋白质（肌肉组织及食用肉类的组分）到淀粉（诸如意大利面和甜圈圈等食品的热量来源），再到多不饱和脂肪①（我们试图减少摄入的物质——因而选择了低脂人造黄油）的种种物质。在食物消化过程中，来自胰脏的酶，以及小肠自身分泌的另一些酶，就像一把化学剪刀，先将复杂的长"项链"剪断，再把"珍珠"从上面铰下来。无数种由成千（上百万）原子组成的物质，就这样被降解成基础小分子，回到化学单元个体的状态。

　　蛋白质被降解为单体氨基酸，淀粉被降解为单糖，脂肪被降解为短链的油②。这些基本（化学）结构单元，每一种的原子数都不多（10~100原子），小得足以跨过肠壁的半透膜，随着血液和淋巴系统转运，"游走"于体内。为了便于将这些有用的营养化学物质从食糜中分离，小肠内壁表面有褶皱，略微缠绕，并满布细微的指状突起［称为绒毛（villus）］，用显微镜看，就像一块厚厚的长绒地毯。从这里，营养物质被吸收到血液当中，而上述特征极大地扩增了吸收部位的表面积。小肠的规模究竟如何？用您认为可靠的方式统计——通常的一种说法是，若将人类小肠展平，表面积会有一个网球场那么大（260平方米）。如果我没记错的话，还是那个（我从前的生物老师）麦考斯兰先生让我们推算过（现在说的

---

① 多不饱和脂肪（polyunsaturated fat），即多不饱和脂肪酸，指碳链含两个或以上双键的长链脂肪酸。——译者
② 短链的油（short-chain oils），指短链脂肪酸。——译者

是在 A 级①生物学课程上）。那次，他从自己家附近的屠宰场弄来一块羊肠组织。我们仔仔细细，先把显微镜打量个够，再校正好目镜测微尺。接着，整堂课时间，我们可能都在数羊肠上的绒毛，并以此外推，估算这些微观的卷须状结构，究竟相当于几百平方米的实验室地毯。

消化"传送带"上的最后一站是大肠，或者说结肠。大肠长约 1 米，有手腕一般粗。有些营养最终就是在这里被吸收的，但大肠最重要的功能，是移除消化残渣中的水。

到这里，半液态的食糜将变成硬直的半固态物质。食物在肠道中缓缓移动，或许多日之后，可为人体所用的大多数营养已被吸收殆尽。剩下的，实际上是植物和蔬菜食品的主要成分、我们消化不了的物质——纤维［在过去的教科书上，有时被称为"粗质"（roughage）］。纤维的组成成分，是不可消化的长链化学物质，如纤维素和木质素。有了这些物质，植物才变得硬实。由于它们的存在，非食用植物也能为人所用，使之作为纤维原料，用以生产棉质牛仔裤、亚麻床单、木浆纸等制品。

纤维是我父母那辈人关注的一大焦点。那时，拜生产商的细心体贴所赐，让我着迷的，是罗列在早餐甜麦片包装上的众多有益维生素成分。然而，我妈在采购食品时，更注重"粗质"成分，也就是我们可摄食范围中相对不易消化的麸质。那是 20 世纪五六十年代，加工食品、廉价肉、切片白面包开始出现在超市的货架上。与此同时，作为营销的手段（尽管有些品位，且不露声色），健康饮食和健康排便头一回被联系到一起。而在当时，保持"正常"，对于女性而言，是美德，对于男性而言，则是正直的象征。就是在这一时期，人们逐渐意识到，他们喜爱的易消化甜

---

① A 级（A-level），即普通教育高级水平证书（General Certificate of Education: Advanced Level）。——译者

味零食，正取代成分更多样的饮食，富含纤维的多种水果和蔬菜也不能幸免。人们还认识到，对于我们的消化道而言，这就是一场灾难。毕竟，我们的消化道遗传自远古祖先，更适于（消化）坚果、水果和植物的根。原始人第一次吃到的，就是这些食物。

膳食中缺乏纤维，不仅仅意味着粪便会减少，也不仅仅是一个简单的"进少出少"的问题。它意味着"原材料"不太正常、肠道不通畅、代谢废物累积、直肠挤胀，直至让人感到不适，甚至危及健康。便秘是困扰人类的一大执念，非同寻常。有关这一现象的"深意"，在后文中将多有提及，我们将"使劲"地把它解"出来"。

机缘巧合，在写作本书之初，我曾因腹部极度疼痛、肌肉剧烈痉挛住院治疗，因而得以对便秘进行了一些个人研究。那是一个周六的深夜，我担心胆或是肾内生了结石，或是患上了疝气或憩室炎。于是，我费了好大劲，赶到本地的急诊中心。医生戳戳按按，抽了好多血，最后还给我拍了X光片。然而，检查结果为阴性。诊断结果显示，用医学术语讲，我的问题不过是"粪便嵌塞"[①]。也就是说，我那儿塞得太多。在使用缓泻油剂和甘油栓数日之后，那儿终于又通了，大伙儿都松了一口气。

"准排泄物"最终在大肠中形成。在这里，另一个关键组分加入进来。在最终被排出之际，它们可占到粪便干重的一半以上，那就是细菌。在人类消化的这一方面，我们的了解还有所不足。人类肠道里的细菌个体一般多达100万亿数，也就是1亿个100万，或者可以这样说，在1后面加上14个0，是一般人体细胞总数的10倍都不止——这个数字的确触目惊心。这些细菌分属的物种，估计达300~1000种。现在还无法准确地定

①粪便嵌塞，指因直肠内变硬的粪便不能排出而导致的慢性便秘，对应的英文术语为 fecal impaction。原文为 faecal loading，泛指直肠内大量积累的粪便无法排出，与粪便嵌塞相似，故在此借用该中文术语。——译者

量，原因在于，它们不仅难以鉴定，而且不易在实验室的培养基上培养，进而难以研究。不过，我们的问题是，它们在那里干些什么？

在大多数人看来，"细菌"就是可怖的病菌，导致不适、疾病，或者死亡。但是，有些细菌通常还有另一种略显被动的委婉称谓——肠道菌群[1]。因此，物如其名，肠道菌群中的细菌完全正常、卫生，确实是人类的必需组成部分。与导致结核病、霍乱、沙门菌食物中毒的细菌不同，这些生活在肠道里的天然微生物既不攻击人体，也非寄生于其中，或者作为意外入住的"房客"（有时被称作偏利共生[2]者，即不产生危害的共生生物）。它们与人体的关系，更准确地描述，应为互利共生——寄主与寄居者皆得益于对方的存在。

细菌受益，是因为不仅自身，而且子子孙孙，每天都能获得新鲜供给，即从我们肠道通过的已部分消化的食物。作为回报，它们独特的酶发挥作用，进一步消化食物中的剩余物质，"围攻"那些缓慢发酵的化学残渣，我们自身功能有些局限的"消化机器"可没那能力。这最后关头的消化结束之后，产物和部分水被吸收。然后，人体的最终代谢废物，就等待被排出了。

这是一个普通、正常的自然流程，每天都在人体内运转。我们对其中大多数环节完全没有感觉，但当情况有变时，我们就能感受到消化过程的存在，体会到个中种种神奇。有了这些知识，我们还可了解存在于其他动物体内的相似流程。

---

①肠道菌群（gut flora），其中的flora通常指植物群。——译者
②偏利共生（commensalism），指共生的生物之间，一方得益于另一方，但对另一方无益亦无害。——译者

腹内是非清

　　人的大便约有75%是水。一个人，若饮食平衡，对自身的通便情况足够熟悉，就会知道何时情况"一切安好"。不过，无论如何，当情况变得不"安好"时，我们同样会在第一时间注意到。实际上，人类粪便的含水量有一个区间范围，低可至约50%，高可达90%以上。若转换成"通畅度"，就是在从"千呼万唤"始不通的便秘，到"山崩地裂"一般腹泻之间的情形。好在有一种图文并茂的简便医学分级参考——布里斯托大便分级表[1]，可根据大便外观，将上述范围划分为七个差别明显的类别，无须测重、估量密度，免去一些脏不拉叽的步骤。

　　腹泻可危及生命。导致5岁以下儿童死亡的最大原因，除了疟疾，便是腹泻[2]。正因为此，才成立了孟加拉国国际腹泻疾病研究中心[3]。腹泻的主要成因，是肠道被病毒或有害细菌侵染。人体的应对措施是，将这些不该出现的微生物从系统中迅速排出，尽可能有效地驱逐来犯的外来入侵者。关闭或反转肠道的水吸收途径，会使消化道内含物变得高度液化，导致肠内压力上升。肠道肌肉有节律地收缩（蠕动），通常是为了轻柔地挤压处于消化中的食物。此时，它便成为将内含物排出的动力。就这样，

---

① 布里斯托大便分级表（Bristol stool chart），即 Bristol stool scale，又译作"布里斯托大便分类表""布里斯托大便分类法"等，基于1992—1997年间英国布里斯托皇家医院（Bristol Royal Infirmary）对取自2897人的粪便样品的分析结果制定而成。——译者

② 据联合国儿童基金会（UNICEF）统计，5岁以下儿童（不含新生儿）死亡的首要原因实为肺炎，其次为腹泻，再次为疟疾。——译者

③ 孟加拉国国际腹泻疾病研究中心（International Centre for Diarrhoeal Disease Research, Bangladesh），位于孟加拉国首都达卡（Dahka），又译作"孟加拉国腹泻疾病国际研究中心"。孟加拉国所处地区，是近代霍乱暴发起源地，而腹泻是霍乱的典型症状。该研究中心前身，为成立于1960年的霍乱研究实验室（Cholera Research Laboratory），原从属于东南亚条约组织（Southeast Asia Treaty Organization），1978年重组改名，沿用至今。——译者

经由（如同呕吐一般的）快速的喷出过程，恶性微生物就被排出体外。这一过程，不仅有助于防止危险的细菌毒素在体内累积，甚至还能阻止那些微生物侵入人体器官深处。

每个人都曾因拉肚子出过糗。无论何时，我都谨慎细微，一向对自己的糗事守口如瓶。不过，既然本书讲述的，是我对排泄物的亲身探索，若对自己在斯里兰卡康提佛牙寺①的遭遇都不谈两句，实在说不过去。那还是1992年的事，它迫使我接受这样一个现实——原来，世上的饮用水并不都是安全卫生、即取即饮的。当时，我十分难堪，急忙招来一辆"摩的"②。友好的司机旋即将我送回下榻的家庭旅馆，我赶紧冲进安全私密的封闭空间，这才得以解脱。接下来数日，我待在自己的房间里，足不出户，仅靠一些蔬菜稀粥和瓶装水调养，直至康复。

过敏反应、中毒、酗酒、肠壁遭受物理或化学损伤，或因衰老引起的血管损伤，都可引起腹泻。此外，腹泻使得人体持续地丧失大量水分，造成身体脱水。因此，脱水是腹泻对健康构成的主要风险，对于年幼的婴孩和耄耋之年的老人尤为如此。遇到这种情况，通常的医疗应对措施，是用流食（薄羹即为理想之选）进行补水。这样还能补充腹泻发作时流失的糖分和盐分。

去过奶牛场的人，心中可能会有这样一个疑问——牛是否长期为腹泻所困？它们的排泄物非常稀，一拉出来，便散成一摊扁平的粪，有着一圈圈环纹。对于牛而言，这种流质粪便纯属正常。那是因为，绿油油

---

①佛牙寺（Temple of the Buddha's Tooth），亦称Temple of the Tooth、Sri Dalada Maligawa、Temple of the Sacred Tooth Relic等，位于斯里兰卡佛教圣地康提（Kandy），供奉释迦牟尼的牙舍利。——译者

②"摩的"，指斯里兰卡当地的嘟嘟车（tuk-tuk taxi），与我国一些地方常见的三轮摩托出租车相似。——译者

比威克著作《四足动物通志》（Bewick，1790）中的一幅插图，展示出一派迷人的田园景象，可见不可或缺的牛粪①

的草是天然的轻泻剂（纤维和水的含量都很高），而牛吸收营养所依赖的手段，是"发酵桶式"的消化，非如人类生有的狭长管状系统可胜任。

牛的消化系统任务繁重，比人类承受的规模要大得多。这不仅仅因为牛有更大的体形，还在于它拥有特别的能力，适于处理大量难以消化的草类纤维素。"牛吃草"的最初阶段，不过是将草啃下，不细嚼，便吞入腹中。对于牛而言，为方便起见，咀嚼的过程得往后推。牛的胃很大，隔为多室。位于最前的一室，称作网胃，其作用好比一个大型的储藏囊。有了它，第一次被吞下的食物才得以回流，以待反刍②。牛咀嚼食物的过

---

① 比威克（Bewick），即英国著名的版画家、鸟类学家托马斯·比威克（Thomas Bewick，1753—1828）。其博物学代表作包括《英国鸟类志》（A History of British Birds，1797—1894）、《四足动物通志》（A General History of Quadrupeds，1790）。——译者

② 刍，可与英文的 graze 对应，可为牲口取食，如吃草，也可为牲口所取（或饲喂）之食。反刍之"反"，为"反复"之义。反刍（rumination）即为"反复取食所取之食"，指反刍动物（ruminant）第一次吞咽食物之后，食物在胃中被初步消化，形成的反刍物（cud）回流（regurgitation）至口中，动物咀嚼反刍物（chewing the cud）的过程。——译者

程（即我们说的"嚼反刍物"）便发生在反刍时。当您看到牛躲在野外的僻静处，正若无其事地闲逛，好似嚼着口香糖，一副目空一切的样子，就表明它正在反刍。瘤胃是牛胃最大的一室，容积很大，按农业信息宣传单里的常见花哨说法——有院子里的垃圾桶那么大。在这里，"发酵桶式"消化大显神威，负责发酵的细菌"冲锋陷阵"，对顽固的草类纤维素"大开杀戒"。最终，带有纤维成分的流质，先后被送入小肠和大肠，使营养和水分得以被吸收。[1]

牛粪含水量约为75%，与正常情形时的人类大便惊人地相似。至于牛粪为何为流质，归根结底，在于牛有满是细菌的"胃桶"，纤维被这些细菌的酶切得更碎，使得牛粪在排出时近于液态，而非半固态（而人类几乎消化不了纤维，我们的屁屁的质地因而是硬的）。

马虽亦食草，马粪却一点也不呈液态。的确，马粪是干的，还略带些许怡人的"芬芳气息"，有时闻起来像是堆肥中略微腐烂的碎草。所以，园丁和小农户选它当绿肥。马消化草，也通过细菌发酵。不过，该过程不是发生在消化道的前部——胃，而是消化途径的下游——盲肠。盲肠

---

[1] 牛取食后，食物先进入瘤胃（rumen），消化大部分粗纤维，即前胃发酵（foregut fermentation）过程［（非反刍动物）马、犀牛及啮齿类动物也可消化纤维素，但属于后胃发酵（hindgut fermentation）］。在网胃（reticulum）的作用下，反刍物回流，送往口中咀嚼。之后，二次吞咽的产物经网胃进入瓣胃（omasum），剩余纤维素的相当大一部分在此消化。最后，食糜进入真正意义上的胃——皱胃（abomasum），进行真正意义上的消化过程。按作者原文，二次吞咽的产物进入瘤胃，进行粗纤维消化过程。这种说法显然与实际情况不同。为防误导，译者已对译文进行改写处理。此外，作者提到反刍物从网胃回流，似乎在暗示食物先进入网胃。实际上，尽管网胃处于瘤胃和瓣胃之间，它与瘤胃是互通的，反刍物确实可以从瘤胃经由网胃回流至口中，但并非是回流的唯一途径。网胃好比一个中继站，对食物进行过滤和分类。对于有些有损于肠胃的（高密度）异物，它们会被截留于此。由此，网胃的确起到储藏囊的作用，且可以理解为食物在第一次吞咽后，途径或到达网胃，被"确定"为有待初步消化，因而被送入或退回瘤胃。对于经过初步消化的待反刍物，网胃向瘤胃发出反刍"指令"。对于符合下一步消化的食糜或成分，网胃则对其"放行"，使之前往瓣胃。——译者

牛粪含水量约为75%，呈半流质状，排到地上，呈规整的圆形，像是地面上的装饰物。马粪含水量略少（72%），但硬一些，可见较长的纤维丝束，或许因形似苹果，故得名"马路苹果"

位于小肠和大肠之间。对于不以草为食的人类，其盲肠（远端）已退化为阑尾。而在马体内，盲肠是长达1米的囊状结构，仍发挥着最初的功能。

马粪含水量约为72%，只比牛或人的粪便稍低。其原因，可能是马无须咀嚼反刍物，且消化过程在体内开始得较晚，使得更多纤维有机会随粪便排出。与牛相比，马的消化效率或许稍逊一筹。即便如此，马也有其弥补策略，那就是将更多时间用于实质性的取食，而非（也无须）反刍。

羊粪更干，含水量为65%。同牛一样，羊也是反刍动物，胃部有容积较大的瘤胃，纤维素在其中被降解。有观点认为，现代养殖的绵羊，祖先是源自中东的野生羊种。中东地区的气候历来干热，野羊被驯化之前，要在那里生存下来，保水至关重要。若排出大量湿润的粪便，不仅不可能成为成功的进化策略，还会把毛茸茸的臀部糊得一团糟，引来蝇蛆。即便在管理优良的现代养殖场，拉稀的病羊也会轻易患上蝇蛆症——臀部的污毛被蝇蛆感染，甚至祸及毛下的皮肉。

羊粪较干，还有一个"额外"的好处。因为，从羊粪中搜寻蜣螂，更便于处理。有一件事，至今我仍记忆犹新。那次，我穿过南威尔士海岸的一片牧羊草甸，坚持（徒手）采集坚硬半干的羊粪蛋子。我将它们掰开，发现了一些我从未见过的西方山地蜣螂种类。每一次发现都让我非常兴奋，但没多久，我的女友便直截了当地警告我，如果再这样下去，就与我一刀两断。从此，我不得不小心行事。

兔也是草食动物，但进化出第三种降解纤维素的机制，将营养从坚硬的纤维中释放出来。兔和羊也有盲肠，位于小肠和大肠的连接处，具有细菌发酵的功能。不过，兔的盲肠容积较小，往往不能提取足够的营养。它们转而采取回收再利用的策略——"自食其屎"。

兔屎可以是又干又硬的小圆颗粒（兔粪），只有小孩子玩的玻璃弹珠那么大。它们颜色灰褐，好似压实的干草。这是兔子的最终排泄物，几乎没有气味，是见于草场（其饱餐处）、蚁丘（其瞭望处）、兔笼（其被饲养处）的那种为人熟知的兔粪。不过，当草第一次从兔体之内穿肠而过，并到达终点之时，形成的是表面平滑、柔软的深色粒状物——外覆黏液的盲肠便。为兔窝的卫生起见，盲肠便一出肛门，便被兔直接食入口中（即"盲肠营养再摄入"）[1]。这种粪便有时被称作"夜便"，可想而知，兔"自食其屎"的行为很少被撞见。我有一些朋友，在家把兔子当宠物养。不过，在近距离观察到这种行为之后，他们也会觉得不爽。那天晚上，他们正试着入眠，友好的兔子跑到枕边……

---

[1] 兔粪（crottels），指坚硬的兔屎，主要是食物中不可消化的成分，如木质化的成分。盲肠便（caecotrope），也称caecotroph，是部分可消化的成分在盲肠中发酵的产物，主要成分为氨基酸、挥发性脂肪酸、水溶性维生素。在排出的过程中，可继续发挥发酵作用的细菌整合其中，并由杯状细胞（goblet cell）分泌的黏液包裹。盲肠便常被称作"夜便"（night faeces），实有误导之嫌。兔进食4~8小时后，只要未受惊扰，便可排食盲肠便。这一过程被称作"盲肠营养再摄入"（caecotrophy），这一概念与食粪（coprophagia）有所区别，后者指单纯以排泄废物为食。——译者

有黏液包覆，盲肠便即可平安通过胃部的酸性环境，确保细菌发酵继续进行，使营养在"食物"第二次进入肠道后才释放出来[1]。

其他植食性哺乳动物，无论以牧草为食，还是以草本植物或树叶为食，大多数都利用这些消化机制，从随处可得但又品质欠佳的植物食材中，汲取少得有些可怜的营养。这些动物，虽因物种进化历史及个体生态背景各有不同，导致排出的粪便大小有别，含水量有高有低，但是，粪便的化学成分及纤维组成却大致相似。

肠道长短异

总的来说，若考虑外在的体形大小，肉食动物体内肠道的相对长度较植食动物要短得多。植物纤维（如纤维素）难以化学降解，对它的消化是一个漫长的过程。对于植食动物而言，这个过程是必需的。肉食动物则不然，毕竟，与消化植物相比，消化肉食所需的时间要短得多，耗费的能量也少得多。

典型的猎食性动物，如一些猫科、犬科动物（如狗、狐狸、狼），还有鬣狗[2]，其消化道都非常短。一方面，是因为（肉中的）蛋白质可以迅速有效地被胃和肠道中的消化酶代谢；另一方面，这也是对这些动物实际所需之食性质的应对策略。

如下古训，深受生物老师喜爱，在课堂上反复被提起。

---

[1] 此处的发酵，指盲肠便内部的发酵。盲肠便的营养，大部分在小肠中被释放吸收，如氨基酸、维生素、乳酸以及细菌蛋白质被溶菌酶分解的产物。此外，乳酸也可在胃中被吸收。——译者
[2] 原文为"cats, dogs, foxes, hyenas, wolves"，但根据上下文，显然不指"猫（cat）、狗、狐狸、鬣狗、狼"。其中的"猫"，指包括狮、虎、豹、猫等在内的猫科（Felidae）动物，鬣狗（hyena）和土狼（aardwolf）属鬣狗科（Hyaenidae），两科同属猫型亚目（Feliformia）。而狗、狐狸、狼，皆为犬型亚目（Caniformia）犬科（Canidae）动物。——译者

问：植食动物吃什么？

答：吃（草本）植物。

问：肉食动物吃什么？

答：弄到什么吃什么。

自然纪录片里展现的大型猫科动物或狼群猎杀情节，场景写实，充满戏剧性。尽管如此，肉食动物的日子并不好过。捕猎是件危险的活儿。猎物命悬一线，会拼命反抗，极有可能重创捕食者。追逐善于奔跑的大型猎物，不仅危险，还消耗大量体力。一些小型猎物虽较易猎捕，但有时只够勉强塞牙；干一大票虽然不易，但至少能让自己大打牙祭，甚至够整个兽群享用。两者各有利弊，看如何权衡。所以，饥肠辘辘的狐狸或绝望的狮子，也会选择取食一些不大"可口"的食物。它们会捡其他捕食者吃剩下的猎物尸体，也不嫌弃因疾病、饥饿或干渴而死的动物尸肉。甚至连未必有营养价值的蠕虫、蛆虫、毛毛虫及其他昆虫，它们也能接受。这也意味着，许多高高在上的捕食者，也要面对（来自这些"不洁"食物的）细菌或化学攻击，而这些攻击可致人严重中毒，甚至致命。

消化道较短，意味着变质或带有病菌的食物可快速通过肠道，只有某些有益的营养成分被截留。而剩下的一切，会赶在危险的细菌毒素积累之前，被迅速排出。当我在后门露台上发现一小摊狐狸留下的恶臭稀屎时，便会明白，狐狸可能又去掏垃圾桶捡腐烂食物吃了。

哺乳动物排出的粪便最为人熟知，但以排泄体内废物的普遍机制衡量，它仍非主流。哺乳动物从肛门排出固体废物，液体废物则通过另一途径以尿的形式排出。尿是血液经肾过滤的产物，主要成分为水（占90%~98%），但也包含身体日常活动产生的代谢废物，最著名的一种即尿

比威克著作《四足动物通志》(Bewick，1790)中的另一幅插图。依作者的创作意图，该书实为一本儿童读物

素［CO（NH₂）₂］。为了合成更复杂的生化物质，身体会合成或分解氨基酸（食物中的蛋白质被降解、消化后形成的化学物质）。在这个过程中，常产生过量的含氮（N）化合物，很容易生成氨（NH₃）。氨对大多数生物有害，因此，它也常见于威力强劲的家用清洁用品中[①]。生成一个尿素分子，可以吸收两个氨分子，产物非酸非碱、极易溶于水，且相对无毒。尽管尿的味道倒人胃口，但也非全然不可饮下，不至于入口即吐。否则，就不会有幸存者得以幸存，为我们讲述骇人听闻的幸存传奇。尿可以安全地贮于膀胱之中，以待方便之时被排出。

哺乳动物的尿和粪是分开排出的，但是，从信天翁到斑马纹跳蛛[②]，几乎其他所有生物并非如此。它们的尿和粪会在位于消化道末、被称作

---

①氨作为清洁剂，作用为去垢抛光，并非杀菌消毒。——译者

②信天翁（albatross），即信天翁科（Diomedeidae）鸟类；斑马纹跳蛛（zebra spider），即 *Salticus scenicus*，属节肢动物门（Arthropoda）蛛形纲（Arachnida）跳蛛科（Salticidae）跳蛛属（*Salticus*）。——译者

"泄殖腔"①的贮腔内混合，最后一道被排出。鸟粪之所以色彩"斑驳"、纹路多样，且氮含量如此之高，是极有价值的农业肥料，原因即在于此。

何食一口入，何物一口出

粪、屎、便、排泄物，无论您打算如何称呼（在第十三章有一长列），都是指粪便。粪便因物种而异，之间区别很大。外观如何，取决于所食之物，以及其中营养物质的提取和代谢过程。动物所食有变，动物粪便的性质亦随之改变。

有种未必被证实的说法，认为人类饮食在过去50年中发生的改变，比之前5万年还大。富含糖（或至少碳水化合物）的食品激增，加工食品已成为西方一些发达国家的日常饮食。在过去，"粗质"成分被看作无关紧要的食物残渣；"粗质"食品根植于石器时代的膳食结构，无甚营养。但直到最近，它对人类健康的重要性才日臻凸显。关于人类排泄物的学术研究还不多，不过，已有观点认为，西方人虽自以为身体健康，但实际上，他们当中大多数人常年便秘。营养学家约翰·卡明斯（John Cummings）发表过一篇关于便秘的专题论文，哀叹饮食中纤维摄入不足（Cummings，1984）。论文以一段精彩绝伦的引文开头，气氛顿时变得轻松。

---

① 泄殖腔（cloaca）取自拉丁文 cluere，意为"清空、排走"，详见后文第30—31页内容。——作者 该词实取自 cloaca，意为"下水道"，根据《牛津拉丁语词典》第二版，cloaca 取自动词 cluo，意为"清洁、清洗"，cluere 是 cluo 不同语态下的变化形式。作者可能根据《牛津英语词典》第二版列出的词源，但其中列出的 cloaca 英文首意即为"下水道"，其词源 [L. cloāca, f. cluĕre to purge（Louis and Short）] 应援引1879年出版的刘易斯–肖特《拉–英词典》（*Harpers' Latin Dictionary: A New Latin Dictionary Founded on the Translation of Freund's Latin-German Lexicon* ），但《拉–英词典》上列出的 clōāca 词源为 "cluo = purgo; cf. Gr. Κλύζω"，与《牛津拉丁语词典》的解释相同。——译者

> 我已经明白……全家上下每日的欢乐，悬于一位老人家的解手结果。若上天保佑，克罗阿西娜[①]之门大开，万事皆顺意。"主人今日未解出来"，若忠实的管家如是传达，全家便陷入黑暗之中。
> （Goodhart，1902）

这种状况自然与那次突然发作、让我挣扎着上本地医院求诊的急性便秘不同。如今有了布里斯托大便分级表，我们不仅可以方便地确定大便硬度，还能将之用作全面评估腹内健康的优秀工具。原来，纤维含量较高的膳食可以让我们远离心脏病、糖尿病、节直肠癌[②]，防止脂肪在动脉中沉积。在便秘时，几近干燥的粪便形成硬颗粒，而纤维成分可缓解排便的难忍疼痛。为了推动人们食用更多果蔬等高纤维食品，最近提倡"一日五份数"的摄入量[③]，并有望将频次提高到"一日七份数"，甚至"十份数"。

有趣闻报道称，膳食改变产生的连锁效应，对排便的影响可谓立竿见影，尤其是粪便的气味和纹路。但那些案例大多只是虚张声势，其原因不过是啤酒喝得太多、咖喱吃得太多罢了。

然而，有些类别的食物，的确可以对动物粪便的性质产生显著的影响。每年夏末黑莓成熟时，英格兰南部的狐狸吃下大量的黑莓，排出的粪便就不再是灰色，而是白色和红色；质地不再细腻，如油一般黏

---

① 克罗阿西娜（Cloacina），古罗马信奉的司掌下水道和公共卫生的女神。——译者
② 节直肠癌（bowel cancer），即colorectal cancer（CRC），应包括结肠癌（colon cancer）、直肠癌（rectal cancer）等。——译者
③ "一日五份数"（"five-a-day"），指根据世界卫生组织（WHO）倡议的每日果蔬摄入最少量（400克），英、美、德、法等国家发起的一天吃五次果蔬运动。"份数"（portion）即一天摄入的次数，根据英国国家医疗服务体系（NHS）的推荐，每份果蔬的份量为80克新鲜材料或罐装、冷冻材料，或30克干果。——译者

滑，而是糙而易碎；外形不再呈螺旋状，而是呈筒状。爱德华·法恩沃思（Edward Farnworth）和他的同事们曾针对猪的营养开展过一项匪夷所思的研究。他们发现，在常规猪食中混入菊芋①块茎成分，便可以改变猪粪的气味（Farnworth *et al*, 1975）。粪便整体的颜色变得更浅，且不再偏黄色，而是偏褐色及绿色。气味较平常"芬芳，没那么刺鼻"，原因之一，是粪臭素的气味淡了。粪臭素是一种有强烈气味的化学物质，就是它给了粪便恶臭的气味。若能让这种气味少些，养猪场的近邻们的鼻子也会好过一些。

粪肥表现出的最大变化，或许发生在牲口断奶之后。牛犊在出生后的前几周以母牛之奶为食。只要您对肉牛场或奶牛场有所熟悉，便知道这个阶段的牛粪是黄色的，比一般牛粪要稀得多——就像略微发酵的奶酪，另从胆汁借了点颜色。我头回见到这种牛粪，是很多年前在叔叔家位于肯特郡北部的农场里。我当时以为，它们更像是粉刷路侧双黄禁停线用的。不过，在牲口开始独立取食之后，粪便就会逐渐变得正常。在这个阶段，牛犊必须获得属于个体自身的肠道菌群。至于牛（以及人）是如何获得"专有"肠道细菌群的，目前尚在研究当中。这不是一个将被粪便污染的食物误食的简单过程，那样只会招致灾难。然而，粪便微生物在变身为土壤微生物后，确实经动物之口，进入体内，并迅速定殖下来。或许，这正好应了古老的格言——谁人一生不食土②。不过，我们还是得注意卫生。

---

① 菊芋（*Jerusalem artichokes*），即 *Helianthus tuberosus*，菊科（*Asteraceae*）向日葵属（*Helianthus*）。地下部分的块茎可食，俗称"洋姜"。——译者
② 谁人一生不食土（You have to eat a peck of dirt before you die），指人在一生中难免有吃土的经历，不管有意还是无意，也引申为"人生难免有不快的经历"（或为"没有挫折，人生不完整"）。——译者

学会"有所食，有所不食"，是所有动物的生存诀窍。牛并非随走随吃不挑食，这与广为人知的"乡野迷思"有所不同。令人诧异的是，总有人大吐苦水，以为是牛"祸害"了三叶草草地，但实际上，牛不能吃多少新鲜的三叶草。在牛瘤胃里进行的天然发酵过程中，会产生大量气体，通常以打嗝的方式排出。但包括三叶草、苜蓿（或紫花苜蓿）[1]在内的豆科植物含有一些（尚未定性的）物质，能扰乱这一细菌消化过程。这些植物在牛体内的细菌消化产物，不仅有气体，还有黏性物质，因而形成由大量小气泡构成的泡沫。它们不会像单个大气泡那样，通过打嗝就可消除。这些充满气体的泡沫消除不了，气泡便滞留于瘤胃之中，如同给气球打气，越来越大，直至组织被撕裂或内出血，危及性命。在几个世纪里，曾产生过多种补救措施（尽管听起来并非全都靠谱），例如，点燃羽毛，置于牛鼻之下；给牛灌一品脱杜松子酒；牵着牛猛跑一阵；将一根棍或一根绳塞进牛口，刺激它分泌更多唾液，指望泡沫能随之被戳破。当牛俯倒，无法动弹之时，还有最后一招——将一根穿刺套管（或者说一柄中空的大匕首）戳进膨胀的牛腹，将瘤胃内积增的气压减下来。

在食糜通过小肠和大肠的过程中，仍会有气体生成。它们中的一些，与像粪臭素那样的挥发性化学物质一道，构成了排泄物独特的气味。已经有很多关于吃番茄酱烘豆放屁的笑话[2]，下面要讲的，大家都不会觉得新鲜。最著名的两种有关气体，显然是硫化氢（H_2S）和甲烷（CH_4）。这两种气体，一种带有臭鸡蛋的气味，另一种无气味，和从油井抽出、送

---

① 三叶草（clover），指豆科（Fabaceae）车轴草属（*Triofolium*）植物。苜蓿（lucern、lucerne）、紫花苜蓿（alfalfa），皆指豆科苜蓿属植物紫苜蓿（*Medicago sativa*）。——译者
② 吃番茄酱烘豆放屁的笑话（baked bean jokes）。番茄酱烘豆是常见英国餐，并流传至美国。人食用后，其中的多糖和寡糖在大肠中发酵，产生大量气体，容易放屁。这一事实因而成为有关放屁笑话的创作源泉之一。——译者

到燃气灶的天然气是一样东西；一种或许让您觉得鼻子被冒犯，另一种是一种温室气体，它有在未来20年内导致全球变暖的潜力，比二氧化碳（CO_2）还高70倍。据估算，全球牲畜每年排放的甲烷达1亿吨以上。当有人尝试解释气候变化时，这样的数据常会被提及。与漫画书上的笑料相反，也与一些有错误的新闻文章所述相异——这种气体大多通过打嗝，从口部一端放出，而非随着粪便，从肛门一端排出。不过，先有牛选择吃草，后有发酵纤维素的消化机制进化形成，打嗝排气背后的化学过程是这些历史的直接后果。您会发现，动物自一口所进之食，从另一口所出之物，两者之间的联系，忽然间，从学童间流传的"重口味"幽默变成了严肃的环境问题。

第二章

卫生不容丝毫马虎——人类对污水的执着

　　说起污水，我与它还有些渊源。家父是位植物学家，我对博物学产生兴趣，便是受了他的影响。1957年，父亲第一次买房，我们迁入位于伦敦南部的新居。他常在附近寻找可光顾的公园和开放绿地。离我们家最近的，也是最有趣的一处，便是南诺伍德污水处理厂[①]。那儿本不对公众开放，不过，父亲显然从克罗伊登区委会获得了许可[②]。1961年，他还在《伦敦自然学人》[③]上发表过一篇相关论文，罗列出他在那儿发现的171种植物（Jones，1961）。为了照顾不熟悉污水处理机制的读者，他在该篇植物学论文一开始，除了对这处地点进行一般描述，还（在处理厂主任化学家的协助下）介绍了各种沉淀消化池、生物活化喷头、淤积物干燥床，淤肥施洒草地、滴渗处理场[④]，以及它们的工作原理。

---

① 南诺伍德污水处理厂（South Norwood Sewage Works），已于1966年停止运营，在上世纪末被改造为南诺伍德乡村公园（South Norwood Country Park）。——译者

② 克罗伊登区委会（Croydon Council），即伦敦克罗伊登区市政委员会（Croydon London Borough Council）。克罗伊登是位于大伦敦地区南部的卫星城，区委会行当地政府的职能，曾多次申请撤区改市，但未获批准。——译者

③ 《伦敦自然学人》（*London Naturalist*），为伦敦博物学会（London Natural History Society）会刊。——译者

④ 沉淀消化池、生物活化喷头、淤积物干燥床，淤肥施洒草地、滴渗处理场，分别指 sedimentation and digestion tank、biological sprinklers、sediment drying beds、sludge-spreading meadows、filtration fields。一个多世纪以来，污水处理技术发展迅速。由于译者未能访问原文献，在此仅根据本书后文描述和当时其他文献给出大致译名。——译者

父亲已于2014年去世。当时，在他的书架上，仍摆满了成卷的有关昆虫、蜗牛、乡间植物、达尔文、农村经济的文献，也有"比格尔斯"[①]故事集和"哈利·波特"系列小说。立于其间的，还有五六本关于污水处理、水净化及卫生工程之类的书，显得格格不入。它们都是20世纪上半叶有关污水处理的标准教科书，其中一本是那个时代顶尖化学家萨缪尔·里迪尔[②]写就于1900年的著作，曾被我父亲列入那篇论文末尾的参考文献。在这本书里，还夹着一封《伦敦自然学人》编辑寄来的明信片，字里行间洋溢着对父亲近期大量投稿的赞誉之情，也不吝就自身处境大吐苦水——新婚生活占据了太多时间，难以找出写作的间隙。

在父亲漫步于南诺伍德绿野的年代，生长在那片污泥草地上的优势植物有藜类、异株荨麻、野番茄，浓密成片[③]。当时，污水处理在该地已进行了90年，一个世纪以来对人类污水管理的重大科学变革，在彼时已登峰造极。

凡遭遇过下水道堵塞的朋友，从直觉上，都能理解污水管理的必要性。人类排泄物的气味是臭的，这一点毋庸置疑。即便是最轻的臭味，也会令人不快。若臭到极致，更会让人恶心透顶。我们对自身"生物产

---

① 比格尔斯（Biggles），英国作家威廉·厄尔·约翰斯（William Earl Johns，1893—1968）笔下虚构人物詹姆斯·比格沃斯（James Bigglesworth）的昵称，是一名参加过一战的皇家空军飞行员。——译者

② 萨缪尔·里迪尔（Sameul Rideal，1863—1929），英国化学家，曾与化学家 J. T. 安斯利·沃克（J. T. Ainslie Walker，1868—1930）提出过旨在衡量消毒剂功效的"里迪尔–沃克系数"（Rideal-Walker coefficient），作者列出的出生年份（1883）为笔误。——译者

③ 作者的有关表述为"...the dense green stands of goose-foot, fat-hen, stinging nettles and tomato plants..."。其中，goose-foot泛指藜属（Chenopodium）植物，尽管按《牛津英语词典》，它也指豆科植物芳香木（Aspalathus chenopoda），但该属植物产自非洲，显然非作者所指；而fat-hen一般指该藜属的一种可食用杂草植物藜（C. album）；stinging nettles是异株荨麻（Urtica dioica）的俗名；stand实为一个植物学术语——"群落地段"，在如是区域内，群落的特征相对一致，与区域外部有明显的区别，在林学领域亦称作"林分"。——译者

出"的恶感之深，可谓达到翻肠（或者倒胃①——对于这等情形，它是我最爱的一种表达）的程度。但是，这不是出于现代人对卫生的敏感，甚至无须归结于维多利亚时代吹毛求疵的谨慎。它是一种源远流长的祖先性状，它的进化形成，使我们得以远离疾病的侵害。

别碰它！

在现代人类的史前祖先生活的远古时代，没有卫生准则，人们不将熟食与生食分开放置，不知食物何以变质。他们也无洗手的概念，不知洗手可以防止食物被粪便细菌污染。但就是那潜在有害细菌的滋生场，它散发出的臭气，显现出的丑态，给人们留下了极恶的深刻印象，一直传承至今。因此，人类对粪臭避而远之自然而然（至少对人类粪便如此），就如腐败的食物也会让我们感到恶心。这是人类的"核心恶感"（可经由对人类大脑的核磁共振扫描成像显现出来）。从进化的角度解释，它可以使我们避免摄食有毒之物。坦率地讲，在原始人当中，那些对粪便没有恶感的成员，很快就会屈服于食物中毒、霍乱、伤寒、小儿麻痹症，或诸多其他常会置人于死地的不幸疾病。这样，他们也没有机会将那些幼稚而不谨慎的行为传给下一代——毕竟，死亡是自然选择的主要推动力。另一方面，我们现代人类的远祖心怀这种本能的恶感，因而避开了自身的排泄物，这才得以生存繁衍，将这种成功的厌恶行为传给后代，最终被我们继承。

还有些情形，如目睹病患、呕吐、尸体、体疮、创伤、流脓、血腥场面，或遭遇令人毛骨悚然的爬虫，也会引起相似的恶感，只是更加微

---

① 倒胃，原文为make one's gorge rise，指令人作呕，gorge在此指胃的内含物。——译者

妙一些。若不提防，它们都有危及健康的可能（Curtis *et al*，2004）。厌恶是一种实实在在的人体生理反应，表现为血压降低、出汗增多、恶心（或伴有呕吐）、忽然僵住不动、不由自主地颤抖、毛发耸立、鸡皮疙瘩顿起，还会伴随着一脸扭曲的表情，以及一句感叹——"yeuch！"——恶心死我了！人类的厌恶情感，无疑是一种与生俱来的内在生理反应。不过，它也是后天学习强化的结果。这样也好，因为，对人类而言，无法克服（或遗忘）恶感也不是什么好事。至少，从隐喻的角度讲，管理污水还得靠人手工操作。

粪便之臭，毋庸言表。我们不仅熟知自身粪便的臭气，对自家孩子的，可能也很熟悉。不过，这种臭气并非通过悬浮于空气之中的微小粪便颗粒散发，而是源自消化过程中产生的气体，以及其他挥发性物质。如第一章所述，在这些气体中，最显著的两种，是甲烷和硫化氢。甲烷是最简单的碳氢化合物，也是通往燃气灶的天然气的主要成分。硫化氢的气味如同臭鸡蛋，也是常见于学童"臭弹"恶作剧的主效成分。这是一种令人翻胃的恶臭气味。或许，我们的这种反应，可以回溯到远古时代。以狩猎采集为生的南方古猿（*Australopithecus*）或许已意识到，取食生蛋是不健康的，尤其是在这种潜在食物已散发异味时。

这两种简单分子，都是食物被细菌消化之时形成的降解产物，不参与人类（或其他脊椎动物）自身的正常代谢。不过，追根溯源，动物的远祖也是细菌。十数亿年（或更久之）前，当这些微生物先祖在地球上生息繁衍、不断进化之时，那两种物质（以及氨）是大气的主要成分。此外，粪臭中还混有另两种恶臭难闻的挥发性物质——粪臭素和吲哚，皆属多环有机化合物（由一个六元环和五元环并联而成）[1]。它们也由细菌产生，

---

[1] 这两种物质皆属吲哚类物质，粪臭素即3–甲基–吲哚。这类物质结构中的五元环实为含有一个氮原子的五元杂环，并非作者原为所述的五元碳环（5-carbon ring）。——译者

为色氨酸的裂解产物（构成人体蛋白的必需氨基酸有22种，需从饮食中摄取，色氨酸即为其一）。还有些气味同等恶臭难闻（通常让人联想到腐败变质的肉），它们来自巯基甲烷（CH_3SH），以及多种含有甲基的硫醚，如二甲硫醚［$(CH_3)_2S$］、二甲基三硫［$(CH_3)_2S_3$］、二甲基二硫［$(CH_3)_2S_2$］，它们都是半胱氨酸裂解的产物（半胱氨酸是常见的含硫氨基酸，亦为构成蛋白的必需氨基酸）。这些挥发性物质可谓腐肉发出的即时预警信号。

人类已不再像其他动物那么依赖嗅觉，但对于散发出这些化合物的物事，我们仍会心怀厌恶，遇之则掩鼻而逃。这种避而远之，最初不过是一种在进化中形成的直觉，但最终演变成对疾病本质的哲学探索。探索的路途甚为崎岖。肉眼不可见的微生物在病人体内迅速增殖，并通过排泄物、体液或喷嚏传播。但是，这一细菌传播疾病的理论，直到150年前才为人所知。在之前的数千年里，人们认为疾病和恶臭之间有某种难以言表的因果关系，这一说法在药学史上流传甚久。瘴气就曾是各种流行疾病和瘟疫的替罪羊，只因它散发自恶臭之所，如沼泽、下水道、泥滩，或者任何充满腐臭之气的地方。虽说疟疾是通过蚊子传播的，但它与城市附近的沼泽湿地有紧密的联系。那儿的水体流动缓慢，滋生的孑孓就以其中的污水污物为食——疟疾的英文malaris来自意大利文mala-aris，字面义即为"污气"。

纵观人类信史，无论我们曾如何误解疾病的起因，占据人类思绪的，似乎是如何清除粪便并远离其臭。在某种程度上，这一主题也充斥于文学。在人口稀少的铁器时代，最简单的办法，便是拿一把铁铲，挖一个洞，把屎埋了。所以，《圣经》故事中的摩西如此教导古以色列人：

汝当在营外寻一处，适时前往净手；汝当备一铲，置于器具之列；净手事毕，汝当速掘一穴，返身以覆所泄之物。

——《申命记》(23：12-13)[①]

　　接下来的3500多年里，这种自己动手掩埋粪便的卫生习惯，以及后来有诸多蹲位或以土盖粪的茅厕，都曾是标准的处置手段。我的朋友马可·德皮耶纳（Mark De Pienne）是一位无畏的旅行家，他在前些年就有过相似的经历。那是在纳米比亚的一次游猎途中，他某天夜里内急，于是带着一把铲子去营外，好在"舒畅"之后把拉出的东西埋起来。我可以肯定，如果不是一尾大凶蛇不合时宜地闪出，他一定会很好地走完流程。他迅速地朝着帐篷的方向逃（或许没那么快，我不能肯定），一路狼藉。他已顾不上担心自己的行为是否会冒犯先贤，或者是否会引来天谴、疾病或大型捕食动物，祸及大队人马。后来，马可把自己的糗事讲给我听，并未提及是否返回完成掩埋工作。不过，即便他没有，也没什么大不了，在偌大的非洲，一坨遗下的屎，真算不上什么。

墙边蹲一号。石灰窑和男主人公的烟斗冒出的烟，都指明了风吹的方向。女主人掩鼻的原因，也显而易见。插图选自比威克著作《四足动物通志》(Bewick，1790)

[①]《申命记》(*Deuteronomy*)，《圣经·旧约》经书之一。作者引用的是英王詹姆斯译本（King James Version），但原文所列章节信息（24：13-14）有误。——译者

但是，在远离非洲游牧文明的近东地区，新月沃土①孕育了农业、耕种养殖、定居文明、村镇，直到形成城市。在这局促的地域里，人口众多，拥挤不堪。排泄物水涨船高，迅速增多。由此，也催生了污水处理的第一次大进步——将之冲走。时至今日，我们仍采用这一策略。

绝非一冲了事

"大力士"赫拉克勒斯领受的"十二体罚"之五，是打扫奥格阿斯的牛棚。那里有1000头身体健康、长生不老的圣牛，积攒有30年牛粪，"大力士"得将这些粪肥清空。他可没有挖坑填埋，而是将阿尔菲奥斯河与皮尼沃斯河分流，让河水把污秽之物一冲而空②。这些典故，出自派桑德③于公元前约600年所著之作。派桑德是该史诗最终版本的编撰者，他以冲水系统为叙事道具，就好比现今的作家在小说中加入现代尖端科技元素，好让故事别有一番风味。若能想到这点，您便几乎可以想象出派桑德坏笑的神情。运用管道和沟渠排放生活污水始于何时，如今已难以知晓。

---

① 新月沃土（fertile crescent），指中东形似新月的半环状适耕区。新月开口朝南，面对叙利亚沙漠，东侧为两河流域，西侧濒临地中海。——译者

② "大力士"赫拉克勒斯（Hercules），希腊神话英雄，为主神宙斯诱奸其重孙女阿尔克墨涅（Alcmene）所私生，又译作海格立斯、海克力斯、赫尔库勒斯、赫尔克里士等。"大力士"曾受宙斯之妻赫拉（Hera）刺激而失智，进而误杀妻儿。恢复神智后，受阿波罗神庙女祭司彼提娅（Pythia）指点，他前往梯林斯（Tiryns），听受其表兄——当地国王欧瑞斯透斯（Eurystheus）的差遣，借以自赎。欧瑞斯透斯是赫拉支持的"升仙"人选，对"大力士"不友好。他给"大力士"十件不可能完成的苦差，但在"大力士"完成后，又不认可其中两件（打扫牛棚即为其一），遂添加两件。这些苦差即成为"大力士"领受的"十二体罚"（Twelve Labours of Hercules），又译作"十二苦劳""十二功绩"。奥格阿斯（Augeas），即神话中古代奥林匹克运动会起源地埃利斯（Elis，又译作伊里斯、伊利斯）的国王。阿尔菲奥斯河（Alpheus）是伯罗奔尼撒半岛最长的河流，与皮尼沃斯河[Peneus，非流经希腊中东部色萨利（Thessaly）人爱琴海的同名河流]皆流经埃利斯，从西北部入伊奥尼亚海（Ionian Sea）。——译者

③ 派桑德（Peisander），古希腊史诗诗人。——译者

不过，通过考古发现的遗迹，可追溯到至少5000年前。

斯卡拉布雷远古乡村民居内的隔间，据称是世界上最古老的厕所之一。该遗迹位于奥克尼岛，年代为公元前约3000年①。如此隔间嵌于极其厚的石壁内，空间不狭，下有原始的排水系统。在公元前约2600年的印度河流域，带有木质坐圈的砖质马桶已为一些富裕人家所用。它们下接落便管道，可使排泄物流入街道边沟或积污池。到公元前18世纪时，克里特岛的米诺斯文明②、处于法老时代的埃及，以及中东其他一些地方，都已有了与便器相接的水冲式下水道系统。

到了古罗马时代，厕所技术已非常成熟。借助渡槽、运河、水闸来控制进出城市的水流，在当时的文明世界已十分常见。遍布整个罗马帝国的公共浴场，已配有半公共坐便器。贯穿罗马城地下的马克西姆下水道③，更堪称古代工程奇迹。其雏形，可能是一系列露天排水沟，以及古伊特鲁里亚时代遗留下的一条露天水渠④。随着公元前约600年兴起的城市建设，这些排水设施很快便被加了顶，并被改建成城市广场地下的大型拱形隧道。时至今日，它们仍发挥着功能，将雨水和垃圾残渣排入罗马市中心的台伯河。巧合的是，英文sewer（下水道）源自中古拉丁文 *seware*，其来源，即为古罗马时代的 *exaquare*［*ex*（去除）+ *aqua*（水）］，意为"将水排走的场地"。cloaca（泄殖腔，鸟类和爬行动物的解剖学结构，

---

① 斯卡拉布雷（Skara Brae），为新石器时代文明遗迹，公元前约3180年至公元前约2500年，位于苏格兰北部的奥克尼岛（Orkney）。——译者

② 克里特岛的米诺斯文明（Minoan Crete），为爱琴海青铜时代文明，盛于公元前约2700年至公元前约1450年，后融入古希腊迈锡尼文明（Mycenaean civilization）。——译者

③ 马克西姆下水道（Cloaca Maxima），亦译作"罗马大排水渠"。——译者

④ "古伊特鲁里亚时代遗留下的一条露天水渠"，原文为an ancient Etrusan canal。伊特鲁里亚文明（Etruscan civilization），古罗马时代之前的古代意大利文明，文化受古希腊影响，在后期亦形成城邦，于公元前1世纪前后并入古罗马共和国。——译者

仍取其排泄之意），则可能源自发音与之相似的拉丁文 *cluere*（清洗）。①

一直到今天，人类仍将日常生活产生的污水排到水沟，使之最终泄入河流及其他水道。这一举措既合理，也出于必需。从环境的角度考虑，也可以接受——只要不造成新的污染。从市政管理出发，土木工程师的任务，是尽可能地将污物排走，而本地居民的渴望，是保持水源清洁。两者之间的关系十分微妙，千年以来，这种平衡多次被打破。

在维多利亚时代的污水处理故事中，1858年7月至8月间发生在伦敦的"大恶臭事件"（The Great Stink），通常被认为具有革命性意义。那年夏季天气炎热，在高温的炙烤下，滞留在伦敦泰晤士河泥滩上的人类粪水和工业废水发酵，使得恶臭加重。议会的正常工作被打断，瘴疾的幽灵浮现，准备再次给首都人民一次致命的打击。但是，这种情形一定是日积月累的结果。毕竟，自人类第一次使用冲水厕所起，污水就被排入溪流，而这泄污之处又是人类自身的饮用水源。

之所以一直如此排放，都与用以稀释的水量有关。现代污水，即便在处理前，水净含量即已高达99.9%。不过，这也意味着，在污水水流中，仍含有大量有害固体，况且水流本身也是含氨的液体。虽然泰晤士河是条相对较大的河，但由于河谷宽、落差小，河水流得缓慢。污水排入其中，只能随着缓流微荡。而且受潮汐影响，泰晤士河每日涨潮两次，污水也被往回倒推两次。所以，从民居排出的污水虽被冲走，但既不够快，也不够远。

---

① 实际上，作为排水场地，sewer 与其中古英语形式之一相同，源自古法语 se(*u*)wiere（拉丁文形式为 *saweria*），以及 assewer、essiveresseveur、essever 等。这些词的来源不详，但普遍认为源于西罗马帝国的俗拉丁文（Vulgar Latin）*exaquare* 及中古纪拉丁文（一说自盛期拉丁文）*exaquatorium*。而 seware 并不见于一些中古拉丁语词典。作为名词，它只是英语 sewer 另一层意思——中世纪贵族餐桌前"司膳侍者"的一种写法。同时，它也是动词 sew 词源（上述古法语方言）sewer 的拉丁文形式。——译者

这一现象当然不是到现代才显现出来的。早在1358年前后，臭气熏天的粪污便已在泰晤士河岸淤积。最终，英王爱德华三世忍无可忍，不得不颁布一项皇家特令，禁止向河流及其支流倾倒垃圾，所有垃圾应以车载，运至城墙之外。然而，在之后的数个世纪里，半液态的排泄物仍进入伦敦的河溪，或被直接倒入，或通过管道排入。这些水道，尽管有很多成为地下河［尤其是泰伯恩河（Tyburn）与弗利特河（Fleet）］，在地面上难觅其踪，但经由它们，未加处理的污水最终被排入主河道，累月经年，直到1858年，污秽之气对首都的嗅觉神经发起总攻。如今伦敦内城的肖尔迪奇区（Shoreditch），可能就是从前的索尔斯迪奇（Soersditch）。索尔斯迪奇与英语中的下水沟（sewer ditch）同音，当初很有可能是一条流向沃尔布鲁克河（Walbrook）的水沟。沃尔布鲁克河是一条小河，原本穿过城墙高耸的罗马时代老城中心，直通泰晤士河。现在，它也被覆于地下，从地面上消失了。

工业革命之后，涌入城市的农村人口不断增加。在约克郡西区①，即便是那些流速较快的河流也无法承受。它们变得恶臭难闻，了无生气。河面流淌的是污水，河底淤积的是腐臭的物质，比露天污水沟还糟。1866年，来自韦克菲尔德（Wakefield）的农具厂商查尔斯·克雷（Charles Clay）写信给河流治污专委会（Rivers Pollution Commissioners），反映当地科尔德河（Calder）的惨况。在书写证词时，他的笔尖蘸的不是墨水，而是污水排放口处的河水。

在科尔德河流经的城镇中，韦克菲尔德位于最下游。在上游，河水还汇集了排放自哈利法克斯（Halifax）［经由板桥河（Hebble）］、哈德斯

---

① 约克郡西区（West Riding of Yorkshire），英国历史地名，存在于1889年至1974年间，范围包括现在的西约克郡、南约克郡全境，以及北约克郡部分地区。——译者

菲尔德（Huddersfield）[经由科恩河（Colne）]、柯克利斯（Kirklees）、迪斯伯里（Dewsbury）、赫布登布里奇（Hebden Bridge）等地的污流。这些污流，有些是生活污水，有些来自大型工厂。那些工厂或以水为生产原料，或以之为动力[①]。

这类问题在工业化过程中很普遍。同一时期的美国芝加哥，还只是大湖区[②]的一个小镇，人口仅约四千。居民自密歇根湖取饮用水，将污水排入芝加哥河。但不幸的是，河水又流回密歇根湖。密歇根湖体量巨大，这意味着，在接下来的很多年里，不会有问题显现。但最终，随着污水不断排入，形成的浮油面积扩大，以至危及饮用水取水口附近的水源。取水管道架得又长又深，本可从距离很远的水域取水。但是，19世纪末，随着城市人口膨胀，生活污水排放量激增，这种远道取水的措施最终不堪重负。芝加哥的应对方案富有创新性，但以环境的尺度考量，也非常令人震惊——他们倒转了芝加哥河的流向。他们朝着西边德斯普兰斯河的方向，开掘出一条运河，修建了一系列水闸。由此，湖水往河里流，不再是河水入湖。最终，芝加哥市的废水流入遥远的密西西比河，转手给生活在分水岭另一侧的美国公民[③]。

① "……大型工厂。那些工厂或以水为生产原料，或以之为动力"，原文为"heavy mill industries which used the water as a raw material, or for power"。科尔德河流域的污染来源，历史上以纺织业为主，应为此处所指。当时电力尚未开发，远在水电应用之前，且水力仍可做为纺织业所需之动力，故将power译为"动力"。——译者
② 大湖区（Great Lakes），此处指美国与加拿大交界处"五大湖"周边的区域，密歇根湖（Lake Michigan）即为"五大湖"之一。——译者
③ 芝加哥河（Chicago River）大体为南北流向，原本向东入密歇根湖。后来人工分流改向的策略，是将该河并入密西西比河支流——德斯普兰斯河（Des Plians River）的流域。——译者

加水即可？

无论将生活污水排入大河，还是大海，实质上，都是一个加水稀释的过程。在工业城市诞生之前，如此方法相对易行，可以达到排污的目的。首先，这些排泄物可以被稀释到无足轻重的程度。再者，水体中生活有鱼类、无脊椎动物和微生物，在它们的作用下，这些排泄物可以被自然降解。如此一来，这些污水的所有威胁都被有效地化解。所以，尽管感情上有些过不去，但在当时，将生活污水排入水体，显然是一种可行的处置办法。

不过，随着疾病和排泄物之间的联系被确认，以及人口的激增，人们对清洁自来饮用水的渴望也日趋强烈。这时，就必须得权衡，估算生活污水需要被稀释到何种程度，才不会出问题。

一开始，人们没有就此达成共识。在当时，曾有过一场著名的论战。一边是卫生化学家兼律师查尔斯·梅莫特·泰迪（Charles Meymott Tidy）。他认为，在流速较快、河床沙砾丰富的河水中，浓度为5%的生活污水只需流过10~12英里，即可在自然氧化的作用下被净化。另一边，是化学教授、英国皇家学会会士爱德华·弗兰克兰（Edward Frankland）。他认为，即便流过200英里，污水也不会被净化。弗兰克兰的观点后来得到河流治污专委会（弗兰克兰为专员之一）的支持。他们甚至认为，英国的河流不够长，即便污水从河的源头排出，流到河口，也不会被处理干净。如此一来，答案只有一个——必须将城镇污水移至他处，并加以处理，使之降解或净化。若该过程终产物的归宿是我们提取饮用水的河溪，那么，我们确有必要将自己往其中"添加的内容"清走大部。

所以，污水处理的基本原则便是——别指望加大量的水稀释即可了之，那不过是掩耳盗铃，得尝试将那些讨人嫌的物质清除。幸运的是，当时已有现成的技术。

19世纪末到20世纪初，那是一个前所未有的时代，科学取得长足的进步，人类对物理自然世界有了深刻的认识。大型工程建设全球开花——高大的建筑、跨洋的轮船、铁路、隧道、桥梁、运河，好似为工业发展树立的一座座大教堂。细菌和其他类型的微生物，已被确定是诸多人类疾病的罪魁祸首，瘴气和"污气"等中世纪的说法，已被牢牢地锁进博物馆的历史展柜。这些，都为理解卫生学、抗菌剂、接种疫苗，以及抗生素的最终诞生铺平了道路。构成世界的具体原子被命名、测量、排序。过去在炼金术中对一些化合物的古怪称呼，如"鹿角精"（spirits of hartshorn）、"火蒸汽"（fire damp），被现代术语替代，并沿用至今（分别为"氨水"与"甲烷"）。物质的化学组成被破解，化学反应被推导和掌握，新的分子被合成出来。人类在这些领域里的努力成果，都可以用来平息伦敦的"大恶臭"，消灭遍布世界的"稍小"恶臭。

欲知如何处理污水中的人类排泄物，首先，还得想象人类早期的可能情形。当时人类的处理办法，或许就像摩西的教诲所言，是将"所泄之物"掩埋掉。它留给我们的经验，正如我们在后文中会看到的——人类粪便同动物粪便一样，只要给足时间，便能自然降解，重新被吸收回环境当中。土壤远不是被动的中性介质，它是一个动态的生物系统。大量无脊椎动物和微生物生于其中，不停地降解枯叶、动物尸体及粪便中的有机物质，并加以重复利用。在之下的底土层中，污水的颗粒被过滤掉，还会发生一些细微的化学变化。最终，它们到达基岩。若该层如石灰石一般满是孔洞，水将下渗到含水层。矿泉水就是从这里泵取或引出的。若该层不可渗透，水会沿着该地层流淌，待到形成泉水或河源之时，已变得清新洁净。处理污水，实际上是模仿这种自然过程，只是以工业规模在密闭空间中完成。

污水处理：有进必有出

处理污水的方式有很多种，但主要过程大同小异。首先，在重力的作用下，来自民居、企业的废水，以及从地表和檐沟收集的雨水，通过管径逐级放大的管道、排水道、下水道、地下污水渠，被输送到污水处理厂。单纯借地势自上而下流送，流不了多远。若想突破这一局限，让污水离城市更远，可将之泵到更高处，再通过一系列缓降的管道，便可达到目的。维多利亚时代，曾修建过很多污水泵站。这些外观典雅的建筑，至今仍能在英国各地的城市中见到。污水最终会在处理厂停下来，接受脱污处理。污水处理厂由大型工业建筑群构成，虽形象死板，籍籍无名，但仍有与众不同之处，明显易辨。

污水泵可以把很多东西抽起来，再送往他处，各地水务管理机构都渴望拥有一台。插图选自 Rideal（1900）。图中文字意为：肖恩氏气驱自动排放机，适用于泵抬污水、污泥、常规用水等

在萨缪尔·里迪尔[1]高调宣讲污水净化的时代，移除较大漂浮物的旋转筛网已达到现代技术的水准。插图选自 Rideal（1900）

先前对污水的处理，是排放和控流，到达污水厂以后，便是净化。首先，较大的物体，如流进排水沟的木块及其他浮块，会被巨大的筛网拦住。还有一些难以降解的物体，有些本不该冲进便器，如纸制品、尿布、湿巾、棉球等，也会在这里被移除。接下来，在大型沉淀罐中，高密度的重物沉入罐底。在这些重物中，有粪便，也有倒入洗碗池的食物，还有暴雨冲刷路面带入的沙砾。它们在罐底淤为一体，每隔一段时间，就得从罐中移除，可以用泵抽，也可靠挖掘。移除后，沥去淤积物中的水，经过干燥处理，成为固质的土肥，施撒到土地中。

南诺伍德污水处理厂是营利性企业，于19世纪下半叶投入运营。彼时，类似的处理厂一般会介入农业。在上过"污肥"的土地，一般会种

---

① 萨缪尔·里迪尔（Samuel Rideal），原文为 Joseph Rideal（约瑟夫·里迪尔），应为笔误。——译者

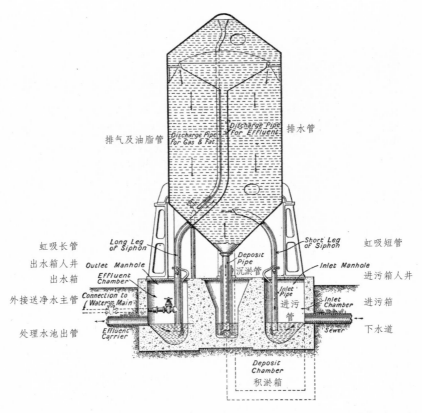

排气及油脂管 Discharge Pipe for Gas & Fat.
Discharge Pipe for Effluent 排水管

虹吸长管 Long Leg of Siphon
Short Leg of Siphon 虹吸短管

出水箱人井 Outlet Manhole
Deposit Pipe 沉淀管
Inlet Manhole 进污箱人井

出水箱 Effluent Chamber
Inlet Pipe 进污管
Inlet Chamber 进污箱

外接送净水主管 Connection to Waters Main

处理水池出管 Effluent Carrier
Sewer 下水道

Deposit Chamber 积淤箱

克塞尔分离罐。在20世纪初，污水管理是尖端技术，深奥精巧，堪比火箭科学。插图选自Martin（1935）[1]

上蔬菜或其他作物，"污水农场"（sewage farm）的称呼由此传开。这种对固质成分的处理方法十分可靠，不仅行之有效，而且简单，不用耗费什

[1]译者未能访问引用文献。但在该文献后续的两次修订成果中，已不见克塞尔分离罐（Kessel separator）的字眼。Kessel应为技术专利方的名称，很有可能来自人名，故在此以人名处理。这种分离器，似乎与如今的德国科赛尔公司（Kessel AG Company）生产的油脂分离器（grease separators）有相似之处，但该公司成立于1963年，且相关产品用于处理食品工业污水。——译者

菲迪恩分散式出水器。很快，圆形滴渗处理床便多了起来，成为乡间一景，配上农舍般的运营建筑，名副其实。插图选自 Martin（1935）①

么心思。但是，在剩下的液质成分中，生物性有害成分的含量仍在危险水平之上，这样的水，不可能通过任何饮用水安全检测。在早期，这样的水被喷洒到一系列专门的灌溉用草地上，使之渗入土壤。但是，若有突发性大量来水，即便规模非常之大的污水处理厂，也无力应付，尤其在大雨之后。

那些作物，只是以净化污水为主要目的的次要产物。如此种植，不大可能带来多大的商业回报，所以，如此"农场"大多为赔本经营。尽管如此，卷心菜还是长起来了，还有饲料植物，如饲料甜菜、紫花苜蓿，以及用作牧草或用以调制干草的草类。不过，由于大量的水需要在土壤中过滤，小麦和土豆无法适应。此外，在污水中生长的柳树，枝条过脆，

---

① 菲迪恩分散式出水器（Fiddian distributor），指悬于滴渗处理床上方的送水装置。该装置实为水平旋转的杆状喷水器，在匀速旋转的过程中，将污水均匀地分散到喷杆直径（或半径，如此图所示，支点在臂的一端，而非中点）范围内的滴渗处理床表面。——译者

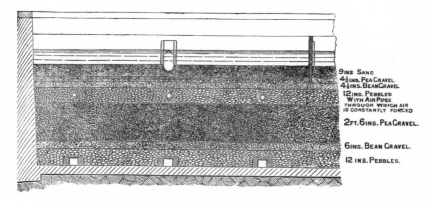

洛柯克过滤系统[1]，一种模拟水在自然环境中过滤的下渗式污水处理系统。插图选自 Barwise（1904）[2]

无法用来编制筐篓。这样下去，"农场"地表最终会被一层黏滑的沉积物覆盖，长满藻类，使土地"污疾缠身"。

为了避免"污水农场"土壤渍水、提高水中细菌裂解效率的新技术孕育而生。这些水在浸入土壤之前，先被水龙头喷散到空中，以溶入更多的氧，加快水中细菌的微生物消化过程。水落下后，被送至填满细沙、砾石、碎岩的滴渗处理床或处理塔，模拟水在自然环境中的过滤过程。不过，当负荷达到一定程度时，这些过滤填充物很快就会被淤塞。这时，须将之掘出，填入新的材料。在我父亲收藏的那些旧教科书里，尽是关于流速和过滤效率的推算过程。

得以广泛应用的，是圆形滴渗处理床，至少在英国很多地方如此。

---

① 洛柯克过滤系统（Lowcock filter），应以系统设计者西德尼·理查德·洛柯克（Sidney Richard Lowcock）命名。——译者

② 图中字自上而下分别为：9英寸砂土层，4.5英寸珠形豆砾石层，4.5英寸扁形豆砾石层，12英寸卵石层（内置通气管，保证持续送风），2.5英尺珠形豆砾石层，6英寸扁形豆砾石层，12英寸卵石层。——译者

处理床实为巨大的筒状设施。筒身由砖砌成，或由混凝土灌注而成。筒内填有层叠的焦炭、石块、火山灰或炉渣（最近换上陶瓷、聚氨酯泡沫或塑料），上悬带有喷头的旋转臂，将水送入填充层。当然，这不是用水漫灌填充层，而是使水滴缓缓浸入其中。填充物颗粒表面形态多样，之间形成空隙，不仅可保证氧气进入整个处理床，还大大增加了处理介质的表面积，为附着其上的微生物提供了充分的生长空间。所以，污水在处理层中下渗的过程，好比遍历一个结构复杂的表面网络，走一趟通气良好的巨型三维迷宫。在这一过程中，污水中的有机物得以分解。最终，从底部流出的，是净化的水。

　　积污池（cesspit）也是这一简单技术的应用，只是规模小得多，且所有过程在原地完成。积污池是一个封闭的空间，有机物在其中被降解，固质成分沉淀到底部，水质成分从管道或砖壁上的漏孔排出，渗入周围的土壤中，由自然界中的细菌继续这一降解过程。在有些情况下，需要将固质沉淀物清走。但在大多时候，污水累积有限，可以逐渐被微生物

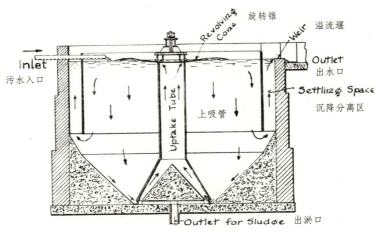

现代曝气池，插图选自Martin（1935）

消化，使得送回土壤的成分只有水本身。

积污池和"污水农场"采用的技术，已经有些年头，但它们仍然可以发挥作用。在新建的污水处理中心，基本工作原理相同，仍是沉淀固质成分并适时清走，将残留在水中的细微有机颗粒生物降解，而这些降解细菌最终会被其他水生生物噬食。在伦敦，水务管理部门采用的，是大型长方体曝气池（aeration lane）。空气被泵入池中，形成的气泡将水氧化，便于细菌发挥清洁作用。身处其中的污物，好似在一盆细菌浴汤中接受按摩浴的洗礼。令人遗憾的是，为了沉淀某些特别的工业污染物，污水仍须加以化学处理。尽管如此，若要清除污水中的人类排泄物，上述策略已绰绰有余。

如今，全球变暖和气候变化似乎已向我们逼近。现在，保证足够的清洁用水是一个关键的环境问题。将来，这一问题将变得更加突出。北半球降雨充足、水资源丰富（以雨天著称的英伦诸岛也在范围之内），似乎感受不到一丝威胁。但随着水资源的萎缩，用不了多久，人们就不得不面对现实。到那时，污水净化形成的再生水，可能是很多人的日常用水。喝自己排泄的废水，听起来，或许的确不太悦耳。即便如此，我们又如何确保这些水是安全可饮的呢？

检验水之纯度，至少知其是否可饮

我们需要的，是一个真实可靠的量化指标，可以测量、比较，确保流回水道（或直接进入饮用水水源）的水足够洁净，不会造成环境或卫生问题。

1912年，皇家污水排放专委会（Royal Commission on Sewage Disposal）提出这样一个指标——"20∶30标准"，现已被多个国家采纳。指标中的

污水处理不仅意味着物理清除一些成分，还包括对水质的化学分析和评估，并依此决策，是否让处理完毕的水流回自然环境。插图选自Barwise（1904）

数字，分别代表生化需氧量（biochemical oxygen demand，BOD）不超过20毫克/升，固体悬浮物不超过30毫克/升。"固体悬浮物"所指不言而喻，即仍漂浮在水面的细微颗粒。其组成不难想象，但也包括粉砂、尘土及其他良性物质。"生化需氧量"稍微复杂一些，指将有机物完全降解所需的自然细菌生物活性，由此间接地衡量水中残留有机物质（主要是粪便）含量。具体而言，即将1升水在20摄氏度环境下放置（或培养）5日，若有机物含量很少，仅需不超过20毫克氧（约一大汤匙的量），即可让自然中的细菌将之无害地消化掉。在测试期间，单位体积水中的有机物含量越高，需要的细菌则越多，进而需要更多的氧。未经处理的生活污水，生化需氧量可高达600毫克/升。相比之下，未被污染的淡水河溪，生化需氧量低于1毫克/升。皇家污水排放专委会制定的20毫克/升标准，已施行了一个多世纪。这意味着，生活污水中的有机物能回到饮用水中。面对这一事实，仍有人会吃惊。尽管如此，能达到这一指标的水，仍是"安全"的。

回到有关南诺伍德的话题。在污水厂运营的年代，"污水农场"净化的水应已达到重要的"20：30标准"，或许还有所超越。这些水最终被排进地名甚有喜感的燕雀溪。燕雀溪经由贝克河、普尔河、雷文斯伯恩河，自德普特福德溪流入泰晤士河。① 我在燕雀溪里蹚过，也曾落入其中，不过，除了让我身上沾点泥，它没给我带来任何麻烦。

"污水农场"已于1972年停止运营。让我感到意外的是，住房建设没有在原地立即展开，那儿变成了新的南诺伍德乡村公园。我的祖母就住在园区附近。后来，她告诉我，那儿之所以没有建设住房，是因为土壤中铅含量过高，当地管理部门也不敢让居民们冒风险，食用其上生长的蔬菜。在改用铜质管道之前，家庭配备的输水管道为铅质。近100年中，用来浇灌农场土地的水，就来自如此家庭。这样一来，便产生了新的环境问题，影响波及后代。联想到"污水农场"的初衷是农业生产，这可谓是一种令人心酸的讽刺。

恶感因素

今天，人类只需一按按钮，或一拉手柄，便能让排泄物远离自己，

---

① 燕雀溪（Chaffinch Brook），与贝克河（Beck River）汇合，流入普尔河（Pool River，或River Pool），故前两者皆为后者支流。普尔河为雷文斯伯恩河（River Ravensbourne）支流，后者在德普特福德（Deptford）流入泰晤士河。泰晤士河涨潮回流，可涌入雷文斯伯恩河，其感潮河段被称作德普特福德溪（Deptford Creek）。——译者

嗅觉很少被冒犯。不过，回避自身排泄物，或至少对之抱以不待见的态度，人类并非孤例。

　　夏日里，走进绿油油的牧牛草甸，您能即刻意识到，草长得不整齐。这不是因为有任性的牛，啃草不守规矩，也不是土层被不均匀地践踏，或牧草间开有各种野花，有的为牛所好，有的味道为其所恶。草地上有一些随机分布的草簇，它们较其他草长得略高、略绿、略茂盛，好似规整绿野中的点缀。这样的草簇，每生一簇，即说明曾有牛粪落于该处，或在前一年秋天，或在当年早春。牛粪中的营养，有些可能会被循环再利用，为草根所吸收，但对牧草长势提升的贡献不大。草簇茂盛的主要原因，在于牛尽量不在早前排便处附近吃草。马亦是如此。

　　这种回避行为的确切原因和机制尚未明确。或许存在一种"避病"的进化机制，与人类所具有的相似。牛粪中有大量寄生生物，有肠道蠕虫、吸虫[①]，以及细菌，来自野生或野化牛种的粪便尤为如此。不食粪边草，有助于避免再次被病菌侵染。但令人意想不到的是，牛会吃马粪上长出的草，马亦不回避牛粪上的草。马与牛的寄生生物具有寄主专一性，各自的寄主互不重叠。这或许意味着，摄入"非自家"蠕虫的虫囊不会危及健康。此外，牛和马对各自排尿处生长的草也无一丝顾忌。既然尿液不含寄生虫或细菌，就不构成进化压力。所以，从生物学的角度，也就没有回避的必要。

　　牛粪上长出的草并无问题。如果将之割下，移至远离粪便之处喂牛，牛照食不误。让牛感到恶心的，是"自家"的粪臭。因此，在草地里，它们的"剪刀牙"往别处啃。

---

① 此处的肠道蠕虫（intestinal worm）主要来自线虫动物门（Nematoda）。吸虫（fluke）为扁形动物门（Platyhelminthes）吸虫纲（Trematoda）动物。——译者

人类对粪便的恶感，不局限于"自家"。我们对所有排泄物都唯恐避之不及。每当农民施撒粪肥，牛粪浆的气味便会弥漫乡间。这时，总会有人抱怨。时至今日，仍是如此。在马车盛行的时代，遗在城镇街道上的大量马粪令人担忧。人们担心马粪会传播疾病、滋生蝇群，而非其气味。就气味而言，马粪是相对最不难闻的动物粪便之一。哲学家、数学家、医生乔治·切恩就曾试图展示"造物主"的伟大智慧，因为他认为"造物主"知道马会常伴人类左右。在《宗教哲学原理》[①]中，他对此进行归纳，有条有理："马干净、美丽、敏捷、有力。它呼吐的气息、流沥的汗水，甚至排泄的粪便，都是香甜的。因此，马最适合为我们效劳。"

或许，在所有大型哺乳动物的粪便中，象粪最不难闻。这种巨型动物取食的植物量太大，食物在体内的时间太短，以至这样说也不为过——其粪几近一堆仅简单处理过的植物材料。据动物追踪者介绍，考察象粪新鲜程度（即估计大象离开多久），最好的办法，应是把手插进粪堆，体验其"热度"。

至于其他动物的粪便，我们觉得十分难闻或略不难闻，并未完全因审美使然。粪臭有大致的规律可循。植食动物的粪便相对不难闻。杂食动物粪便的气味会令人感到意外，或许还可能令人不安，也是我们非常熟悉的臭味（因为我们也是杂食动物）。肉食动物的粪便最难闻，曾不小心在室内踩到狗屎的人就知道，那种气味该有多浓烈、多邪乎。

让我最纠结的，是狐狸粪便。那年，我搬进现在的家，大女儿3岁，小女儿才18个月大。搬家之日，大人们忙着把一箱箱图书和陶瓷餐具拆封，两个女儿在新家的庭园里探奇。老大踏着小小的三轮童车，在凹凸

[①] 乔治·切恩（George Cheyne，1671—1743）所著的《宗教哲学原理》（*Philosophical Principles of Religion*）分为两卷，第一卷出版于1705年，第二卷出版于1715年。——译者

不平的草坪上来来回回。但当她一进屋，我便发现，她在外面踩到狸粪了。那是一大摊灰色的粪便，半液态，呈油质，沾得鞋子上全是。待给她清理干净，我自己也弄得从手到肘都是。从那时起，我便向毫无节制的"狐族"宣战，一直坚持到现在。

狸粪的气味特别大，令人作呕。如此之臭，并非因为它可能会传播疾病，而是为了阻止其他狐狸侵入。那是一地之主留下的强力气味标记，为的是警告其他狐狸，让它们避而远之。这可以解释，为什么狐狸将粪便排在极其显眼的地方——我的门垫上、大门前、乱扔在街道上的食品包装纸上，或是农民倒置在谷仓旁的油漆桶上。将粪便留在开阔、显眼的地点，纯属故意之举。这样，谁也不会错过。

其他动物也有相似的行为。兔将粪粒[1]留在蚁丘、树桩上。对于人类而言，这些小粒状粪便的气味并不浓烈，但在与之相随的兔尿气味中，显然含有性别信息。獾是群居动物，一穴可多达12头，有一定程度的社会性。它们会在巢穴附近掘一系列长圆形的坑洞（粪穴），以便将粪便排入其中，好似一个茅厕。獾屎[2]色暗质厚，形如沥青。獾群将粪便积攒到一起，并不断补充更新，粪穴总是满的。其意图，似乎也是为了向流浪之獾明示，这里已经有主，住着一个营养良好、组织得当的獾群，地盘是它们的。

水獭将獭粪（spraints）排在河湖岸边不大的沙泥废杂堆上，或溪流沿岸的显要处。尽管水獭是肉食动物，以鱼类及生活在水边的动物为食，獭粪的气味却不怎么恶臭，虽有可能略带鱼腥气，但也洋溢着一种与麝

---

①兔粪粒（crottels），亦称crotey或crotising。——作者
②獾屎，亦称faints、fuants、wowerderobe。——作者

香相似的温馨之气，让人联想到紫罗兰、格雷伯爵茶①、茉莉花茶。其意图，亦非恶心或迷惑在河岸寻觅水獭踪迹的人类。它们是水獭之间的"絮语"——与附近其他同类交换有关生育力、家当（地盘）、体型的信息——一种水獭式的炫耀雄姿媒介。

---

① 格雷伯爵茶（Earl Grey），一种添加香柠檬风味的红茶。另，香柠檬（*Citrus bergamia*）非香橼（*C. medica*，即佛手柑）或柠檬（*C. limon*）。——译者

第三章

莫浪费——粪便是人类可利用的资源

人类适应性强，富于创新，还拥有大量可利用资源。在整个人类历史中，甚至自有史之前，这个星球上出现的几乎每一种天成之物，都已被我们拿来为己所用。既然如此，粪便岂能逃过人类精明的眼光？动物粪便显然可以用作粪肥。这一用途至今仍为西方读者熟知，我们会在稍后探讨。在此之前，还有许多不为人熟知的粪便用途值得一提。除此之外，粪便还有一些古怪的用场，有着八卦小报大号标题的"特质"，已经被尝试过多年。

在那些其他用途中，最合理的，或许是用作燃料。不过，只有植食动物的粪便可用。先待粪便干燥，然后，将之切劈、碾碎成植物质颗粒，再经过处理，加工成型煤或原木燃料大小的燃料块。成品燃烧持久性好，介于轻木和榉木之间。依我个人的经验，搁陈的马粪和干燥的兔屎，皆易成渣成粉，是野营生篝火的好材料。在北美，无论是外来殖民定居者，还是土著印第安居民，都曾把北美野牛粪"粪片"①当作标准燃料。在非洲、印度及亚洲其他一些欠发达地区，烧牛粪仍是家庭取热的常规途径。将原形或塑形牛粪放在太阳下晒干，再砌成结构别致的贮堆，随用随

---

① 北美野牛粪"粪片"，即buffalo 'chip'，buffalo在此为北美野牛（*Bison bison*）的俗称，并非指水牛属（*Bubalus*）动物。——译者

取^①。从1870年到1876年，蒸汽轮雅瓦里（Yavari）号在安第斯地区的的喀喀湖（Lake Titicaca）上行驶。为它带来名声的，是用来驱动60马力双缸蒸汽机的燃料——羊驼干粪。这是游客指南热衷引用的关键细节，而我可以肯定，自己就是目标读者。若知道附近哪儿有粪便"驱动"的蒸汽火车或轮船，我肯定会前往体验。

　　燃烧的牛粪还以充当驱虫剂而知名。不过，从理论上讲，任何烟雾都会影响被驱昆虫的化学感受器，有碍其定位叮咬目标——血液丰富的人类。在世界旅行当中，阿尔弗雷德·拉塞尔·华莱士（Alfred Russel Wallace）一直为蚊虫所扰，所受影响非同一般。这位达尔文自然选择进化理论的联合提出者（也是我心目中的英雄）时常为之大发雷霆，与蚊虫扰人行为有关的文字，见于其诸多著作。1849年9月，他行至巴西北部帕拉（Para），依旧不堪蚊虫所扰。每天晚上，就在书写日记、整理科学笔记之时，他也经受着蚊虫的不断叮咬。在当地家家户户门口，都点有一堆干牛粪。为寻求心理安慰，他也学当地人那样做。只有如此，才能让蠓群敬而远之。他写道，"夜里，无论大屋小舍，都点有一盘牛粪，散发出宜人的气味"（Wallace，1853）。所以，即便有人尝试利用牛粪生产驱虫喷雾或精油，可能也不足为奇。不过，粪便本身对昆虫有强烈的吸引力，且粪便的关键气味物质——粪臭素，也是一种已知的化学诱虫剂，对一些昆虫有效，包括南美的兰蜂^②及一些种类的蚊子等。因此，很难想象，为这种尝试而付出的努力，究竟会收获什么成果。

---

① 这些塑形粪便（印度语读音近似gobar upla）在印度邮购网站上很常见。不过，人们购买它，不是用作家庭热源，而是在仪式上使用，或满足一些城市居民的怀旧情怀，怀念有牛相伴的遥远童年。——作者

② 南美的兰蜂（South American orchid bees），应指膜翅目（Hymenoptera）蜜蜂科（Apidae）兰蜂族（Euglossini）昆虫，已描述有200余种，皆原产北美洲至中美洲地区。——译者

尽管有明确的记录表明，布列塔尼地区[①]烧粪的历史一直持续到20世纪初，但总的来说，欧洲北部为温带气候，寒冷潮湿，烧粪的情形难以想象，不值一提。然而，粪便中含有甲烷，它在污水处理厂大量产生，从农场的粪肥中也可小规模沤出一些。如今，对甲烷的控制技术不断提高，存储量不断增加。人们越来越多地使用甲烷，它已成为一种完全可接受的现代便利。

直觉告诉我们，牛粪的另一个合理用途，是用作建筑材料。可将牛粪与泥浆混合，制成粗灰泥，用于修建抹灰篱笆墙[②]。牛粪中含有嚼碎的植物纤维，可使材料具有很好的强度和弹性。它还可以作为烧砖原料。在干燥的过程中，牛粪刺鼻的气味蒸发殆尽。待到完全干燥，牛粪的化学性质已变得相对"惰性"。它们与黏土混合，可使材质变得有刚性，且降低了可燃性。这种纯粹的DIY或家庭作坊式手艺，正不断产业化。此外，砖窑以粪源甲烷为燃料，可让产品带上环保卖点。

狗粪曾在糅革业中被广泛使用，一直到20世纪初才被弃用。狗粪是糅革厂的臭源之一，它们通常由孩童拾捡自街头（狗随地排出之处）。臭气的其他来源，还包括（收集自）人类（便壶中）的大便和尿液。它们与脂肪酸败和动物腐烂之气混在一起，使糅革厂沦为一处恶臭弥漫之所，不得不退至城市边缘。在制革过程中，粪便可使皮革软化，起作用的，

---

① 布列塔尼地区（Brittany），指法国西北部半岛地区，北临英吉利海峡，有"小不列颠"之称。曾为独立王国，后为公国，于1532年并入法国，成为一省。——译者
② 抹灰篱笆墙，指将粗灰泥（daub）抹到枝条编织的篱笆框架（wattle）上，并将后者封入其中，进而形成的土墙。——译者

是其中的细菌。有些地方也采用鸽粪[①]。

下一步打算——探索直觉之外的用途

以上介绍的粪便用途，貌似皆在情理之中。接下来将要呈现的，是粪便资源利用的其他种种可能。相比之下，它们要奇特得多，从单纯的匪夷所思，到毫无意义，林林总总，可谓蔚然大观。例如，中亚地区有一种神秘的占卜体系，名为"胡玛拉克"。依照传统，萨满巫师将41粒羊粪球分发到方格形棋盘中，根据它们在其中的排列方式进行解读。虽说粪球也可以用豆粒或石子替代，但谁要用这些卫生的现代替代物为我解读未来，我有理由认为自己是被忽悠的。因为，"胡玛拉克"在突厥语系中意为羊粪[②]。

动物粪便同浸透捣碎的植物纤维一样，易用于造纸。何况，如前所述，粪干臭尽失。但是，由于产量有限，目前，这种纸张仍是一类相对鲜为人知的工艺品[③]。大象的取食以"多进多出"为特征，消化道处理的

---

① 顺便说一句。《圣经》中有一处常被引用的"食'鸽粪'"典故［《列王纪（下）》（2 Kings, 6:25）］，提到花费5舍客勒银子，可换得1/4开普（约400毫升）"鸽粪"。不过，此"鸽粪"很可能指某种尚未确定的植物。之所以如此称呼，或许因为其形态与鸽粪有相似之处。——作者
　　原文为"...costing five pieces of silver for a quarter cab (about 300 ml)..."。参考《圣经》，古希伯来银钱单位为舍客勒（shekel），1舍客勒约合16克；cab即kab（开普），又译作"卡步""升"等，亦为古希伯来度量衡，根据《牛津英语词典》第二版，1开普约合2又5/6英国品脱（imperial pint），1英国品脱约合0.57升。依此核算，1/4开普应约合403.75毫升，而非300毫升。——译者
② "胡玛拉克"（Kumalak），是一种在古代盛行于突厥语系（Turkic languages）民族的地占术（geomancy）。萨满巫师（Shaman）先将41粒羊粪球（或一些粒状替代物）分为3组，然后，从右往左，每次从各组移走4粒，直至各组所剩不多于4粒。将移除的颗粒再分为3组，再依前述方法移除，重复两次。3次过后，余下9颗颗粒，每组1~4粒。将各组依先后顺序置入九宫格中，先右后左，先上后下。最后，按颗粒在九宫格中的排列方式解读。——译者
③ 原文为"harvesting sufficient quantities has so far kept this a relatively obscure artisan product"。——译者

食物量巨大，但汲取的营养微乎其微，所以，象粪是最不难闻的动物粪便之一，几乎如同仅经初步咀嚼的大量植物材料。象粪纸十分受欢迎，它的成功，催生了以牛、马、驼鹿①、驴、大熊猫的粪便为原材料的相似产品。

此外，有人以象粪为绘画原料，为洒泼画添加纹理，也有时尚设计师将象粪作为厚底鞋的鞋底②。这些作品以创意取胜，吸引大众的关注。类似的，还有人在驼鹿和鹿的粪便干燥后涂上清漆，制成耳坠，也以"吸引眼球、匪夷所思"为卖点。

对于人类而言，大象消化道的最新用途，是对咖啡豆进行初步消化。将这些初步消化产物从象粪中挑出来，或制成咖啡（冠以"黑象牙"③之名），或拿去酿制象粪咖啡啤酒。投资如此项目，虽有噱头和哗众取宠的成分，但它确已发展成一番成功的事业，不仅收获真金白银，还吸引了国际关注，为21世纪举步维艰的大象保护事业添砖加瓦。尽管它还只是家庭作坊式产业，但类似的小规模经营，估值可达数千万美元。生产"黑象牙"咖啡的灵感，直接源于椰子狸④的天然喜好。椰子狸是一种形似猫的小型林栖动物，原产南亚和东南亚地区，以咖啡果实为食。

---

① 驼鹿（moose），为现存体形最大的鹿科（Cervidae）动物，属驼鹿属（*Alces*）。——译者

② "以象粪为绘画原料，为洒泼画添加纹理"（using elephant dung as a textural splatter），应指以象粪为绘画原料著称的英国前卫艺术家克里斯·奥菲利（Chris Ofili, 1968— ）的创作。"将象粪作为厚底鞋的鞋底"（bulky base of designer platform shoes），指伦敦涂鸦艺术家INSA设计的一款细高跟厚底概念艺术鞋，跟高10英寸（约25.4厘米），前部厚鞋底主体为象粪，鞋底底面为珍珠。该作品是设计师向奥菲利的致敬。——译者

③ "黑象牙"（Black Ivory），为泰国黑象牙咖啡有限公司（Black Ivory Coffee Company Ltd）的品牌，咖啡生产于泰国北部清盛（Chiang Saen）的金三角亚洲象基地（Golden Triangle Asian Elephant Foundation）。——译者

④ 椰子狸（the Asian palm civet），即 *Paradoxurus hermaphroditus*，又称椰子猫，为灵猫科（Viverridae）椰子狸属（*Paradoxurus*）动物，是椰子狸属中分布最广的物种，在我国海南、云南、广西和四川等省亦有分布。——译者

有关渊源，人们通常会从18—19世纪荷兰种植园主将咖啡引入苏门答腊和爪哇种植讲起。咖啡是一种价值很高的经济作物。殖民者严禁当地农民采摘咖啡果实自用。于是，农民们收集椰子狸粪便，从中挑出几近完好无损的咖啡豆，再将之洗净、烘焙、磨碎。人们发现，用它煮出的咖啡，香味有所提升，且清淡、不苦。用正常咖啡豆制得的咖啡带有苦味，原因在于其中含有某些蛋白成分。咖啡豆从椰子狸消化道中穿过，看似完好无损，但有观点认为，在动物肠道酶的作用下，苦味蛋白的性质已发生显著变化，带上一种香醇润口的风味。猫屎咖啡[①]美名远扬，很快便形成了独有的市场。现在，每千克椰子狸咖啡豆售价约500英镑（约合700美元）。此外，被林中野生椰子狸取食的咖啡豆最难得，因而价格最高。如今，椰子狸养殖场在该地区相当普遍。但是，极其恶劣的狸舍环境、可怖的强制喂饲、因咖啡来源不正而涉嫌伪冒的传闻，都对行业造成了负面影响。

另一种相似的应用，是中国的虫茶[②]——用某些昆虫幼虫取食植物后排出的虫沙焙制而成。这种"茶"是碾碎的叶片（或者说，在此实为部分消化的叶片），但具有广义的药用功效，有别于英国加奶和糖的那种茶。一剂热饮，可解脾胃不适，可助消化，亦可解暑。现在，已有精明的厂家将其制成茶包出口。近来，伦敦自然历史博物馆昆虫部便组织过一次品尝会，与会者普遍认为，它的味道与茶相似。不过，遗憾的是，我错过了那次机会。

---

① 猫屎咖啡（Kopi Luwak），kopi意为咖啡，Luwak为当地对椰子狸的称谓，意为"椰子狸咖啡"，亦称"麝香猫咖啡"。——译者

② 虫茶（caterpillar tea），此处应指我国西南一些省份的传统虫沙饮料，又称沙茶、虫屎茶、龙珠茶等。产茶昆虫不仅来自鳞翅目夜蛾科（Noctuidae）、螟蛾科（Pyralidae）、天蛾科（Sphingidae），也有来自鞘翅目天牛科，不同于中药蚕沙的来源［蚕蛾科（Bombycidae）］。——译者

在1693出版的《英国内科医学大全》中，威廉·萨蒙详述羊粪茶，谓之可治天花、黄疸、百日咳。[1]我十分怀疑这种说法的真实性。尽管这是一部非同寻常的医药百科全书，收录了各种药剂和配方，但在当时，就已被认为是江湖郎中的骗术，广受讥讽。然而，据近来出版的《爱德华王子岛英语词典》（Pratt，1998）记载，羊粪茶是一剂供病人服用的民间配方，并非其他事物的委婉称谓。若要品味猫屎咖啡，我乐意之至。然而，对于羊粪茶，我甚至不愿心生沾唇之念。普遍认为，当年（1724、1730、1776）政府颁布各种反咖啡和茶叶掺假的法案[2]，就是因为有消息称，这些昂贵的高端商品中掺有粉碎的羊粪。

很多人会认为，无论是猫屎咖啡、象粪咖啡，还是虫沙茶，不过是以噱头出奇制胜。况且，品尝会主观性太强，只要是新鲜玩意儿，号称"滴滴金贵""独一无二"，人们都乐意一试。相似的理由，也可以拿来驳斥其他一些"创意"，例如用夜莺粪便美容（源自日本），或用鸡粪治秃顶（希波克拉底[3]建议用鸽粪）。支撑这些"创意"的，是用户们不靠谱的信息反馈。这类用户心中充满绝望，通常易受蒙骗。

狮粪被拿来销售，其卖点，据说是可将鹿、兔、猫及其他无关动物阻于私家领地之外。直觉告诉我们，这一想法貌似可行。其理由在于，这些令人烦恼的动物就像是害虫，但出于本能，它们熟悉危险捕食者的

---

① 威廉·萨蒙（William Salmon，1644—1713），英国经验医师，但并不为同行认可。其著作所涉领域甚广，读者众多，但以引述改写为主，且常以推销自创"药品"为目的。《英国内科医学大全》，全称为 *The Compleat English Physician, or, The Druggist's Shop Opened*。——译者

② 反咖啡和茶叶掺假的法案，指英国于1718年颁布的"反咖啡掺假法案"（Adulteration of Coffee Act 1718），以随着茶叶兴起，分别于1730年和1776年颁布的"反茶叶掺假法案"（Adulteration of Tea Act 1730, Adulteration of Tea Act 1776）。在此之前，还曾于1724年颁布"反咖啡和茶叶掺假法案"（Adulteration of Tea and Coffee Act 1724）。——译者

③ 希波克拉底（Hippocrates，约公元前460—约公元前370），古代希腊医师，在西方被尊为"医学之父"。——作者

气味，以便避而远之。可问题是，西方世界大多地方本无狮迹。因此，当地动物群并没有进化出识别狮粪气味的本能。英国鹿协会（British Deer Society）网站的信息显示，狮粪的臭味十分强烈（大多数肉食动物皆如此），但并没有什么效果。在我看来，若要让那些不受欢迎的动物远离庭园，选择人类的排泄物倒是更合乎逻辑。它还有更多好处，可以引来有趣的蜣螂。您不妨一试。

另一种重要的生物源天然产物，人类也已利用了上千年，那便是尿液。它不仅在鞣革过程中发挥重要的作用，还是一种清洁剂[①]，那是因为其中的尿素在一段时间后会分解成氨。这种"陈尿"（lant）也用于羊毛产业中的洗毛环节[②]。在（西方）制造火药早期，人们曾以尿浸干草为途径，生成硝酸钾。[③]或许是尿液的黄色激发了炼金术士的灵感，他们曾尝试从中提炼黄金。尽管这种尝试以失败告终，却让亨尼格·布兰德于1669年在汉堡发现了磷元素[④]。

18至19世纪，存在过一种用于油画颜料的罕见色素——"印度黄"。有人认为，它源于印度当地饲食芒果叶的牛所排出的尿液。关于其真假，人们争论已久，但现在可能已沦为迷思。芒果叶中含有一种呫酮的葡萄糖苷衍生物——芒果甙，经植食动物消化，可转化为一种亮色泽黄色、

---

① 关于清洁剂，见前文第17页附注。——译者

② lant，为作者加注，按《牛津英语词典》第二版，指放陈的"工业用尿"。洗毛（wool scouring），指清洗剪下的原羊毛，除去羊毛脂、死皮、汗液及其他异物。——译者

③ 可能为误传，所指的早期制备方法，实际上是采用堆粪肥发酵的方式，加入干草是为了增加粪堆的通透性。因制作制备时间较长，为防日晒雨淋，通常不曝于露天，加尿液是为了保湿。另有一种以尿液为原料的简便制备方式，但无须干草。——译者

④ 亨尼格·布兰德（Hennig Brand，约1630—约1692或1710），德国炼金术士，在寻找魔法石〔philosopher's stone，传说里将一般金属"点石成金"的物质，因还能使人返老还童或永生，又被称为"生命精华"（Elixir of life），即我国一些古人热衷修炼的"仙丹"〕的过程中，意外地从沸腾的尿液里发现了磷元素。——译者

与"优黄质"(即"印度黄"的学名)类似的类叫酮物质。然而,当时是否以这种方式大规模生产,仍不得而知。主要原因在于,芒果叶对牛的毒性很大。而且,依常规方法,先将叶片浸泡,再加化学添加剂煮沸,然后蒸馏纯化,一样能有效地提取这种色素。但这是一种别有异域风情的商品,而且丰厚利润。尿液轶闻很有可能是有人故意编造的(或至少有所夸大),为的是让商品的神秘气质长盛不衰。①

不过,没有人怀疑"霸道雄鹿"(dominant-buck)或"发情雌鹿"(doe-in-oestrus)尿液的来源和效用。它们作为气味引诱剂,面向美国猎鹿市场,在商业街的店铺中销售。在(南)苏丹,牛尿被用作染发剂,当地蒙达里(Mundari)部落的牧民用它将原本乌黑的头发染成灼红色。当然,人类的尿液现在仍被广泛使用,例如,用水稀释后,当作液态肥料,在配额地②里施用。不过,那些以尿来治疗海胆刺伤或海蜇蜇伤的传说,是完全没有道理的。

一弃了之

如今,我们将自己在厕所排泄的"废弃物"一冲了之。为此,已经造成极大的浪费。不过,并非所有人都像我们这样。不错,将排泄物往河湖里倾排,在我们西方是一种传统,奥克尼岛、克里特岛、古罗马等

---

① 印度黄(indian yellow),是一种已被弃用的黄色颜料,主要成分为优黄酸钾/钙、优黄酮及其磺化衍生物。优黄质(euxanthine或euxanthin)可能指这些物质,至少包括优黄酸盐。芒果甙(mangiferin),是降阿赛里奥(norathyriol)的葡萄糖苷。这些物质的主干具有类似叫酮(xanthone)的结构,如优黄酮即1,7-二羟基叫酮,降阿赛里奥为1,3,6,7-四羟基叫酮。它们及其衍生物,皆被称为类叫酮(xanthonoid)。近年研究显示,当年的印度黄含有牛尿指示成分,即确实以其为原料制备而来。——译者
② 配额地(allotment),即allotment garden,在此指英国政府为满足居民需求,提供廉租耕种的小块土地,也译作"社区农圃""份地""市民农园"等。——译者

众多古代遗址，都保留有出色的下水道遗迹。但是，放眼全球，我们便会发现，它不是人类处置粪便的唯一方式。

1909年，美国农学家富兰克林·哈瑞姆·金前往日本、朝鲜、中国，考察在这些地区已实践千余年的"永续农业"。1911年，《四千年农夫》一书出版。在这本饶有趣味的书中，作者不满发达国家坚持一冲了之的积习。对那些伟大东方国家富有智慧的处置，他抱有极大的热情。从民居储集粪便的容器，到商人如何获得粪便的经营权，并以船载经运河运往农业种植区贩作粪肥，在书中都有很好的展示。让金印象尤为深刻的，是对粪便处置及所涉金钱的数量。1908年，上海公共租界方面以价值3.1万美元黄金的价格，将7.8万吨粪便的独家收集权售予一家中国承包商，并由承包人组织船队，将之运往乡下，出售给农民。同年，日本在田间施洒的粪肥近2400万吨，平均每英亩1.75吨。接着，他推算出每年西方挥霍的氮、钾、磷究竟有几百万吨。他不能理解自己的祖国如此浪费。他的语气，就像一位激愤的宣讲者。在如今出版的书中，若要谴责水道污染，宣传资源自我循环的有机农业有显而易见的益处，他的这种批判情绪仍未显过时。①

尽管我们利用下水管、人工排水沟渠、主下水道的历史相当悠久，但这一类工程设施仅适于城镇。然而，即便在城镇，也非一蹴而就。城镇多为逐步形成，建设无常。这便意味着，在房屋建成之时，通常没有

---

① 富兰克林·哈瑞姆·金（Franklin Hiram King, 1848—1911），即后文的F. H. 金，美国土壤学家，被认为是土壤物理学和有机农业的奠基人。永续农业（permanent agriculture），又称permaculture，即可持续农业（sustainable agriculture）。《四千年农夫》（*Farmers of Forty Centuries*），全名为 *Farmers of Forty Centuries, or Permanent Agriculture in China, Korea and Japan*，为作者遗作，末章由其妻完成。该著作被视作有机农业经典读本，已有汉译本《四千年农夫——中国、日本和朝鲜的永续农业》（程存旺、石嫣译，2011，东方出版社）及《古老的农夫不朽的智慧——中国、朝鲜和日本的可持续农业考察记》（李国庆、李超民译，2013，国家图书馆出版社）。——译者

上述设施。在其他地方，尤其是农村地区，人们采用的是以土掩臭的坐便设施（土厕），只比单纯的落粪之穴（蹲坑）稍强一点。后来，人们改用与积污池相通的茅厕（户外厕所）。①完全（或大部）通下水道的局面，并没有形成多久。

　　实际上，西方处置粪便的方式从来不止一种，人们也曾将粪便收集于桶，有时用作粪肥，并美其名曰"夜香"。拖粪之人也称"倒老爷""夜行人""粪夫"，他们在夜间收集"夜香"，并装车运走，远离城镇，或倒弃，或肥田。②

　　人类粪便竟（或曾经）被用作肥料！这没什么好奇怪的。即便在现代耕作中，仍要使用大量动物粪肥，而且目的相同。无论在奶牛场、肉牛场，还是在马厩、种马场，或鸡舍，都能见到畜禽粪堆。它们是粪肥的来源，用来补充土壤的营养，最终被生长在其中的作物、花卉、牧草汲取。在农村，由于这种农业循环，各种动物的"产出"尚有其用途。但在城镇，农作不是生活日常，加之人口密集，人们对粪便处置的态度偏向"一弃了之"，而非"物尽其用"。"一弃了之"，在一段时期，通常意味着将粪便扔到见不得人的地方——粪污堆。这个词的英文是midden，源自古北欧语③myk-dyngja。myk-dyngja字面义即"粪堆"（muck-heap），英文中的dung（动物粪便、粪肥）亦源于此。这些词语在英语中出现，全拜8至11世纪入侵的维京海盗所赐。

---

① 文中的落粪之穴（蹲坑）、土厕、户外厕所，对应作者在此列出的latrine、earth closet、privy。——译者

② 文中的"夜香""倒老爷""夜行人""粪夫"，对应作者在此列出的night soil、night soil men、night men、gong farmers。网传"夜香"为粪便的古代雅称，半夜收粪称为"倒夜香"，但不见于《辞源》的"夜香"词条。在旧上海，收粪人被称为"粪夫""清洁夫"，俗称"倒老爷"。——译者

③ 古北欧语（Old Norse），指8世纪到14世纪中晚期北欧斯堪的纳维亚人使用的古北日耳曼语，又译作古斯堪的纳维亚语、古诺尔斯语、古诺斯语等。——译者

如今，无论在村庄，还是在城镇，"粪污堆"的概念已淡出大众的记忆[1]。取而代之的，是城镇回收中心和填埋场。这些现代产物伴有一种独特的气味，周边道路旁的矮树篱上，也常有被挂住的废旧塑料购物袋，被风吹得鼓鼓的。不过，在"一弃了之"的时代，"粪污堆"给人带来的不适，一定是排山倒海般的，令人无法忍受。在那种情形下，城市的父母官，只要有一丝自尊尚存，都会有将积粪清走的意愿，使之远离公众，越远越好。

当然，将粪便运走确有必要，就如一百年前，F. H. 金盛赞有关粪便处置的东方智慧之时，在远东仍如此处置。在写实感强的中世纪历史小说中（C. J. 桑瑟姆[2]，在此，我联想到您的作品），只要有可能，都包含有作者对军中临时厕所、室内公用厕所、户外厕棚[3]或那个时期其他一些厕所设施的生动描述，或许还会提到粪渠、粪车，以及将市民（及牲畜）的粪便运送到他地的过程中，散发到空气中的粪臭久留不散。这些描写，皆基于真实的历史文献，所涉物事，亦确曾存在过，但在如今，却已罕见其踪迹。不错，在一些古老的城堡内，仍保留有大量的方便间（garderobe），但它们通常只是向外凸出墙体或专门隔出的小空间，其中常设有坐便器，与外相通，可使粪便直接排入护城河。尽管如此，通过人工将人畜粪便从城镇清运到乡野，在历史上理应达到过相当大的规模，

---

① "粪污堆"，广义上实为"综合垃圾堆"，英国远古时期有些地方甚至曾以广义的"粪污堆"为建筑材料。如前章提到的苏格兰新石器时期文明遗迹斯卡拉布雷民居，便建在"贝冢"（英文亦为 midden）之中，民居间的通道实际上是陈年堆积的垃圾之间形成的间隙。——译者

② C. J. 桑瑟姆（C. J. Sansom），即苏格兰历史推理小说作家克里斯托弗·约翰·桑瑟姆（Christopher John Samsom，1952—），主要作品的故事时代背景为16世纪亨利八世统治下的英国。——译者

③ 军中临时厕所、室内公用厕所、户外厕棚，对应作者列出的 military latrines、public easements、the jakes。其中，作者对 public easements 的使用值得商榷。虽然 easement 有排便的引申义，但 public easement 实为法律术语"公共地役权"，指土地产权人为响应公益所需而让渡的部分土地或设施的使用权，并非特指某种类型的厕所。——译者

只是在我们如今的生活中，它们没有留下多少痕迹。

根据大多《圣经》译本，可知耶路撒冷城墙开有专门的"便门"［见于《尼希米记》（2：13、3：13、3：14、12：31）］[1]。它们是否为运送粪便出城之用（或弃而远之，或沤肥留作将来之用），现在还不得而知。在乔叟《修女院教士的故事》里，就提到将要出城肥田的粪车，一位遇害者的尸体藏于其中[2]。

从粪堆到豆堆

不管叫"粪丘"，还是"粪堆"，无论堆的是人类粪便，还是牲口粪便，无论在世界上哪一种农业景观里，都有它令人熟悉的"身影"。无论在《圣经》中，还是在乔叟或莎翁的作品里，它都曾被多次提及——多亏网上有可检索的文本可查，我才得到这一启示，不是吗？它还是大大小小地方的地名来源——虽然随着近来语言的变革，这些地方已"改名换姓"，看不出与"粪污堆""粪丘""粪肥"的渊源。例如，在萨塞克斯（东南部）伊斯特本附近，有一处地方叫Maxfield（马科斯菲尔德）。但在12世纪，它叫Mexefeld，源于古英语[3]meox——动物粪便；同属萨塞克斯的Terwick（特尔威克），在1291年时叫Turdwyk，源于古英语tord——屎，以及wic——农场。在14世纪的贝德福德郡，有一处叫le Shithepes

---

① "便门"，作者在此列举了两个英译。其一，为dung-port，出自《圣经·旧约》经书《尼希米记》（Nehemiah）第2章（2：13），应来自英王詹姆斯译本。这里的port亦指"城墙之门"，几乎其他所有英译本将之译为dung-gate。其二，即dung-gate，出自《尼希米记》第3章（3：13、3：14）和第12章（12：31），作者列举的3：31应为笔误。——译者

② 乔叟（Chaucer），即中世纪英国诗人杰弗里·乔叟（Geoffrey Chaucer，约1343—1400），《修女院教士的故事》（Nun's Priest's Tale）为其代表作《坎特伯雷故事集》（The Canterbury Tales）中的一则。——译者

③ 古英语（Old English），指在诺曼征服之前，使用于约6世纪到12世纪前后的英语。——译者

的地方，其意不言而喻。剑桥郡有一处地名与之相似——Sithepes。另外，（英国）古代有不少地名以"粪污堆"（midden）命名，如约克郡的Middyngstede（1548年）、多塞特郡的Myddenhall（15世纪）。[①]细查古代的文献和地图，就会发现大量显然与粪肥堆和肥田有关的地名（Cullen and Jones，2012）。

如今，在现代畜牧养殖业中，管理好粪肥堆、牲口粪堆、沤肥池，仍是工作的一部分。养殖人员须将马厩、牛棚内恶臭的污秽之物清走，让它们远离牲口，还得确保在田间施肥之际，沤好大量的粪肥。尽管在发达国家已不再大量使用人类粪便，但在我收藏的一本《农业手册》中，却有不同的说法。这本普里姆罗斯·麦康奈尔[②]的名著（1883年初版），是1930年第11版第45千册批次印本，在估算不同粪肥的施撒量及其氮、磷、钾含量的表格中，人类"排泄物"（egesta）名列其中，还可见固液混合态和干燥态的"夜香"。除此之外，另有城镇污水及其干燥后形成的污泥。由此可见，麦康奈尔这本广受欢迎的著作，所面向的读者，既包括传统耕作的农民，也包括在"污水农场"工作的农民。

尽管几乎所有类型的动物粪便都能用以肥田，但在大多数耕作系统中，牛粪是默认之选，至少在英国如此。在牛的活动场地和挤奶栏里，都会留下大量的牛粪。粪便为半流质（含水量77%~85%），一摊一地，可由人工，或铲或扫，将之倾入沤肥池——一个有时被乐观地称作"氧化

---

① 萨塞克斯（Sussex），英国东南部古郡名，现在一分为三。伊斯特本（Eastbourne）位于东萨塞克斯郡南部，特尔威克位于西萨塞克斯郡西北。贝德福德郡（Bedfordshire），位于英国东部，东临剑桥郡（Cambridgeshire）。le Shithepes 和 Sithepes 的字面义皆为"屎堆"。约克郡（Yorkshire），英国历史地名，位于英国东北部。多塞特郡（Dorset）位于英国西南部。——译者

② 普里姆罗斯·麦康奈尔（Primrose McConnell），19世纪英国萨赛克斯的一名佃农，编著《农业手册》（*The Agricultural Note-Book*），源于他在爱丁堡大学学习期间，有感于对耕作数据参考书的巨大需求。该书经过多次修订，自第17版起，抛弃原有内容，由多名学者集体重写，现为2003年修订的第20版。——译者

塘"①的地方。牛粪在塘中缓缓地发酵几日，便可泵入粪罐车、粪肥施撒机、喷撒器或其他设备，在田间施撒。2016年4月，我在伦敦写作本书期间，我10岁的儿子正要去德文郡②的一个农场，参加为时一周的学校户外教学活动。他的两个姐姐已经参加过，跟他讲过一些情形，他事先知道有什么项目，包括喂猪、喂鸡、收蛋、挤牛奶，还有用奶瓶给可爱的羊崽喂奶，享受乡间徒步等。尽管如此，给这些小学生留下深刻印象的，是在露天场地集体铲牛屄屄——黏乂乂，臭得要命，看谁踩到滑倒——进而被学童们奉为传奇。

猪粪的含水量稍低（72%~75%），将之从猪圈清出相对容易。只是它的气味更加刺鼻，除非以菊芋为饲料，或许会好一点。

马粪是配额地和小农场③常用的肥料，被拿来给土壤补充营养。时至今日，仍可从全国各地的马厩免费获取。马粪相对较干，略带水果的气味，不是那么刺鼻，可以装在塑料袋里，用车运走，不会有什么麻烦。多年前，我们还住在南海德④的时候，有一次，我往院子里铲马粪堆肥，那是刚路过的两匹警马留在马路上的。邻居感到疑惑不解，其实，沤熟的马粪肥是颇受蘑菇种植者青睐的培育基质。

养鸡场每天产生大量鸡粪。人们将这些鸡粪集中到一起，制成颗粒，售作家用肥料。因为，和所有鸟类一样，鸡的固体粪便和尿液经泄殖腔排出之前，已合为一体，使得鸡粪富含磷、氮、钾等植物生长所需的关键养分。

---

① "氧化塘"，其英文lagoon，常指珊瑚礁围成的潟湖。——译者
② 德文郡（Devon），汉译从旧名Devonshire，位于英国西南部。——译者
③ 小农场（smallholding），在英国，指面积小于50英亩（约合20公顷）的小型农场，较份额地大。——译者
④ 南海德（Nunhead），位于伦敦南华克区（Southwark，又译作萨瑟克）佩卡姆（Peckham）。——译者

粪肥对于贫瘠的土壤尤为重要。英国的白垩丘陵、石灰山地、岩质高地，表土①有时仅数厘米厚，营养水平很低，开垦后容易在风雨中流失。若要牧羊，过去只在一些较陡的坡地上才有可能（现在依然如此）。不过，这一政策适于井然有序的管理体系，有助于提升缓坡耕地的肥力。白天，在牧羊犬的看护下，羊群在陡坡上放养。晚上，在牧羊犬的驱赶下，它们回到位于附近休耕地的羊圈。在那里，羊群排出粪便，为下一轮耕作肥田。在英格兰南部的白垩丘陵，牧羊之所以十分重要，不只因为可以收获羊毛和羊肉，还在于羊本身。它们就像一台活动的施肥机。每年早春，这些羊群也是白天在水草丰美的牧地活动，夜里被圈到休耕的白垩土耕地上。在19世纪，人们还给羊喂油粕（油籽压榨后剩下的废渣），除了产肉量得以提高，作物也因高质量的粪肥而增产，可收回油粕的成本（Bowie，1987）。

人为粪战，值得一讲

今天，全球粪肥市场的价值尚不确切，只可凭猜测。传闻中的数字，从数百亿美元到数千亿美元不等。国际粪肥贸易的体量如此之大，有政府为之立法，甚至不惜为之而战。1856年，美国通过了《鸟粪岛法案》（Guano Islands Act）。根据该法案，美国公民在旅行中遇到任何产鸟粪的无主之岛，皆有权占为己有，若有需要，国家愿派遣军队保护其利益。"鸟粪岛之战"，确切地说，是钦查群岛战争（Chincha Islands War，1864—1866），就是围绕富含鸟粪的岛屿展开的。这些岛屿离秘鲁海岸不远，而西班牙将之强占，必然引起秘鲁和智利的不满，由此爆发战争。

---

① 表土（topsoil），指土壤最上一层，富含腐殖质，通常数分米厚。——译者

后来，在阿他加马沙漠（Atacama Desert），人们发现了大量鸟粪，由此引发了玻利维亚、智利和秘鲁三国之间的边界争端，并导致"南美太平洋战争"（War of the Pacific，1879—1883）。

英文中guano（海鸟粪层）一词，源自南美克丘亚语（Quechua）中的wanu（或huanu）。海鸟粪层由鸟粪不断积累而成，主要来自南美鸬鹚①。位于南美西部安第斯山脉的雨影区，气候极为干燥。在这种环境下，鸟粪不会变质，也不会自然降解，或者被雨水淋溶，由此得以积累数千年，厚达50米。这种海鸟粪易于开采、运输，而且干燥，几乎无臭，因而可以作为一种富含氮（通常为铵盐的形式）、磷、钾的便捷肥料。一直到20世纪初，海鸟粪都是农用肥料的主要来源。在1869年，就有55万余吨海鸟粪被开采。在秘鲁历史上，1845—1866年被称作"鸟粪时代"。随着哈伯－博施法（Haber-Bosch process）的出现，人们学会将空气中的氮转化为氨，并利用高压炉和金属催化剂床层，实现工业规模生产。现在，海鸟粪仍作为肥料被开采和销售，但规模比从前小得多。

当然，粪肥和海鸟粪的种种有针对性的用途之所以可以商业化，有赖于来自农仓、猪圈、牛棚、鸡笼、马厩内的动物，或多年来自然积累的鸟粪。人们可将有机物质从这些场地清理出来，高高堆起，可将之封装，运往他地，存储待用。在田野、草地、树林里，放养的动物任意游荡，随地排便。粪便中的营养物质回归大地，土壤终将从中受益。不过，首先，粪便会吸引其他受益者前来享用。

---

①南美鸬鹚（Guanay Cormorant，*Leucocarbo bougainvillii*），鲣鸟目（Suliformes）鸬鹚科（Phalacrocoracidae）蓝眼鸬鹚属（*Leucocarbo*）飞禽，原属鸬鹚属（*Phalacrocorax*），作者所列学名亦为已弃用异名 *P. bougainvillii*。——译者

图为英国宣传用于室内彻底消毒的产品广告

第四章

虫为粪战，更有所值
——动物粪便的生态资源价值

在自然界，什么也不会被浪费掉，即便是万物生灵排泄的代谢废物也不例外。在植食动物体内，有分工不同的消化酶、酸碱各异的环境、"蜿蜒崎岖"的消化道。此外，还有海量的微生物，可分解顽固的纤维素，以及复杂的植物化学成分。尽管如此，植食动物对食物的消化远非完全。在典型情况下，植物源食物所含的营养，只有10%~30%被植食动物吸收，剩余的部分，则以粪便的形式排出体外。有时，营养吸收率甚至可低至5%——也就是说，食物跟没被碰过似的。即便是杂食动物，如果饮食合乎现代提倡的营养摄入标准，排出的粪中仍会保留不少可供其他动物进一步利用的成分。

动物取食的某些食物，在体内消化的过程中似乎完好无损，最终成为粪便的一部分，例如咖啡豆，或如学童们爱恶搞的甜玉米粒。狒狒和鸟类常在象粪中觅食，寻找可食的种子。这些种子之所以可用，是因为它们具有坚硬的外壳，在大象的消化系统中逃过一劫。这种觅食行为在世界上相当普遍，只是不常被提及而已。例如，有些鸟（例如麻雀、黄鹂、苍头燕雀、赤胸朱顶雀）在马粪中寻觅种子和未消化完全的燕麦

（Popp，1988）[1]；有些蚂蚁种类会将一种卷尾猴粪便中的果实种子移出（Pizo *et al*，2005）[2]；一种林棘鼠[3]可从牛粪和马粪中获取种子（Janzen，1986）。有些种子，甚至只有在经过大型植食动物或食谷鸟类（或许两者）肠胃的洗礼之后，才得以萌发。如果种子从第二轮取食者体内安全逃离，便可从该轮取食中受益——远离有可能遮蔽日光的亲本灌木，与其他种子分开，进而缓解显而易见的种内竞争，且利于提高后代的遗传多样性。蜣螂有利于种子扩散，关于它们的这种能力，我们到后面再讲。

象粪中不只有种子。实际上，其绝大多数成分几乎是仅经过半处理的叶片材料。由四五头大象组成规模小的象群，一日可取食1吨粗糙的植质食物。对于一般动物而言，这些食料生于难及之处。大象将它们扯下来，送入口中，略作咀嚼，便吞咽下去。在这一过程中，食物被切得足够碎，并混为一体，虽变得稠软，却并未被完全嚼烂，在腹中也不会被完全消化。最终，它们就像装箱规整的包裹，被转送到地面，方便其他动物享用。生于中非的泽羚（亦称林羚）[4]以鲜活的植物枝叶为食，但也

---

① 作者引用的文献为麻雀案例，不含其他鸟类信息。这几种鸟皆属雀形目（Passeriformes），按作者引用文献所述，此处的麻雀（sparrow）为家麻雀（house sparrow，*Passer domesticus*），属雀科（Passeridae）麻雀属（*Passer*）；黄鹀（yellowhammer，*Emberiza citrinella*），属鹀科（Emberizidae）鹀属（*Emberiza*）；苍头燕雀（chaffinch），应指common chaffinch（*Fringilla coelebs*），属燕雀科（Fringillidae）燕雀属（*Fringilla*）；赤胸朱顶雀（linnet），应指common linnet（*Linaria cannabina*），亦属燕雀科，原为金翅属（*Carduelis*），现为朱顶雀属（*Linaria*）。——译者

② 按原文献，此处的蚂蚁有19种，来自膜翅目蚁科（Formicidae）所属4亚科13属。文中的卷尾猴（capuchin monkey）为僧帽猴（*Sapajus apella*），亦称黑帽卷尾猴、泣猴等，属卷尾猴科（Cebidae），原为卷尾猴属（*Cebus*），现为僧帽猴属（*Sapajus*）。——译者

③ 按原文献，此处的林棘鼠（spiny pocket mice）为萨尔文林棘鼠（*Heteromys salvini*），属啮齿目（Rodentia）异鼠科（Heteromyidae）林棘鼠属（*Heteromys*）。这类动物身覆棘状毛，英文俗名中的pocket指用于临时储食的颊囊（cheek pouch）。——译者

④ 泽羚（sitatunga或marshbuck），即*Tragelaphus spekii*，生活于中非茂密的沼泽森林中，又译作林羚，属牛科（Bovidae）牛亚科（Bovinae）薮羚族（Tragelaphini）泽羚属（*Tragelaphus*）。作者在原文中把这种动物当成一种鹿（...sitatunga or marshbuck, a type of deer, ...），可能与该属学名命名的构词来源"羊鹿"（*tragelaph*或*hircocervus*）有关。"羊鹿"是古希腊传说中一种半山羊半鹿的动物，但鹿指鹿科动物，不用来指代所属亚目的其他科类动物。——译者

泽羚，亦称林羚。它们把象粪当作方便获得的青贮饲料，跟吃糖果似的

有很大一部分营养是从象粪中获得的。新鲜的象粪一经排出，泽羚便会走出丛林，尽情享用粪便中的种子和被嚼碎的植物材料，就如农场里的牛每天上午见到农夫投喂的干草或青贮饲料一般急不可待。

　　因此，若要领悟动物粪便的重大生物学意义，象粪是一个很好的参照。其实，动物粪便的重要性毋庸置疑。因为，无论是哪种动物排出的粪便，都会吸引大量的粪甲（和粪蝇）蜂拥而至。值得一提的是，粪居昆虫有很多种类，形态各异，个头有大有小。这一点显而易见，从后文章节（第十二章）的鉴定图说便可看出。不过，在大多数情形下，"粪甲"（蜣螂）指的是隶属金龟科（Scarabaeidae）、粪金龟科（Geotrupidae）、蜉金龟科（Aphodiidae）的任一种昆虫。它们虫体短小、宽扁，呈圆筒状，但身型魁梧，约有9000到10000种。这些甲虫是本书接下来的绝对主角。我得承认，如此安排，一方面，是因为我觉得这些外观俊美、富有魅力的蜣螂太令人着迷了；另一方面，是因为粪便的自然历史可浓缩为蜣螂的自然历史。不过，我将尽量不让自己的偏好占用过多篇幅。好了，先回到象粪的话题。

你争我夺，疯狂抢占

曾有研究验证过粪甲处理粪便的强大能力。结果表明，半升大象粪样在15分钟内可引来近4000只蜣螂——每秒多达近4.5只（Heinrich and Bartholomew，1979b）。在一项计时研究中，不到半小时，30升象粪（想想大号厨房垃圾桶的容量）即被分解，内部只剩一摊粪液，挤满了蠕动的甲虫，表面成为一层由纤维材料构成的薄皮——沙滩球大小的粪堆被这些甲虫缩减成直径2米、厚仅2~3厘米的近圆形垫状物。在另一处，1.6万只蜣螂可使1.5千克象粪在2小时以内消失于无形（Anderson and Coe，1974）。在有关蜣螂的文献里，类似的惊人数字比比皆是。由此可见，蜣螂对粪便趋之若鹜，渴望非常强烈。

这样的观察并不局限于非洲热带草原。在威尔特郡的兰利林[①]进行的一次陷阱诱虫实验中，迈克尔·达比（Michael Darby）每次清空陷阱中的虫罐时，都会发现其中塞满了一种粪金龟——趋粪粪金龟［*Anoplotrupes*（*Geotrupes*）*stercorosus*］，这让他感到非常惊奇。这种粪金龟是北欧地区最大的蜣螂物种，尽管分布很广，却很少能在牛粪或马粪下大量发现，一般就1只，多也不会超过2只。而在一个小小的陷阱中，达比一次就能发现数百只。在2006年8月到2007年7月期间，他总共收获了2万多件标本（Darby，2014）。

①威尔特郡（Wiltshire），位于英格兰南部。兰利林（Langley Wood），在英国有多个以之为名的地点，此为其一，是一处"具特殊科学价值地点"（Site of Special Scientific Interest）。——译者

我观察到的情形虽远不能与之相比，但也不失壮观。那是1974年8月炎热的一天，在萨塞克斯的南唐斯（South Downs），我看到一摊排出仅一日左右的牛粪在蠕动。原来，在已干燥的粪皮之下，有数百只粪污蜉金龟（*Aphodius contaminatus*）拥挤在正凝结的半液态粪体中。

大象单次排粪一般达10~20千克，相对体形最大的蜣螂（体重约20克）而言，是一个巨大的体量。尽管如此，这毕竟不是取之不尽的资源。那些昆虫想要利用它，行动就必须迅速，后来者只会发现一切为时已晚。在这种情况下，占首位的生态要旨，不是大量摄入粪食（实际上，蜣螂成虫摄食很少，详见第89页），而是为后代争取足够的分量，满足自卵到成虫的发育所需。

然而，如果这些甲虫只是简单地到来，肆意地交配、产卵，即便有一大团象粪，也很有可能在非常短的时间内，被孵出的幼虫噬食殆尽，远未及化蛹之时，进而不可能羽化为成虫。这样一来，谁都不能存活。所以，如此简单为之，不可能成为一条非常成功的进化策略。不过，粪食者进化出各种切分"粪饼"的方式，这些内容会在下章详述。无论如何，重要的是，它们的确拿到"粪饼"中的一份，而且拿得快。

寻粪在先，发现在快

最近，我幸遇一次难得的机会，对英国蜣螂嗜粪的热切程度进行了一回实地研究，目睹大便［若用极为儒雅的语言，应该称之为*stercore humano*（人类粪便）］甫一解出即有甲虫接踵而至的情景。观察时间为2015年5月某天下午，天气暖和，地点为一处铁路调车场原址。那里曾有过一些建设，但如今四处已是土、砾、碎砖、散碎混凝土等材料积成的堆，犹如一个本地生物的适生"生态区"。自从市政回收中心成立，该处也浅草稀生，带上些许绿意。不过，周边既无牧食的牲畜，也无草甸及通常意义上的绿地，因而构成了一种符合岛屿生物地理学定义的环境——荒野好比茫茫大海，前来的粪虫群就好比在大海中找到一个方寸大小的适生地。我的实验就在该地的一处隐蔽位置展开。粪便落地后，不到30秒，第一只蜣螂飞临现场，盘旋其上。这是一只小蜉金龟（*Aphodius pusillus*），体长不到3毫米，是英国最小的蜣螂，或许该处稀生植被间的穴兔粪粒更适合它。不过，到场的不止它一个。

15分钟内，来自9个不同物种[①]的50只甲虫从天而降。一同到来的，还有一些嗡嗡作响的反吐丽蝇（*Calliphora vomitoria*）。如此情形摆出一个问题，既然该处本无产生大量粪便的动物群落，进而无法满足粪食动物生存之需，那么，为何在某一杂食动物的粪便出现之后，很快就有粪食昆虫现身？它们究竟来自何方？尽管这些甲虫个头都不大，但也有一些体长在6~8毫米之间。对于后者而言，若要维持种群活力，就不能光守着兔粪，另找马粪和牛粪才是解决之道。也就是说，它们可能来自数百米之外的农场。不过，当它们忽然嗅到空气中的美味之"香"，并决定一探虚实之时，也不大可能正在南边500米开外的草甸中忙碌。彼时，这些甲虫已经出现在附近区域。它们行动积极，飞行活跃，甚至可能正好在寻找新"物资"。显然，它们得到了回报。一小时后，这一摊兔粪已经挤满了急切的甲虫。

还有其他人进行过类似实验，不过是意外成就的。一次，甲虫学家

[①]有人会问具体为何。现罗列如下，权当释疑之便：龟缩嗡蜣螂（*Onthophagus coenobita*）、似然嗡蜣螂（*Onthophagus similis*）、烟黑蜉金龟（*Aphodius ater*）、骑士蜉金龟（*Aphodius equestris*）、游荡蜉金龟（*Aphodius erraticus*）、争先蜉金龟（*Aphodius prodromus*）、小蜉金龟、金龟腐水龟虫（*Sphaeridium scarabaeoides*）。此外，还有捕食性的鼠灰粪匪隐翅虫（*Ontholestes murinus*）。——作者

向外张开的触角锤节泄露了这只甲虫的秘密，它正在感应空气中的粪便气味

克里夫·华盛顿（Clive Washington）请管道疏通公司疏通家中的下水道。流水井盖打开后，可见一大团腐臭的褐色污物。不到10秒钟，就有蜉金龟飞至，停立其旁——如此情形，倒是让这位甲虫学家感到欣喜。

　　几年前，我曾到哥斯达黎加度假。在热带雨林里，每当遇到动物粪便（这一次，我没有留下自己的），我都尽可能地俯身考察。不过，粪便数量并不多，只有鹿、猴、西貒[1]遗下的寥寥几块。不少下面都有好些蜣螂，正从粪便底面将之掏空。这些蜣螂大多是虫体短粗浑圆、体表光滑并略带金属光泽的小型金龟甲。我还发现，同一类蜣螂也会停在密林透光处的树叶上，触角外伸并颤动着，貌似在栖立观望——等待着什么。碧驴蜣（*Canthon viridis*）就是这样一种昆虫，其异常敏锐的官能已为人熟知，其栖立观望行为也常见于文献报道。至少，从姿态来看，它们已经做好准备，一旦粪便"新鲜出炉"，化学气味随后传来，就立即出动。

---

[1]西貒（peccary），一种猪形动物，原产北美西南部到南美地区，属偶蹄目（Artiodactyla）西貒科（Tayassuidae）。——译者

甲虫"嗅臭寻粪"的本领早已为人所知。它们来到新鲜粪便前，无不是沿着风送来的粪味形成的"气路"逆风飞行的结果。若读者是一位热切的粪便研究者，无论您来自何方，都可在当地放牧草甸反复观察到这一现象。有时，人们会发现大型甲虫朝着目标的方向折来折去地移动。诚然，如果它们嗅到目标，便会开启"自动飞行"模式，直奔目的地。但是，若偶有偏离，嗅不到味，它们会左右摇摆，直到重新回到"气路"上。若将这一过程形象化，请您想象自己在篝火附近，蒙上双眼时，如何沿着烟味寻找篝火。如果闻得到烟味，您会逆风上行，因为是风将烟尘送到您的鼻下。但是，空中的烟流飘来荡去，如果您偏离了这条"航线"，回归的最佳方案是加大左右移动的摆幅，在与原先路径垂直的方向扫描"气场"，嗅寻烟尘，直到找到为止。然后，您继续迎风行走。这与昆虫利用气味飞向目标的情形完全相同。

蜣螂无鼻，其嗅觉器官为触角。触角末端几节（常为3~5节）扁平，并扩展成一系列盘状薄片（鳃叶状），形成一个阔锤状结构。这种结构扩大了触角的表面积，其上的亚显微化学感受器数量随之增加。这是一些高度敏感的凹陷或毛状结构，可使甲虫嗅到空气中浓度低得异乎寻常的气味分子——我们这里谈论的可是ppb级别（十亿分之一单位）。不同性别的蜣螂触角形状相似，可见其感受对象为食物。其他类群的昆虫，有些具有高度敏感大型羽状触角，但通常只为一种性别特有。这种触角的表面积更大，赋予昆虫格外灵敏的嗅觉能力，以便探得潜在配偶释放的性信息素。有些蜣螂也利用性信息素进行两性之间的沟通，只是两者总在粪源相遇。因此，其嗅觉的任务，重中之重，是首先寻得粪便。

近来的触角电位研究，是将与虫体分离的触角置于微型风洞之中，并分别吹送不同的待测挥发性化学物质加以刺激，进而可测量触角神经的电位波动。蜣螂的气味感受器可以对一系列粪便挥发物产生响应，包括与我们脱不了干系的腐臭物质——粪臭素，以及腐败细菌产生的其他相似分子，例如丁酮、苯酚、对甲酚、吲哚。在这些分子中，丁酮似乎最重要。的确，它是其中挥发性最强的一种，分子组成也最简单——$CH_3C(O)CH_2CH_3$（即甲基乙基酮），而其他物质都有着更为复杂的环形结构。在一些研究者看来，提纯浓缩的丁酮带有奶油糖果的气味，或用来去除指甲油的洗甲水的气味（Tribe and Burger，2011）。

能吸引蜣螂的化学物质可能不止一种，但蜣螂的触角对腐败物质散发出的混合气味尤其敏感。对于取样的研究者而言，这是十分有利的。它意味着，想要诱虫前来，只需临时往地上泼上一些粪便即可。蜣螂触角上不同类型的化学感受器仅对相应类型的气传分子产生响应，这是既定事实，不过，它的确也导致了一些非同寻常的结果。还记得吗，迈克尔·达比的两万只粪金龟可不是用粪便诱得的。他的陷阱中没有诱饵，只有乙二醇。乙二醇是一种通用的汽车防冻剂，便宜易得，方便用作陷阱中的防腐剂。实际发生的情形，可能是粪金龟为落入陷阱的其他昆虫（尤其是步甲）的尸体所吸引，而虫尸腐败后产生的有机分子与粪便气味相似。但谁知道呢，说不定丁酮就在其中。这样，又产生了更多虫尸，进而放大了诱虫功效，使得落入陷阱的粪金龟不断累积，最终达到巨大的数量。在其他地方，还有一些有关蜣螂被非粪便气味源散发的化学物质所吸引的奇异案例。这可使蜣螂的进化偏离粪食，转而利用其他来源的食物。更多有关非粪食蜣螂的内容，留到后文再讲。

尽管蜣螂在很远处就能嗅到粪便，但在接近目标时，利用的是视觉。甲虫的视力与体形大小有着明显的联系。小型甲虫（眼小）于日间飞行，在白日里可实现精准着陆，但大型甲虫（眼相应较大）在夜间飞行，必须拥有光学性能更强的视觉系统。日间出没的甲虫飞得又快又稳，但到了黄昏就难以为继。因为，在夜间飞行，一切障碍将变得模糊，而飞速不够快，又会置身于诸如猫头鹰、蝙蝠等捕食者的威胁之中。因此，夜行性蜣螂飞行时速度虽快，但轨迹凌乱。

蜣螂眼的中部有一横条状保护结构——眼骨突（canthus）。它是构成头部正面的阔锹状板片的一部分，有时几乎可以把眼分为上下两半。当昆虫在土中挖掘时，它可能起到防护作用，使眼免受摩擦，这有点像越野车前保护头灯免受撞击的护杠。夜行性物种需要在视觉方面获得尽可能多的支持。因此，它们的眼骨突更小，或者缺失，进而使眼部的区域更大，以便捕捉到微弱的光线。

莫把所有鸡蛋放在一个篮子里

这种前往粪便的狂热，反映出所有粪食昆虫所面临的典型挑战——粪便虽是富含有机质的食物，但产生得零星、随机，（对于昆虫而言）在广阔的空间里太过分散。除了大象，其他动物的粪便体量太小，几乎不够少量粪食昆虫个体繁衍一代，用生态学术语来讲，即动物粪便是一种呈斑块状分布的瞬现小生境。为了在粪便腐败或干燥之前找到它们，粪食者必须积极主动，敢于冒险，愿意飞上风起无常、饥渴捕食者满布的天空，消耗大量体能，甚至不惜付出生命。只有这样，才能为下一代找到一个没有对手竞争的食物来源。

然而，有些蜣螂略有作弊之嫌，它们无须亲自寻找粪便资源，而是由粪便的主人带到现场。尾蜣螂属（*Uroxys*）和姬足蜣螂属（*Pedaridium*，原 *Trichillum* 属）①物种就是如此，它们悬附在树懒肛门附近的毛发上，静待寄主排便（Ratcliffe，1980；Young，1981b）。让我感到十分遗憾的是，

① *Uroxys* 和 *Pedaridium* 分别又译作宽沟臀蜣属和跋行蜣属。——译者

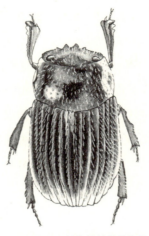

　　昆虫学家花费了大量时间，才探清姬足蜣螂属树懒蜣螂的生活习性。它们在树懒粗糙的皮毛间活动，当寄主下树排便时，便脱离寄主产卵

"sloth anus beetles"（懒肛甲虫）没能成为其广为接受的英文俗名。与之相似，雅驴蜣螂属（*Glaphyrocanthon*）、小驴蜣螂属（*Canthidium*）、驴蜣螂属（*Canthon*）等属的某些甲虫在猴的肛门附近徘徊，还有些嗡蜣螂属（*Onthophagus*）物种寄附在沙袋鼠或袋鼠肛门。这些昆虫都有适于缠卷的爪，可紧附在寄主之上[①]。

　　无论以何种方式前往，蜣螂都必须与有相似意图的角逐者竞争资源。即便它们成功到达现场，产下卵，孵化出的后代仍要与粪便中有相似需求的其他粪居者针锋相对，而且不惜同室操戈。竞争者太多，而且后代

[①] 相似的极端关联，还出现在喀麦隆西部省的丛林里。（隶属小粪蝇科）体形微小的尖鬃小粪蝇（*Acuminiseta pallidicornis*）在非洲巨马陆背上活动，等待寄主排粪。这些虫粪（对于该蝇虫而言）体量甚大，潮湿，很有吸引力。——作者
　喀麦隆西部省，原文为West Cameroon，应指喀麦隆共和国的West Region，即西部省。非洲巨马陆（giant African millipedes），应指*Archispirostreptus gigas*。——译者

食量过大，可以直白地说，它们都有"坐吃山空"的"实力"[1]。因此，蜣螂发现粪便后，就必须迅速钻入，必须在其中占得一席之地，同时确保不过度利用到手的有限资源。

蜣螂机动性强（悬肛者除外），行动积极活跃，还能迅速锁定并钻入粪便。尽管如此，它们在产卵数量方面并不求多。可以说，它们的繁殖方式不同于双翅目昆虫。实际上，双翅目成虫也有相似的迫切需求，好让蛆虫在未来有足够的粪便可食。有关它们的内容，我们迟些再讲。

就目前已深入研究的几个蜣螂物种而言，其雌虫的历期只有几个月。在它们短暂的一生当中，最多只会产下数十粒卵，不大可能有更多。尽管有些较小的普通粪食者最终可能会产下150粒，不少涌入象粪的大型奇异推粪者却只会产下5~20粒，而且通常是一次产一粒。这些推粪者有筑巢行为（我会在下章深入探讨），它们将粪球埋入巢穴之中，由雌虫看护。这种行为似乎影响到雌虫的生理机能，进而抑制体内的虫卵发育，延迟卵巢产生更多的卵，直到雌虫"确信"巢中守护事毕，无须多留，可着手开始下个循环为止。也就是说，已经存在自我调控的反馈机制，以防粪便"超载"，避免"翻车"。

角为何用？

粪便是一种有价值的自然资源，这是不证自明的事实。因为，粪便甫一落地，粪食者不仅蜂拥而至，还会在现场大打出手，你争我抢。粪蝇之间不过是小打小闹，我们待会儿再讲。粪甲不同，为取得优势生态

---

[1] 原文为 "...quite literally, eat themselves out of house and home"，所用词组原义为"食量巨大"，字面义为"坐吃山空"。——译者

位，在漫长进化斗争中，它们中有些甚至"配备"了非常强大的武器。

许多蜣螂雄虫具有脊、隆、瘤、棘、刺、单角、叉齿、叉角状结构[1]。从粗壮又不失优雅的头部单角结构，到鳞茎状的棘和带脊的叉状结构，再到边缘扁平并带有凹槽纹的颇显新艺术风格的突起，它们构成了昆虫王国最炫目的体表装饰。如果您想为哥特式的万圣节着装寻找灵感，它们值得一看。实际上，这些武器通常"配备"在雄虫身上。它们生于身体前端——头和胸部之上，显然是为了在打架中派上用场。雄鹿发情期间，"睾酮上脑"的个体之间对垒，危险且喧嚣，令人印象深刻。蜣螂的角状结构就好比鹿角，发挥了相同的作用，但它们之间一对一的角力却很少被观察到。

有一些观点认为，这些过于浮华的角状结构是性选择的结果——挑剔的雌虫只和"身家"最丰厚的雄虫交配。查尔斯·达尔文于1871年最先探讨了这一观念。据他的想象，这种角状结构的华丽特征是自然选择的结果，就如经过百般挑剔的雌孔雀数百万代的不断选择，雄孔雀的尾羽才变得越长越亮丽。然而，根据如今的形态学及行为学研究结果，蜣螂的奇异突起确实用于格斗。这种格斗在同种雄虫之间展开，好比长矛对刺和搏击，有时推过去，有时扯过来，可不是昆虫之间的什么剑艺切磋。

用一点时间来审视蜣螂角是值得的，因为它们确实魅力无穷。除了欣赏其美丽怪异的外观，在研究中，我们还能总结非常有趣的生态教训。

蜣螂所属物种不同，利用粪便的方式，获取粪便的技术，对粪便大小、密度、含水量的需求亦有所不同。物种之间可能存在竞争，但通常因微妙的生态及行为差异而化解。例如，在同日不同时间或同年不同季

---

[1] 脊、隆、瘤、棘、刺、单角、叉齿、叉角，分别指ridge、hump、bump、spike、spine、horn、prong、antler等突起结构。——译者

节中出现，或在不同地方发生，或获取粪便的不同部分。然而，若同属一个物种，就存在针对相同需求的直接竞争。因此，同一蜣螂物种之内的冲突就成了短兵相接、针锋相对的角力。关于蜣螂角的进化和形成，有人曾做过很好的概述，详见参考文献（Simmons and Ridsdill-Smith，2011b；Knell，2011）。

嗡蜣螂属是一个非常大的属别，全球分布有2500余种。这一类群为我们提供了大量的角状结构佳例，涉及10种形状各异的单角或叉角的标准类型，以及分布在体表前部的25个可着生区域。诸多不同类型，结合在头部和胸部的着生位置，若要穷举，排列组合的结果几乎是无穷无尽。面对这一事实，试图鉴定它们的分类学家可能会感到欣喜，也可能感到惶恐。多少次，我用显微镜反复观察龟缩嗡蜣螂雄虫标本，试图说服自己，或让自己拒绝一个观念——因为刺状结构的形状存在细微差异，这些标本属于不同物种或亚种。沮丧和欣喜几乎参半。许多蜣螂研究者高调宣称，嗡蜣螂属是动物界中物种数最多的属。该属成员众多不假，但并非无与之匹敌者。研究吉丁虫科（Buprestidae）昆虫的专家声称，窄吉丁属（*Agrilus*）物种可能多达3000多种。在此，我无意选边站队。不过，我估计，有关各属、亚属、物种有效性的争论，会让这两方研究人员的"正面冲突"持续相当长一段时间。

正面冲突（看我把话讲得！）也是甲虫争抢粪便时的表现。实际上，它们的争斗发生在粪便之下。两只蜣螂，无论武器为何，若在实验室的平展表面上正面相遇，并不至于大打出手，但要在狭窄的洞穴中狭路相逢，头顶头的角力随即升级。双方站位可以是一左一右，角力过程中各有进退；或者上下朝向互不相同，角和脊状结构可使得双方接触面达到最大。它们可以相互锁住对方，就像用手持式开瓶器前端的条状和齿状凸起紧扣不好起开的饮料瓶盖。如此角力可持续75分钟。

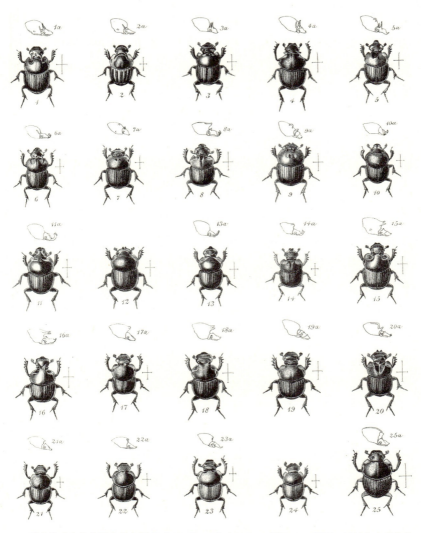

　　著名的《中美地区生物志》(*Biologia Centrali-Americana*)(Bates,1886—1890)中有关嗡
蜣螂属物种的雕板印刷图版

这时，坑道中的推行升级为推击，头部和胸部的角形成的杠杆力，以及角的具体形状和长度，便成为至关重要的因素。蜣螂虫体短粗发达，杠杆力取决于虫体大小，而虫体大小是幼虫期营养摄入多寡的直接结果。在任一蜣螂种群中，个体之间的大小可相差一倍或更大。也就是说，较小个体难及身形相对魁梧的同伴一半大，即便它们生活在同一摊粪便中，或为同胞手足。这种差异也体现于角的相对大小。同一物种的蜣螂虫体可大可小，角亦是如此，可小到缺失，也可大到狰狞。这种表象，基本可以回溯到幼虫期蛴螬①摄入食物的多寡——从某摊粪便中争得多少"珍馐"。

大联盟与小联盟——我的比你大

蜣螂幼虫从粪便中摄入的营养量具体如何，不仅取决于粪质，还依赖于粪量。此外，它还受制于环境温度。在温暖的季节或气候温暖的地区，幼虫取食、消化、代谢及发育的速度要快一些。因此，不存在一个定式，规定幼虫需要吃多少食物，待多少天，便可变成成虫。但是，即便食源质低量少、天气恶劣或身处北地，幼虫也不能只是"愁眉苦脸"地有什么吃什么，直到积累足够的食量。因为，如此一来，它们可能会错失交配的潜在关键窗口期，或者在繁殖季节羽化得太迟，不再有合适的新鲜粪便。而且，柔弱的幼虫处在该阶段的时间越长，暴露给捕食者、寄生生物、疾病的机会越多。无论幼虫是大是小，摄食是多是少，好像有一种压力，促使它们进入成虫阶段。到了某一刻，就须当机立断，开启转变的过程。

令人感到惊奇的是，成虫虫体大小（即代表幼虫摄食量）竟然与角

---

① 蛴螬（grub），一般指寡足型的鞘翅目（甲虫）幼虫，尤指金龟总科幼虫。——译者

的总长不成固定的比例。当然，在同一物种的雄虫中，体形最大的个体拥有最长的角，但就中等体形的个体而言，虫体大小貌似相近的甲虫，角可长到接近最大值，也可短到几乎缺失。

这与足的情形完全不同。足具有明确的特征，其大小、形状、比例受制于严格的遗传发育机制。角的形态十分多样，这种可塑性正是角在蛹期的（不同）发育机制导致的。在这一时期，昆虫形态发生转变①，成虫逐渐成形，而角还只是一块简单的瓣状表皮结构。在化蛹之前，表皮开始变得松散，其下的真皮与之分离。真皮部分区域的细胞迅速增殖，但因表皮的空间限制而呈折叠状，不过在蜕皮化蛹时会撑开。在这一阶段，角的雏形形似一系列同心的皱环，可伸可缩。但是，角是否呈刺状，甚至角的有无，要等到最后关头才能定夺。在昆虫形态转变的过程中，角的形状和大小都会发生变化。对于某些物种，在激素主导的细胞程序性死亡②的作用下，预蛹③时期形成的明显角状结构（尤其是生于胸部之上的角）最后可能会完全消失。这样一来，羽化的结果就会意外地出现无角的成虫。由于这种最后定夺的机制，在一些之前未有形成角的部位，偶尔也会生出角来。

角的形态及有无并非完全出于随机。在停止取食之后的发育过程中，存在一个临界点。届时，蛹壳中的甲虫会突然"心生"一个念头，觉得生出炫目的刺状结构是个好主意，值得"投资"。这个临界点由遗传背景决定，但在相互隔离的不同种群之间，"投资"的成果有所不同。例如牛

---

① 形态发生转变，即昆虫学中的变态（metamorphosis），指昆虫从卵到成虫的发育过程中表现在形态和结构上的阶段性变化。——译者
② 细胞程序性死亡（programmed cell death），多细胞生物的一种可控的发育性或生理性细胞"自杀"机制，清除不需要的细胞，具体表现分为细胞凋亡（apoptosis）和自噬（autophagy）。——译者
③ 预蛹（pre-pupa），指化蛹前老熟幼虫停止进食后的虫态。——译者

角嗡蜣螂（*Onthophagus taurus*，显然生有一对形如牛角的头角），采集自美国北卡罗来纳州的标本中，胸宽 5 毫米以上的个体，角长大多 4 毫米左右；而来自澳大利亚集落的个体，胸宽需达到 5.25 毫米，角长才会有相似水平（Moczec，2006）。

或许，更出人意料的是，有一些中等体形的蜣螂幼虫，在转变成中等体形的蛹之后，并未如期生出中等大小的角，甚至还可能羽化成完全无角的雄虫。这可能并非在一开始即已注定，它或许也是昆虫在最后一刻才做出的"决定"，使得潜在可产生角状结构的细胞被虫体吸收回去，另作他用。或许在它们"看来"，炫目的刺状结构不过是一个普通的工具，没有多少炫耀价值。而且，在形态转变过程中，不形成这种结构，转而利用原材料让体形变得稍大，成为不带武器的"伪雌"雄虫，说不定还有好处可捞。

（与卖弄"身体饰物"的"大联盟"相比，）这些雄虫属于"小联盟"。尽管如此，它们在"夺粪行动"中也能抢到好处，而且无须与其他雄虫正面角斗。在无角的"伪雌"外观掩护下，它们可以轻易避过冲突，不被察觉。在其他"长角勇士"忙于你厮我杀、挖土掘穴、修整育幼粪球之时，这种"伪雌"雄虫乘虚而入，偷偷地与雌虫真身交配。虽说营养决定一切，但即便因为进食不够而导致角缺失，也有解决的办法。既然外观上无"雄姿"的"小联盟"雄虫也有交配的机会，其基因就可传递下去，如果有必要，也包括可控制为假装卑贱而使角缺失的基因。

如果需要彻底解决这个难题，卡氏异宽胸蜣螂（*Heteronitis castelnaui*）和三齿异宽胸蜣螂（*Heteronitis tridens*）可谓提供了终极方案。在已知的蜣螂物种中，只有这两个非洲物种的雌虫（而非雄虫）生有更大的角，无论挖掘坑道，还是守护育幼粪球，都由雌虫独立完成。因此，雄虫之间无须为争取雌虫而搏斗，反倒是雌虫之间为了抢埋粪便资源而大打出手。

用于角斗的角也出现在其他甲虫类群中。例如提丰粪金龟（*Typhaeus typhoeus*）[或者用其恰如其分的英文俗名minotaur beetle（牛头怪甲虫）]隶属粪金龟科，但雄虫生有三枚特征显著的胸角（而雌虫仅有略微突起）。与嗡蜣螂的情形相似，该种的角形态多样，可为咄咄逼人的矛状尖突，也可与雌虫的突起形似。由此，我们可以推断，它们在深掘的坑道中，可以靠角斗取胜，也可以通过暗中投机达到目标。在非洲，所有生物都更大，更凶猛。在那里发现的雷诺蜉金龟（*Aphodius renaudi*）雄虫，是已知蜉金龟属中唯一生有角的物种，一反粪居者的拘谨常态。

　　推粪者之间也会发生打斗，但通常是为了争夺粪球。因此，虫体大小和足的长度是制胜关键。打斗中有推搡，有摔打，可打得头部翻转，也可挥舞足肢猛击。但是，没有了坑道中的空间限制，打斗双方的角不会扣到一起，也就没有头顶头的短兵相接。因此，推粪的雄虫没有角状结构。对于它们而言，角毫无意义。

生角的不利之处

　　有角并非总是易事。不错，蜣螂的角有很多种古怪的形状，同一物种的不同个体之间都可存在差异，但它仍能作为鉴别物种的特征依据，这些都是让昆虫学家愿意投入大量时间研究蜣螂附肢的原因。根据研究结果，我们发现，首先，不是所有相关类群都生角。正如前文所论，有角的类群以在粪便之下掘土的属类居多，而非仅仅是钻入粪便中"敞开肚皮"的享用者，亦非粪块到手后就远离粪便的推粪球者。其次，在进化过程中，尽管"有角"的性状在不同的挖掘类群中形成过8次，但各个相关类群皆有角状结构缺失的"近亲"。可以说，有角本身并非进化的必然。就如动物界的很多角斗，蜣螂一般不会真正致伤敌手。因为，其中一方很快就会意识到败局已定，因而在溅血（或者说溅血淋巴①）之前，便已及时认输。因此，角斗一般只持续几分钟，一方就"宣告"大获全胜，守住或抢得粪球，或赢得雌虫，或两者通吃。但是，尽管实际中的争斗并不是那么暴力，却也不意味着角的作用无关紧要。它们绝非仅仅是吓唬对手的饰品，它们是货真价实的武器，可对甲虫自身造成生理性影响。实际上，生角的生物学代价非常之大（Harvey and Godfrey，2001）。

研究人员仔细测量了某一物种标本的角长，并将之与其他虫体特征相比较。结果显示，头角较大的雄虫，或眼相对较小，或触角相对较短，或兼而有之（据称低20%~28%）。其原因在于，蛹期的资源有限，若分配比例发生变化，则导致特征体量此消彼长（毕竟摄食早已停止）。相应的，由于雌虫无角，其眼较有角的异性更大。胸角的表现与头角相似。甲虫胸角越大，着生在胸部的翅则越小（Moczec and Nijhout，2004）。这是一种（改变命运的）危险赌博，在蛹期，也就是说，在羽化为成虫之前，就得做出决定。这种选择，玩过电子游戏的人都知道——在游戏开始时，我们得就角色的本领做出决定，简而言之，就是选个头小但速度快的，还是个头大而力量强的。在对未来外部世界一无所知的情况下，蜣螂必须做出决定。若要加入"大联盟"，成为长角蜣螂，它也许希望粪便到处都是，无须飞太远。因此，即便翅膀小、视力弱、嗅觉迟钝，它仍可找到称心的粪便。若它压中结果，其回报是——在粪前角斗中战胜竞争对手的机会更大，粪球和雌虫顺利到手，或者可以说，粪便注定是它的"盘

---

① 血淋巴（haemolymph），即昆虫的血液。——译者

影响深远的《英国昆虫志》(*British Entomology*) 中的牛角嗡蜣螂图版（John Curtis，1823—1840）。图中出现花，不过是一种从美观出发的混搭。在当时，从美学的角度，花比牛粪更能讨好读者，更能激起他们对著作的兴趣中牡蛎"[1]。在另一种情况下，如果粪便稀少，来自"小联盟"的身形"苗条"的无角蜣螂可能更具竞争力。其翅更大，更强壮，而且视觉敏锐、嗅觉灵敏，注定抢先到达远方的粪便，将笨拙迟钝的长角"同胞"甩在后面。

或许，最明显的"此消彼长"表现在相互制衡的甲虫解剖学结构之间——似乎角越长，睾丸则越小。所以，那些横行霸道者耀武扬威——您知道，我说的就是那些佩带武器最大的个体——其实是想掩饰什么不足（Simmons and Emlen，2006）。进化的逻辑就是如此。"身家丰厚"的雄性甲虫"供得起"较小的睾丸，因为它们可以轻易地赢得合适的配偶。交配时，产生的精子虽少，但目标精准。交配结束后，雄虫会留下继续监守，防止雌虫（与其他雄虫）继续交配，确保其体内的精子不被稀释。当它的这一小份投入得以保全，就可成功地收获子嗣。另一方面，小角（无角）雄虫可能不得不靠"偷袭"的方式完成交配。它必须"纵欢"，产生大量精子。因此，对于它而言，成功机会最大的进化策略，便是产生大量精子，进而可与多个雌虫交配。这样一来，即便其精子在雌虫体内有被稀释的危险，也能留下些许子嗣。

还要和天斗

蜣螂不仅必须和同类斗（这既是对近身角斗的直白表达，也是对种内竞争的抽象比喻），还得和天斗。"天"即（恶劣）天气，最主要的斗

---

[1] "可以说，粪便注定是它的'盘中牡蛎'"，原文为"that the dung will be, as it were, its oyster"，应指莎士比亚戏剧《温莎的风流娘儿们》(*The Merry Wives Of Windsor*)典故，原文为"the world's mine oyster, which I with sword will open"，即"世界是我的盘中牡蛎，我要用剑剖开它"。——译者

争对象是高温。昆虫得以钻入粪中，取粪、塑形、摆弄，甚至以之为食，都是在粪便湿润之时，即便是对大型粗壮甲虫来说也不例外。一旦粪便开始变干，原本柔软的纤维质混合物就会变黏，要么凝固成一团硬块，质地如同混凝土，无缝可钻（因此可以被人类用作建筑材料），要么变脆易碎，最终解体成尘土和散纤维。粪便完全变干时，原本彰显其存在并吸引粪居者的挥发物消失殆尽。干粪之所以没有吸引力，就是因为具有吸引力的气味的化学物质已然不存。这自然也是粪虫疯狂争抢新鲜粪便的另一个原因。所以说，重在新鲜。

动物排便之前的摄食内容如何，决定了粪便质地的粗糙度，以及粪便中纤维质的具体组成。从整体上讲，这些结果都没有粪便中的汁液及其中的亚显微成分重要。到达新鲜粪便之上的显然都是成虫，尽管蜣螂成虫具有咀嚼式口器，但它们没多少破碎、研磨纤维并咀嚼纤维颗粒的能力，主要被用来汲取粪便中的"鲜美"汁液。

曾有人做过一系列精心设计的实验[1]，将不同指定直径的玻璃或乳胶球粒伪装成食物，用来试探蜣螂。结果表明，即便是虫体最大的蜣螂，也只摄入最小的颗粒（直径8~50微米）。实际上，蜣螂只碰"粪汤"（Holter and Scholtz，2007）。然而，这种汤汤水水营养丰富，含有已经部分消化的发酵物质、自由悬浮的有机质，以及海量充满养分的细菌。蜣螂一到现场，就会尽情享用。粪便的液质成分在此被称为"粪汤"，虽有双关的意味，但对于刚刚羽化的蜣螂雌虫而言，它是增强体力的必需餐食。和雄虫一样，雌虫也得先匆匆过完幼虫阶段，接着在蛹期转变形态，直到羽化成具有完备的有性生育功能的成虫。因此，雌虫虫体大小也受

---

[1]实验涉及的蜣螂为6种蜉金龟属甲虫，相关研究见Holter, P. 2000. Particle feeding in *Aphodius* dung beetles (Scarabaeidae): old hypotheses and new experimental evidence. *Functional Ecology*. 14: 631–637。——译者

幼虫期营养摄入的影响。雄虫一经羽化，角的大小和形状便已定型，发育结束，但雌虫还能通过继续进食，将营养源源不断地输送给卵巢。这种成虫期的取食现象，是先于交配、筑巢、产卵行为的必备重要过程。产卵之后，雌虫还须继续进食，为数日或数周后的下一次产卵做准备。若粪便干透，蜣螂便很难在干枯的纤维之间觅得"粪汤"，进而无法获得充足的营养，那就只能放弃，另寻粪食。

　　双翅目的蝇蚊等昆虫根本就不能咀嚼，其口器只有汲取的功能。所以，在一道"粪餐"面前，它们除了"喝汤"，也别无选择。一旦发现新鲜粪便，它们就会闹哄哄地一拥而上，你挤我撞，将之罩得严严实实。用不了多久，粪食就会耗尽，一切恢复平静。但若粪便外层变干，形成粪壳，这些成虫就无法获得任何液质养分。偶有晚到的成虫，它们或许能在粪壳上找到一处裂缝，或者从甲虫掘粪时留下的开口钻入。但是，总的来说，粪便的消耗者，此时已是居于其内的幼虫（蛆）。

　　与大多数人的期望相反，湿粪也让蝴蝶为之"心动"。与双翅目昆虫相似，蝴蝶的成虫也只能汲取汁液。蝴蝶的口器生有卷曲的喙管结构。在我们的印象中，它们通常伸向花的蜜腺。尽管如此，据记载，许多蝴蝶物种也在马粪、牛粪、狗粪上取食。它们趋于在天气炎热时前往。这个时候，新鲜粪便的臭气最浓烈，但或许也是这些物种最需要补给液质营养之时。我就曾见到来灰蝶、荨麻蛱蝶、白钩蛱蝶在新鲜的狗粪上取食，尽管我明白它们的目的，但每每见到这些美丽的花蝴蝶在如此去处打转，总让我感到新鲜。在英国，紫闪蛱蝶常见于粪便上，而非到他处取食[1]。主

---

[1] 来灰蝶（chalkhill blues），应为 *Lysandra coridon*，属灰蝶科（Lycaenidae）来灰蝶属（*Lysandra*）；荨麻蛱蝶（small tortoiseshell），应为 *Aglais urticae*，属蛱蝶科（Nymphalidae）麻蛱蝶属（*Aglais*）、白钩蛱蝶（comma），应为 *Polygonia c-album*，属蛱蝶科钩蛱蝶属（*Polygonia*）；紫闪蛱蝶（purple emperor），应为 *Apatura iris*，属蛱蝶科闪蛱蝶属（*Apatura*）。——译者

要原因是其成虫根本就没有访花的习性，也不以花蜜为食。它们完全依靠从动物粪便、腐尸、发酵的树汁、腐烂的果实、泥泞的水坑等处获取的液质食物生存。

在热带地区，常可见密集如云的蝴蝶停在溪潭边的湿泥地上。这些蝶群通常由多个物种组成，牛、羚羊就在一旁饮水，动物的粪便和尿液沾得蝴蝶满身都是（绝非夸张之言）。蝶群的这种行为被称作"趋泥"（puddling），通过这种方式，昆虫可以获得重要的营养物质，如钠等矿物盐、铵离子、氨基酸和一些简单碳水化合物。

还有些动物的食粪行为极不寻常，白兀鹫[①]即是其中之一。白兀鹫分为好几个亚种，分布于欧洲南部、非洲、阿拉伯到印度次大陆地区。在西班牙，该猛禽被称作 churretero 或 moniguero，词义是"粪食者"，缘于其显见的粪食行为。白兀鹫平常以肉为食，它们不从牛、绵羊、山羊的粪便中获取蛋白质或脂肪（含量低于5%）。对于这种飞禽的消化系统而言，粪便中难以降解的纤维素成分如同异物。它们要的是类胡萝卜素。这类物质是天然的黄色色素，主要形成于植物和细菌之中，白兀鹫自身不能合成。尽管它们可从鸟卵或一些昆虫中获取一些，但这些资源在其觅食处并不常有，因而不可靠。粪便不同，它们大量存在，而且含有该飞禽特需的类胡萝卜素物质（Negro *et al*, 2002）。白兀鹫仅喙部和面部为亮黄色，鸟羽无此颜色，可见其在外观上有着支配地位，在求偶时可用于示爱。因此，这种色素对它们很重要。就如第一章谈到的，"人即人所食"，白兀鹫在这里也算间接地印证了这种说法。

---

① 白兀鹫（*Neophron percnopterus*），为鹰科（Accipitridae）白兀鹫属（*Neophron*）猛禽。——译者

动物粪便的小用场

一些动物之所以对粪便感兴趣，大多数的主要动因，是粪便可以作为其食物来源。这也是本书接下来各章节的中心主题。不过，粪便还有一些较小的用途。在集中详述粪食之前，它们值得在此一提。这些用场不是在意外时才派上的，它们只是尚未成为主流用途而已。

粪便是很好的诱饵。多种细腰蜂虫①时常在新鲜粪便上活动，但目标不是湿粪本身，而是被粪便吸引而至的其他昆虫。或者可以说，它们在意的是猎物。掘地节柄泥蜂（*Mellinus arvensis*）会停在新鲜马粪上，静待不同种类的粪蝇前来，时刻准备突袭。互联网上还有一个视频，记录了一只掘地节柄泥蜂在獾粪穴附近狩猎的情形。和所有细腰蜂虫一样，这种捕食性昆虫将遇害猎物的残骸贮藏到巢穴中，供幼虫取食。巢穴（远离粪便，）可有数个穴室，位于坑道尽头，每室可贮4~13具蝇尸。它们和许多捕食者一样，一旦成功，就会从中得出经验，返回原地，再次得手并收获猎食。因此，它们会在一天之内反复不断地到同一摊粪便处打望。

在汉普特斯西斯公园②，我曾见过德国黄胡蜂（*Vespula germanica*）试图猎杀蜣螂的情形（Jones，1984）。欲猎杀的对象是粪污蜉金龟，那儿有一摊臭气浓烈的新鲜狗粪，它们正匆匆忙忙地到达现场。蜂虫有好几只，想把这带麻点的小小甲虫控制住，但试了好几次都不成功。尽管它们是在半空中拦截，但显然不够快，无法给对方致命一击。彼时，甲虫已将膜翅折起，藏到坚硬的鞘翅之下，并落到草间，弃飞改爬，继续前行。

---

① 细腰蜂虫（wasp），指蚁类和蜜蜂类以外的膜翅目昆虫，主要类群来自细腰亚目（Apocrita）。——译者

② 汉普特斯西斯公园（Hampstead Heath），位于伦敦北部的大型绿地公园，占地约320公顷，历史悠久。——译者

但既然在场的蜂虻有6或8只，它们总会取得一点战果——遭殃的应该是同样被吸引前来的绿蝇或反吐丽蝇。

与德国黄胡蜂不同，蜂形食虻（*Asilus crabroniformis*）很少失手。它是欧洲最大的双翅目昆虫之一，体形大，体色有黄有褐，外观俊美。但它是一个可怕的对手，可利用强大的矛状口器，将飞行中的粪金龟（属的蜣螂物种）一把拿下。既然蜂形食虻倾向从干牛粪发起进攻，其猎物相当大一部分是蜣螂。我不认为曾有人观察到这一物种的产卵过程，但它无疑与放牧草甸有紧密的联系。其捕食性幼虫就在该生境里牛粪附近的土壤中生活，还可能以蜣螂蛴螬和粪蝇幼蛆为食。

利用粪便的捕食性甲虫还有好几类，但不是以粪为饵，静待猎物飞临。相对而言，它们以粪为家，是粪便内部群落的一分子。这也是下一章的内容之一。

粪便可用作建筑材料，在自然界亦是如此。这一发现不足为奇。生活在哈萨克斯坦和俄罗斯草原上的黑百灵有一种奇特的习性，它们会在鸟巢外铺一圈马或牛的干粪块（Fijen *et al*，2015）。在一定程度上，该地的黄颊麦鸡也有相同习性[1]。这种"装修风格"在鸟类学界引发了不少讨论。这看上去不只是鸟利用所有能找到的材料，筑一个能容纳卵的盘形坑穴那么简单。它们寻来粪便，用途十分明确，就是围绕鸟巢就近筑建一圈缓冲屏障。对于黑百灵而言，这显得尤为重要。而粪便屏障东北方向的密度最大，说明这种结构方式可能与气候或天气因素有关。一种解释是，干粪块在日间可吸收热量，在夜间可抵挡来自东北方向的寒风，好似一个蓄热式电暖器。在其他地方，鸟类以粪便为筑巢材料的现象很

---

[1]黑百灵（*Melanocorypha yeltoniensis*），为百灵科（Alaudidae）百灵属（*Melanocorypha*）飞禽。黄颊麦鸡（*Vanellus gregarius*），为鸻科（Charadriidae）麦鸡属（*Vanellus*）飞禽。——译者

普遍，其中尤以歌鸲、乌鸫及其他鸫类[①]为人熟知，它们的鸟巢主体为树枝和草，但内部常覆有干软的植物纤维。

一些叶甲的幼虫有自我营造小生境的特殊本领——以自身粪便伪装自己。其佼佼者非龟甲[②]莫属。这类甲虫的成虫背面略呈圆顶状，边缘扁平，与龟形似。在受到攻击时，它们也可以收起足和触角，缩进坚硬的壳和鞘翅之下。幼虫则躲在自己的干枯虫粪下，但那种以粪遮体的情形如打伞一般。蓝艳球龟甲（*Hemisphaerota cyanea*）幼虫将"毕生"所排的粪便背在身上，看上去更像盘结的线团，而不是活体生物（Eisner and Eisner，2000）。尽管其他物种不像它如此卖弄，但即便是在欧洲常见的绿蚌龟甲（*Cassida viridis*），也会用一团褐黑相间的虫粪遮背。粪便由生于尾部的结构撑着，如合页一般朝前反折。其形如叉，其名也恰到好处——粪叉。自打"粪伞"的行为使这些幼虫从两个方面受益。一方面，粪便色深枝乱的线团状外观，完全掩盖了昆虫的特征。鸟类捕食主要依靠视觉，而龟甲的伪装让它们的虫形影像搜索策略失效。另一方面，这种外观也形如枯秆，不对鸟类的胃口，因为它们盼望的，无疑是一例饱满多汁的小食，而非一块活动的强力百洁布[③]。

与龟甲幼虫相比，百合负泥虫（*Lilioceris lilii*）幼虫的技巧略欠精准，但同等有效——以大量半液态粪便完全包裹自己。之所以可以粪覆全身，是因为它们的肛门生在虫背中央。其幼虫形似蛞蝓，本为鲜艳的红

---

① "歌鸲、乌鸫及其他鸫类"，原文为"blackbirds, thrushes and robins"。其中，blackbird指鹟总科（Muscicapoidea）鸫科（Turdidae）鸫属（*Turdus*）部分体色为黑的鸟种，以乌鸫（*Turdus merula*）为代表；thrush泛指鸫科飞禽，但一般指鸫属鸟种；robin主要指同总科的鹟科（Muscicapidae）的数个鸟种，它们来自不同属，通称为歌鸲，但以欧亚鸲（*Erithacus rubecula*）为代表。——译者

② 龟甲（tortoise beetle），泛指叶甲科（Chrysomelidae）龟甲亚科（Cassidinae）甲虫。——译者

③ 强力百洁布，原文为brillo pad，是一种内含洗涤液的钢丝球商品。——译者

褐色，但一经与黏糊糊的粪便"沆瀣一气"，其色也与之统一。百合负泥虫是臭名昭著的园艺害虫，当园丁有望获奖的鲜花被它们摧毁时，虫粪会布满叶片残余组织，而幼虫就隐身于其中。百合负泥虫在英国有分布，其足为黑色。在欧洲很多地方，还有足为红色的隆顶负泥虫（*Lilioceris merdigera*），其种加词的拉丁词源为 *merdi*（粪便）和 *geros*（背负），意为"负粪的"。"粪衣"可以让幼虫躲避鸟的捕食，其黏性也可以让拟寄生蜂和捕食性昆虫敬而远之，以防足、触角、口器被黏住[1]。若它还能作为屏障，削弱农药喷施的效果，我也不会感到意外。

隐头叶甲亚科（Cryptocephalinae）下一些属的甲虫也被称为"罐甲虫"（pot beetle），是因为其幼虫的粪便形成坚硬如革的管状结构，而幼虫居于其中，只有头和身体前部的足可以伸出，形如生活在瓦罐里。雌虫产卵后，会从叶片上垂下来，将每粒卵裹上一层虫粪［这一过程被称作"包粪"（scatoshelling）］。虫粪需包裹得非常紧实（形成"粪罐"），雌虫甚至会借助后足"拍打"。包裹完毕后，雌虫"松手"，卵随之落到地面上。卵孵化后，幼虫以寄主植物的落叶为食。随着幼虫不断生长，"粪罐"也不断"扩建"。直到羽化为成虫，甲虫才离开"粪罐"。通过这种巧妙的机制，"粪罐"保护了易受伤害的幼虫，使之形似土壤中的一颗小小土粒，躲过劫难。更高级的"包粪"机制存在于锯角叶甲亚科（Clytrinae）的甲虫中。其粪壳能释放迷惑蚂蚁的化学信号物质，进而被视为同类而被带回蚁巢。在那里，粪壳中的叶甲蛴螬乐享巢中的枯叶材料和碎屑。

粪便是有用的自然资源，种类多样，而且容易获得。其最主要的用

---

[1] 实际上，有研究显示，一种姬蜂科的拟寄生蜂可以利用百合负泥虫的粪盾，更快地定位寄主。详见 Schaffner, U. and Müller, C. 2001. Exploitation of the Fecal Shield of the Lily Leaf Beetle, *Lilioceris lilii* (Coleoptera: Chrysomelidae), by the Specialist Parasitoid *Lemophagus pulcher* (Hymenoptera: Ichneumonidae). *Journal of Insect Behavior*. 14(6): 739–757。——译者

途，显然仍是作为食物，供随后前来的所有腐食动物获取。本书自此往后的内容，仍将围绕以下关键事实展开：动物粪便所含可利用养分的水平非常之高，而且特别能吸引这些昆虫——粪甲（以蜣螂为主的鞘翅目甲虫）和粪蝇（隶属双翅目的蝇、蚊、蚋、虻、蠓等类群的相关昆虫）。要理解它，方式之一是换位思考，从它们的哲学出发——将粪便看作二手食物。

第五章

粪虫群落——互作与冲突

虽说乍到的粪虫对新鲜牛粪或马粪的争抢显得疯狂无序，但这种疯抢自有其章法。实际上，方法还不止一种。为了确保能够抢到足够的粪便，以保障后代的繁衍生息，甲虫和蝇虫（及其他几类生物）进化出多种策略。

如前章所述，先到者得先机。尽管在我的那次私人小实验中（就是在雷丁[①]附近的回收中心后边实施的那次），最早出现的是甲虫，但在一般情形下，往往是善于飞行的蝇虫最先降临。实际上，据记载，在牛排泄尚未完成之时，西方角蝇（*Haematobia irritans*）成虫即已在牛粪上产卵。不过，这种行为风险颇大。见识过牛拉屎的人都知道，牛粪呈液态。这意味着排泄时粪便向下喷出，向上溅起。狂流附近，自然危机四伏。小小蝇虫若想到粪中产卵，并在完成后安全逃离，就必须事先计算好粪汁的"弹道"，以便精准地避开粪滴的"轰炸"。它们也会在较为干燥的马粪上产卵，或许是因为马粪不那么容易飞溅。但是，如果这些昆虫在产卵时过于专注、不够警觉，就仍然可能被后续落下的马粪伤到。

角蝇幼虫的生活也是那么匆忙。卵在几小时内就会孵化，初孵幼虫

---

①雷丁（Reading），位于英国东南内陆的伯克郡（Berkshire）的北部，现为其郡治（县城）。——译者

即刻开始进食，约7天便可化蛹，准备羽化为成蝇。如此匆忙，是因为它们时刻处于被捕食的险境，所以必须尽快远离粪堆，躲藏到附近的枯草层中，但至少是在吃饱喝足、成功利用完稀有的粪便资源之后。

模式粪虫

黄粪蝇（*Scathophaga stercoraria*）对粪便也相当执迷。如果您不信，请看——不仅它们的拉丁学名意为（幼虫）"以粪为食，以粪为家"，而且成虫也名副其实，粪便一经排出，它们便转瞬即至。然而，这些全身毛茸茸的亮橙黄色蝇虫不是前来产卵的，它们都是雄蝇。不过，它们知道雌蝇很快就会跟来，因此先期抵达，占好地盘。雌蝇绿灰色，体形略小一点，相对"端庄"一些。雄蝇焦急地等待着它们的出现，与其他雄蝇

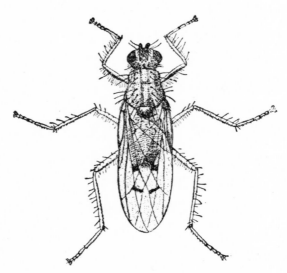

虽有亮色的皮毛护身，黄粪蝇仍会保持警惕，避免陷入黏稠的粪便中

之间，则呈现出某种势不两立的势态。像许多昆虫一样，黄粪蝇幼虫和成蝇的"口味"差异极大。虽然幼虫算是粪食者，但成蝇却是凶猛的捕食者，若真要互殴，它们不惜利用强壮的捕捉足、粗壮的带刺口器，对同类大打出手。一摊直径30厘米的新鲜粪堆上，可能会聚集20~50只黄粪蝇雄虫。试想，粪便表面闪闪发光，各个蝇虫虎视眈眈，都想抢得几平方厘米的宝贵地盘——那种气氛该有多么紧张。

四五只雄蝇对一只雌蝇的性别比例可以保证雌蝇不受冷落。雌蝇之所以匮乏，可能是因为它们在羽化之初尚不能交配，须经历2~3周时间的成熟期。在此期间，它们捕食小型蝇虫或其他种类的昆虫，以此"进补"大量蛋白质，为极耗体力的产卵工作做好准备。相比之下，雄蝇所需的准备时间要短得多。它们早已蓄势待发。当卵子成熟的雌蝇抵达粪堆时，雄蝇总会展开一番疯狂争抢。距离最近的雄蝇一把抓住雌蝇，不经任何求偶过程，立即进行交配。第二只甚至第三只雄蝇也猛扑过来，试图把雌蝇从配偶身边夺走，即使交配正在进行当中。竞争如此激烈，以至雄蝇射精完成之后，仍要紧紧抓住自己的"战利品"不放，以防雌蝇（与其他雄蝇）再次交配。或者说，雌蝇可多次交配，而雄蝇必竭力拖延。雄蝇严防雌蝇与后来的雄蝇交配，可避免自己（射入雌蝇体内）的精子被立即稀释，从而增加子嗣产生的概率。不过，雌蝇也可以从雄蝇的保护中获得好处。为了能交配，其他雄蝇会不顾一切地持续纠缠雌蝇。雌蝇虫体脆弱，若长此以往，必会受伤。好在雌蝇在粪便上产卵时，雄蝇仍不离其身。直到雌蝇产毕最后一粒卵，发出一阵震颤的信号，雄蝇才终于松开。雄蝇飞回粪便，等待下一只雌蝇的到来。与此同时，雌蝇吸食花蜜，捕食昆虫，等待下一批卵子成熟，为几天后另一堆牛粪上的下一次"肉搏"做准备。

黄粪蝇在粪堆上十分常见，且雌雄易于辨认，数量可计，交配次数可监控，产卵批次可测算，亲子关系比率可统计。这一切便利，使黄粪蝇上升到模式生物的高度。自G.A.帕克[1]最初的相关研究工作以来（Parker，1970），有关该物种行为学、遗传学、营养生态学和生活史的研究论文层出不穷。如今，我们对黄粪蝇已所知甚多，有方法干预其生活史，还可精确计算其行为指标。

例如，如果一摊新鲜的粪上已经布满了雄蝇，那么，新抵达的雄蝇在激战中抢得雌蝇的可能性就会大大降低。因此，这些后来的雄蝇可能会退出主战场，避免与众多绝望的竞争者角斗。它们转而在周围的植物间游荡，试图半路截住雌蝇。在这里，路过的雌蝇可能不多，但竞争的雄蝇也较少，算是扯平了。令人欣慰的是，观测数值完全符合预估水平——尽管粪便上有众多雄蝇聚集，但大多数停在粪便周围20厘米半径内的植物上，距离粪堆越远（比如半径20~40厘米，40~60厘米，60~80厘米），密度越低。

最佳的交配时间和守护时间也是可以计算出来的。从雄蝇发现雌蝇，继而与之交配、贴身监护，直至其产卵完毕，整个过程大约需要两个半小时。假设雌蝇此前曾交配过，且贮存管（纳精囊[2]）内仍然存有有活力的"前任"精液，"现任"雄蝇则须尽可能使自己的有效输精量达到最大，保证自己的精子在受精过程中胜出。但是，受精时间越长，雌蝇本次产卵过程则顺延越久，雄蝇下次"浪漫之旅"也就越短。研究蝇虫的导精机制，可以通过在不同时间点人为打断交配过程，考察蝇卵受精的比例

---

[1] G.A.帕克（G. A. Parker），即杰弗里·艾伦·帕克（Geoffrey Alan Parker，1944—），任教于英国利物浦大学，主要研究行为生态学及进化生态学，曾获达尔文奖章。——译者

[2] 纳精囊（spermatheca），指包括昆虫在内的一些无脊椎动物雌性生殖系统中接纳并临时贮存雄性精子的器官，不同于雄性体内贮藏自身精子的贮精囊（seminal vesicle），那是输精管膨大呈囊状的部分。——译者

如何（并由此推算受精一般所需时间）。结果很快就见得分晓，一旦雄蝇能够保证80%的蝇卵带上自身的基因材料，即便它继续投入，也获益无多——这可谓收益递减规律在大自然中体现的一个极好例子。这一时间点，即为雄蝇停止交配、开始守护的最佳时刻。如此一来，至少可以保证雌蝇所产之卵大多数是"现任"的后代。根据推算，预期交配时长41分钟，而观测值为36分钟。在生物实验中，如此之高的吻合度很少见。

　　大学一年级时（那是1977年），我曾经参加过一次在阿什顿森林①进行的为期一周的生态学野外实习，考察外来桦树的入侵水平、在泥炭藓上生活的有壳变形虫②数量。我们还匍匐在放牧草甸中，近距离观察气息"浓郁"的新鲜牛粪，记录喜爱"拥抱"的粪蝇到达、交配、守护及产卵的时长。是啊，多么美好的回忆啊！

　　粪蝇属（*Scathophaga*）昆虫在粪便上产卵，或在其表面，或在缝隙中，或者悬于褶皱处，幼虫一旦孵出，马上就会钻进粪便内部。对于粪食蝇蛆而言，速度就是生命。蝇蛆虫体柔软而脆弱，很容易受到攻击，被其他生物取食（在本章后面的内容中，会揭示攻击者到底是谁）。因此，它们需要躲进粪便，快速取食。从卵被产下到羽化为成蝇，需要三四周的时间。雌蝇比雄蝇大约早一天羽化，但需要再过三周才性成熟。在此期间，它们在花间取食或捕食小型昆虫。精子较卵子容易生成，雄蝇在交配之前大约只需捕食一周。

　　其他类群的蝇虫也同样渴望尽快度过这危险的幼虫阶段。对于体形更小的［蝇科（Muscidae）、小粪蝇科（Sphaeroceridae）、鼓翅蝇科

---

① 阿什顿森林（Ashdown Forest），位于东萨塞克斯郡，北唐斯和南唐斯之间。——译者
② 泥炭藓（sphagnum moss），应指泥炭藓属（*Sphagnum*）或泥炭藓科（Sphagnaceae）苔藓植物。有壳变形虫（case-bearing amoebae），应指testate amoebae，是一类具壳体的单细胞原生动物，生活在陆生淡水生境之下。——译者

（Sepsidae）等] 粪蝇，幼虫两天之内就能完成发育，一周多即可完成一个生命周期。

然而，即便生长发育的速度如此之快，竞争依然异常激烈。如果所有个体都争先恐后，先到者也不一定能获得充足的食物。粪蝇像蜣螂一样，个体间大小差异很大。如果食物匮乏，幼虫就会冒险化蛹，发育成小型成蝇，而不是浪费时间到处搜寻食物残渣。在室内研究中，可人工控制常见（烦人的）秋家蝇（*Musca autumnalis*）的幼虫密度。结果表明，粪食干重要达到5毫克，蝇蛹和成蝇的虫体才不至于远小于平均水平。

弄粪大师

蝇虫像是来去匆匆的过客，匆匆赶来，匆匆发育，越快越好。而蜣螂是盘踞在粪便生境中的"弄粪大师"。为了避开无时不有的种间竞争和种内竞争，它们形成了极其多样且富有开创性的一系列奇妙习性。说到这里，我要重申自己对于甲虫的偏爱——尽管我会陆续介绍其他物种，但是我仍坚持这一观点：粪便自然历史即粪甲（尤其是金龟总科蜣螂的）自然历史。这一观点已得到广泛认同，包括在过去25年间出版的大量重要的生态学专著，其中又以 Hanski and Cambefort（1991）、Scholtz *et al*（2009）、Simmons and Ridsdill-Smith（2011a）为代表。虽然这些专著专业性强，细节庞杂，但它们如同一座信息宝藏，我深入挖掘，收获颇丰。

金龟总科（Scarabaeoidea）是一个很大的类群，所属甲虫有着短粗的虫体，俊美的外观。锹甲（令人惊叹的一类小兽）和金龟甲（包括地球上最为亮丽的一些美虫）都来自这一类群。长期以来，蜣螂一直令昆虫学家着迷。在1669年出版的《普通昆虫学》一书中，荷兰博物学家扬·斯瓦默丹热情洋溢地描述了两种，"其中一种的胸部和腹部有明显的紫色光

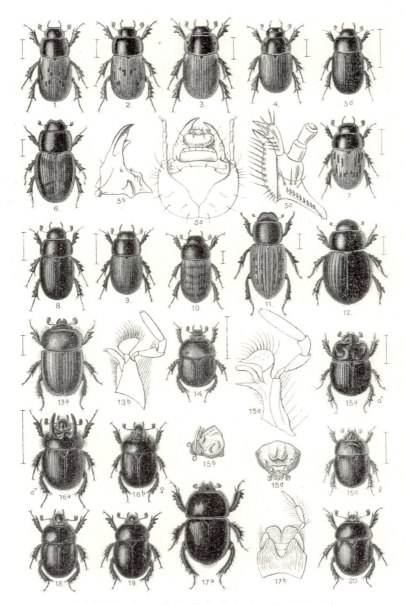

中欧地区蜣螂多样性的典型展示，引自Reitter（1908—1916）

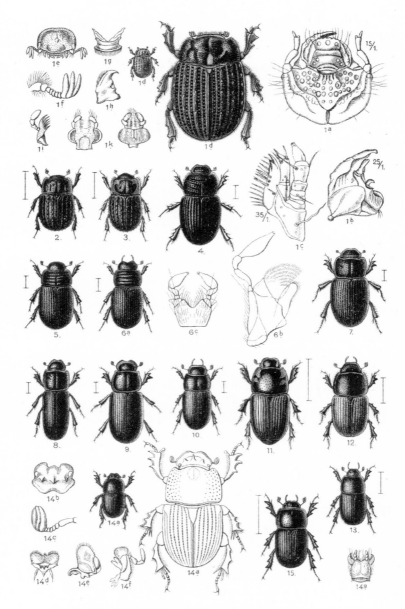

中欧地区蜣螂多样性的典型展示，引自Reitter（1908—1916）

泽，与紫铜的颜色相似；另外一种闪闪发亮，好似熔化的黄铜呈现出的绿色，或如镀上一层薄薄的紫铜，确实极其美丽"（译自1758年英译本）[1]。由此可见，我对那些甲虫的喜爱是可以理解的，我希望上述文字可为我正名。现在，我们对金龟类的蜣螂已颇有了解。最初，是因为它们体形相对较大、体态优美（还有那些怪异的角状结构），大家乐于研究。此外，蜣螂比较好找（有一摊粪便就行），而且其挖洞、掘坑道、埋粪、处理粪球等一系列行为，看起来目的性强、计划周密，能勾起人们研究的兴趣。

我们见识了蜣螂都做了些什么，并为之惊奇。接下来，我们会问，它们为什么要这么做？为了回答这一问题，曾有过很多相关的昆虫学研究，如今已形成一大研究方向。这些行为的进化，看似多由亲代抚育所驱动。亲代抚育是成功的生物繁殖策略，尤其是借助过程复杂的筑巢行为之时。不过，大多数昆虫并无亲代抚育机制，成虫只管随处大量产卵。在那个"虫吃虫"的世界，弱肉强食，幼虫只能靠自己。这样一来，只要昆虫中出现某种亲代抚育机制，都注定会吸引生物学家的注意，毕竟它们与众不同。事实上，只有在子代数量可控（就是很少）的情形下，亲代抚育或筑巢行为才能发挥作用。总的来说，蜣螂养育的子代个体数量相对较少，有时一次只有一个。尽管如此，在腐臭稀烂的动物粪便中安家，乍看上去，可能会难以想象。然而，将蜣螂的这种行为与人们熟知的鸟类和哺乳动物筑巢行为相比较，两者之间的确有很多相似之处。巢穴并不一定要用树叶、树枝、泥巴或者其他能够收集到的有机或无机碎屑精心营造而成。它可能只是一眼洞（比如啄木鸟穴）、一个窝（比如野兔穴）、一条地道（比如獾穴），或者仅仅是一个属于自己的角落。巢穴

---

[1] 扬·斯瓦默丹（Jan Swammerdam，1637—1680），荷兰生物学家，利用显微镜进行解剖学研究的先驱之一，《普通昆虫学》（*Historia Insectorum Generalis*）是其最具代表性的著作，1758年英译本书名为 *The Book of nature; or, the History of Insects*，相关文字引自该译本第125页。——译者

的关键属性，是能提供保障，或作为食物，或材料适于筑巢，隔热，安全，保护自己不受恶劣天气伤害。行文至此，在粪便中巢居已听似合情合理。

筑巢行为和子代成活率之间的联系，完全归结于生殖回报。在此，我不会深入探讨。实际上，通过数学建模，就能揭示不同行为策略导致的后果（例如，对卵块大小和子代数量的影响）。我们只需知道这一事实，就足够了。亲代抚育策略可能包括以下几种：（1）双亲均弃幼不顾，它们无须筑巢，这是大多数昆虫的典型策略；（2）雄性单独育幼（少见，但是确实见于少数鸟类和哺乳动物）；（3）雌性单独育幼（或许比较普遍，尤其是在"高等"动物中）；（4）双亲共同育幼。最后一种我们熟悉。成对的鸟儿分工协作，完成筑巢、产卵、孵化等任务，然后喂饲嗷嗷待哺的幼雏。令人惊奇的是，这也是很多蜣螂的亲代抚育策略。

然而，世间并非事事平等。一般而言，在动物界，雄性和雌性对子代的贡献各有不同。但是，相对而言，雌性对卵子的投入是巨大的。与之相反，雄性有十分宽裕的精子，因而显得随意而"风流成性"。雄性可用的一个明显策略，便是与尽可能多的雌性交配，以期得到尽可能多的后代——那些体形较小的无角雄蜣螂靠的就是这招。尽管该策略得以顺利实施，但也会随之产生精子竞争及稀释效应。到头来，可能只有极少的雄虫留下子嗣。或许，像黄粪蝇那样在交配后守护伴侣，亦不失为一种更好的选择。

这里涉及一个重要的生物学概念（"博弈论"听似无足轻重，但其数学理论基础严密可靠，而该概念即为其核心之一）——亲代抚育行为之所以进化形成，是因为群体中大多数已然如此，但无须所有个体皆为如此。"不忠"和弃幼仍然可能出现，而且，若环境发生变化，行为策略也可能会变。有变化的余地，或者说，这种行为具有可塑性，以科学的措辞表述——只有当双亲共同抚育子代的成功率是单亲独自抚育的大致两倍时，双亲共同抚育才是一种稳定的进化策略，进而被采纳。简单地讲，再带上一点训诲的口吻，就是——对于孩子而言，"父母是一家"胜过"父母分两家"。

雌性单独抚育在鸟类和哺乳动物中非常普遍。不过，在鸟类当中，偶尔也会出现雄性单独抚育子代的现象。雌蜣螂可以单独养育子代。但是，"抚育"的主要任务是提供育幼粪球，且须在产卵之前完成。既然雄虫不负责产卵，它可以在这方面大显身手，雌雄协作即成为蜣螂亲代抚育的常规模式。

蜣螂相对易于饲养和观察，研究它们不用涉及什么伦理挑战，所以它们也已成为验证筑巢理论的重要模式生物。了解过粪蝇的交配-守护实验，现在轮到粪甲登场。

检验这一点，可以用一个简单的方法，即考察雌虫拥有的育幼粪食量对子代大小和数量的直接影响。人工控制育幼粪食量不是难事，可以通过增加或减少一些物质，来模拟雄虫提供的额外帮助。子代体形大小及雄虫角状结构的长度很好地反映出幼虫阶段的营养情况。如果由雌虫独自抚育，就只有体形非常大的蜣螂妈，才能生养出身姿伟岸、巨角挺立的俊美蜣螂儿子。但是，如果有雄虫参与，即便是体形最小的雌蜣螂，也能够得到体形庞大的雄性后代——试想，这些母亲该有多自豪啊！有趣的是，雄虫的辅助并不能增加育幼粪食球的个数（仍是一球一卵）。毕竟，雌虫卵巢内的卵子数量有限。由此可见，雄虫的参与虽不能增加子代的数量，但可以使子代的体形和力量得以提升，将这些达尔文"适者生存"所表达的"适生"性状及其基因（一半来自父本）传给它们。

切分粪饼——三种不同的取食筑巢策略

蜣螂（在此重复一遍，它是指由金龟科、蜉金龟科和粪金龟科所属部分成员组成的一大类群）利用粪便的筑巢策略，广义上可分为三类。采用何种，归结于蜣螂成虫抵达现场后如何利用粪便，才能最好地为（幼虫）蛴螬营造巢穴，或至少为之提供保障。

自然纪录片中最具戏剧性，也是最明显、最常见的蜣螂种类为推粪型（telecoprid，源自希腊文，意思大致为"长途粪客"）。这种蜣螂从粪便上切下一块，塑成粪球，并将之滚到远处埋藏起来。圣蜣螂就因这种神奇的行为而备受古埃及人推崇，而疯狂争抢象粪并几乎将之化为乌有的那些蜣螂中，就有其近缘种[1]。

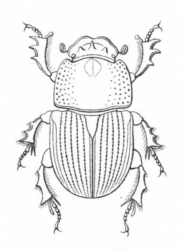

魁梧粗壮的掘粪蜉金龟

①指原与圣蜣螂（*Scarabaeus sacer*）同属的滑纹蜣螂（*Kheper laevistriatus*，原*Scarabaeus laevistriatus*），详见第126—127页及参考文献（Heinrich and Bartholomew，1979a）。——译者

第二类为掘穴型（paracoprid，亦源自希腊文，意思是"在粪便旁边、附近或与之紧挨"）。它们在粪堆下方或者紧挨处挖地洞，并将粪球、粪团、粪块或粪粒拖入其中，贮集到地道尽头或不通的侧穴。我们不容易观察到它们的挖掘行为。不过，这些地下物种有头顶头、正面角力的习性，久而久之，便进化出形状奇异的巨大头角和胸角。

最后一类为粪居型（endocoprid，意思显然是"粪中居客"）。它们当中有些会钻入或掘入粪中，然后，或向外嚼噬，直至破粪而出，或在内蛀噬，使之中空，但性质与特意为子代享用而分取、藏匿粪食的行为不大相同；另有一些会取一大块粪便，在内部修塑成隐于粪中的育幼粪球。

下面，我们将上述策略的顺序调转过来，从粪便与甲虫之间的最基本互作开始讲述——粪甲初抵现场，即开始取食粪便，或产卵其中——这可能就是进化形成复杂筑巢行为的最初起点。

粪居者——在粪中安家

不错，我倒转顺序讲述，也是因为分布于欧洲北部的大多数蜣螂为粪居型，而它们不一定非得是巢居动物。该策略的主要受益者是种类繁多的蜉金龟科甲虫，其中大多数来自蜉金龟属。全球已记载的蜉金龟属甲虫共有约1650种。与其他主要类群相比，该属蜣螂体形小而细狭，更接近圆柱形。而且，它们并不名副其实地筑巢。

蜉金龟是北温带粪便中的优势类群，在英国就发现了55种（相比之下，掘穴型蜣螂仅有15种，且未发现推粪型蜣螂），其中15种可在同一摊牛粪或马粪中共生——尽管我最多只观察到12种。它们的生活看起来非常悠然。至少在这里，它们用不着参与"疯狂抢占"的不雅争夺战。这里粪便充足，在阴冷潮湿的气候下，粪便也不至于很快变干。无论如何，在这种情况下，即便粪便不太新鲜，蜉金龟仍心满意足。大多数蜉金龟属甲虫体形较小——最大的掘粪蜉金龟（*Aphodius fossor*），体长仅可达12毫米，而多数物种体长还不到7毫米。它们已经适应了量少而分散的粪便，如鹿粪、兔粪，以及昆虫学家偶尔对"自然的召唤"做出的"响应"（人粪）[1]。它们会从粪边掘入其下，接着，或钻入粪内，或从中钻出，留下小小的孔洞，或居于粪下。总之，它们大多数居无定所，几乎没有什么社交性的互动，也没有多少可以被认定为筑巢习性的行为。

有些粪居蜣螂并不那么游手好闲，例如金龟科的粪室蜣螂属（*Oniticellus*）甲虫（欧亚种有6种）。尽管它们居于粪便之中，但会积极地利用内部粪料，修塑成一个个育幼粪球，然后产卵于内。它们甚至会留在原地，守望子代的发育，可谓巢居精髓的真正体现。将粪料处理到什么程度，才称之为粪球，我们很难定义这种转变的确切界线。不过，进化出更为先进的筑巢行为，对于有些粪居型蜣螂而言，似乎已呼之欲出。常见的游荡蜉金龟也会掘入土中，直通粪便下方，但形成的只是一个3~5厘米深的凹陷，几乎称不上坑洞。雌虫在坑底产卵后，凹陷会被上方落下的碎粪填满。蜡黄蜉金龟（*Aphodius luridus*）在粪土交会处产卵。幼虫孵出后，会自己往土壤方向掘出一条短小而简陋的坑道。每当下雨或露重之时，坑道中便充满了和有粪汁的泥浆。

除了上文所阐述的蜣螂，还有大量其他粪食甲虫类群也在广义的粪食内取食。其中有一些，我们将在第六章探讨。这些粪居者也未显露出筑巢的迹象，但是一定要记住，它们和大量其他类群的粪居者一样，都已参与到"疯狂抢占"的争斗之中。正是这种本能，让它们能够进化出稍微复杂一些的亲代抚育行为。

---

[1]有关"昆虫学家偶尔对'自然的召唤'做出的'响应'"，参见第71—72页内容。——译者

掘穴者——在地洞中生活

金龟科和粪金龟科的蜣螂体形宽阔，铲状的头形如推土机。这种构型应对推土，简直是再好不过了。发现粪便后，它们迅速展开行动，掘入土中。所掘地洞或通往粪便正下方，或在靠近粪便处留一个入口。地洞能够挖得多深，取决于虫体大小和土壤类型。

我曾在一次南唐斯的考古挖掘中帮过忙。那年我14岁，还在上学，考古现场就在父母家的纽黑文①住所后面。我们铲开草皮滚成卷，再挖走只有数厘米厚的表土，好在其下的白垩土层中寻找铁器时代遗留的柱洞②。在距地面10~15厘米深处，我们常会发现鸭蛋大小的粪金龟属（Geotrupes）蜣螂粪球。实际上，这也是它们能够达到的最深处，再往下，就有可能遇到无法穿透的石灰基岩。此外，我也知道，别指望能碰到提丰粪金龟。而在阿什顿森林松软的绿野中，它们能够轻易地钻到地面1米以下。

蜣螂能挖多深？这个问题显得不入流，不是蜣螂研究者愿意拿来吹牛的谈资。不过，为了回答这个问题，我还真粗略地查过一些相关文献。我能给出的最佳答案来自一个北美物种——名称也恰如其分，"佛州深掘金龟"（Peltotrupes profundus）。③据亨利·豪登④记载，它们可掘入地下的深度至少可达9英尺（2.7米）（Howden，1952）。在此，至少还需加上两

---

① 纽黑文（Newhaven），英国东南部东萨塞克斯郡地名，非美国耶鲁大学所在地纽黑文（New Haven）。——译者

② 柱洞（post-hole），指在地面或地基中挖成的用于固定承重立柱的孔洞，在考古工作中，可以用于复原建筑大致构造。——译者

③ "佛州深掘金龟"，据作者列出的英文俗名"Florida deepdigger scarab"译出，其拉丁学名种加词"profundus"意为"深的""深入的"。因此，俗名和学名皆符合作者文中的"恰如其分"之义。——译者

④ 亨利·豪登（Henry Howden，1925—2014），美国昆虫学家，以金龟总科研究著称。——译者

点说明：第一，尽管该甲虫显然是一种蜣螂（隶属粪金龟科），但是它们并非粪便专食者，而是以土壤腐殖质和落叶为食的碎屑泛食者。[在粪食性的进化形成和后续进化进程中，非粪食源对一些（粪食）物种非常重要。有关内容会在第七章中详细介绍。]第二，我相信一定会有人发现挖洞更深的物种。若果真如此，还请告知，我好在本书再版时更新。

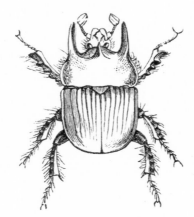

提丰粪金龟，只有雄虫才生有三数强壮的胸角

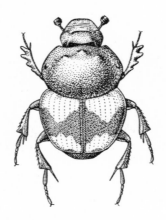

双纹嗡蜣螂（*Onthophagus bifasciatus*），分布于印度及中亚地区

掘穴型蜣螂所挖的地洞深度大多在20~100厘米之间。掘穴的目的，显然在于能够抢得一杯"粪羹"，迅速远离潜在的竞争者，以便独自享用，或与配偶共享。在热带草原地区，成百上千只甲虫疯狂争抢，你推我挤，但各自抢到的粪食量少得可怜。掘穴者不与之为伍，却可以成为大赢家。一对掘穴型蜣螂，只要体形较大，便可轻易地在粪堆下方获取并埋藏500克粪食。所以，这些蜣螂对放牧草原上粪便的清理贡献极大。

虽然没有一定之规，但一般来说，蜣螂两性个体在粪块处相遇，形成短期结对关系，共同营造巢穴。在筑巢位置、深度及频次方面，每一物种都有其决策。研究这一环节，我们可以利用博弈理论预测亲代协作的效果，并同时通过实验方法测量育幼粪球的大小，两者相辅相成。

自古以来，在大自然中，成效和付出之间常存在着一种相互制衡的关系。又深又长的地道固然安全，但需要大量时间营造。若既有粪便量有限，或许在精巧的"地宫"落成之前，粪食就已不存，而蜣螂可能只有一次获取的机会。地洞短而浅，可迅速挖出多个，在粪便消失前迅速

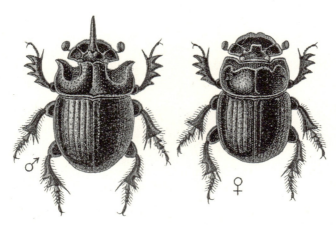

粪蜣螂，雌雄共同"养家"

将之贮存。但是，由于不够深，它们很难免受其他疯狂掘穴者的干扰。因此，如何掘穴，每一种蜣螂都得有所决策。

最简单的地洞，是雌蜣螂开掘的一条简单地道，有时不过是粪堆正下方的一个不成形的凹陷。在凹陷中，雌虫埋一块粪，产一粒卵，周而复始。这是最简单的一种养护模式，快且易行，适于单干的雌虫，但仍然只能满足非常基础的需求。雌蜣螂希望能产下更多的卵，在每堆粪块上产10~50粒，一生或可产130~150粒。这样，就能更好地保证有子代存活下来。其他一些物种的洞穴可能稍大，可以容纳几个粪球，一球一卵，只是多少有点拥挤，粪球之间可能没有间隔。总的来说，对于希望产下更多卵的甲虫来说，花费更少的时间掘穴仍不失一种方便的选择。

挖掘更深的地道，往往需要雄虫的积极协助。这样的地道可能只是比较简单的管道，其间容纳5~15个育幼粪球；也可能呈香肠状，粪球常集中在尽头。提丰粪金龟挖掘的地洞很深，大约1.5米。它们先挖掘地道，然后把粪块运到底部，在卵附近打实。在往上回爬的过程中，雌虫还会在其他粪球上产卵[1]。地道也可能有分支［嗡蜣螂属和宽胸蜣螂属（*Onitis*[2]）蜣螂的首选］，形成一组短浅的穴室，一室容纳一粒或数量不多的圆粪球。地穴达到这种成熟的水平，亲本蜣螂一方或双方便可驻留其中，在育幼过程中精心守护。

极为复杂的掘穴行为仅见于少数几种体形较大的物种，被称为"英国蜣螂"的粪蜣螂（*Copris lunaris*）及其同属物种便是最好的例子。雌雄

---

[1]提丰粪金龟一般产卵于地穴深处的数个"卵室"，一室一卵，运下的粪粒一般会被撕碎，用来填充"卵室"附近的"育幼室"，并压实成短香肠状。"卵室"（在产卵后）和"育幼室"（在压实后）会被封堵。卵孵化后，幼虫穿过松软的土层达到"育幼室"，在其中取食发育。此外，该物种有重复交配的习性，甚至在临产之前。详见参考文献（Brussaard，1983）。——译者

[2]一译凹蜣螂属。——译者

工作中的推粪型蜣螂，这是德特莫尔德受法布尔作品启发而创作的数幅画作之一[1]

粪蜣螂共同掘穴，粪食在送入的过程中被塑成数个（2~10个）较大的圆粪球。每个粪球中仅产有一粒虫卵。穴室足够大，能够容纳所有的育幼粪球，且相互间留有空间，两两不接触。这些圆形的粪球有高尔夫球一般大小，蛴螬在其内发育，亲代至少有一方（通常是雌虫）留在穴中守护它们。雌虫得保证粪球位置固定，若在幼虫发育过程中出现破损，它得及时修补。若育幼室中没有雌虫守护，粪球很快就会长出真菌。只有当幼虫化蛹，或至少幼虫已发育充分之后，成虫才会离开，另找一处粪源，重复这一流程。雌虫的寿命只有一两年，一生中仅可产10~30粒卵。

---

[1]法布尔（Fabre）及后文中出现的J. 亨利·法布尔，即《昆虫记》（*Souvenirs Entomologiques*）作者，法国自然学家让–亨利·卡西米尔·法布尔（Jean-Henri Casimir Fabre，1823—1915）。德特莫尔（Detmold），应指英国插图家爱德华·朱利叶斯·德特莫尔德（Edward Julius Detmold，1883—1957），引用的图实为他为《昆虫记》1921年英译版（*Fabre's Book of Insects*）所绘制的插图。——译者

因此，它会尽可能地付出，为子代提供最好的生存机会。

推粪者——神灵的启示，方向没错

昆虫世界里最复杂、最神奇的行为，有一些就是推粪型蜣螂表现出来的。因此，不难理解古埃及人为何崇拜蜣螂，甚至把它们归入复杂的阴世奇异动物神祇体系。至少有一位昆虫学家认为，《圣经》中有关"以西结之轮"的描述［《以西结书》（1：1–28）］[①]，不是指身披四翼、通体闪亮的新型天使，也不会是外星宇航员[②]，而是对推粪型蜣螂的神秘引喻［Hogue（1983）引述 Sajo（1910）］。令人悲哀的是，英国和北欧地区并不产推粪型蜣螂。不过，"正宗"的"圣甲虫"——圣蜣螂发生于法国南部。法国昆虫学家 J. 亨利·法布尔正是受到这种蜣螂的启发，才创作出有关圣甲虫的美文（Fabre，1897）。从那时起，鞘翅目昆虫学家就迷上了蜣螂，难以自拔。

粪球最开始由"伴侣"中的"主动积极者"推动。对于金龟属（*Scarabaeus*）和驴蜣螂属的蜣螂，"主动积极者"为雄虫［但在其他有些属的蜣螂中，则可能是雌虫，如侧裸蜣螂属（*Gymnopleurus*）、西王蜣

---

①《以西结书》（*Ezekiel*），《圣经·旧约》经书。"以西结之轮"（Ezekiel's wheels），按故事中描述（1：16）的字面义，指以西结目睹的"轮中套轮"的物体，由四个轮体组成，有的版本认为各轮体不在同一个平面。与之相对应的，四个两两相扣的人形生物，各生物有四面（人、牛、马、鹰）和四翼（1：5–10）。它们在北天的云中显现，伴随闪电（1：4），形似"天外飞仙"，后文有小天使的字眼（10：9–17）。现在也有人将该生物解读为外星人，将轮形物体解读为外星飞行器。——译者

②我也觉得这种解读有一些道理。多少世纪以来，从口传到手抄，再到转抄，倒腾多次，希伯来语中的甲虫（在英语中，它至今仍可被称作 scarab 和 carab）和"有翅小天使"（k'rubh）应很容易被相互混淆。——作者

螂属（*Sisyphus*）①、虹蜣螂属（*Phanaeus*）]。铲粪、塑形、整成球形，完成这一流程，可能只需要几分钟，也可能长达一个小时。然后，先将之推很短一段距离。这个粪球的作用可能是作为诱饵，吸引雌虫前来食用。雌虫可能刚完成上一个洞穴里的育幼工作，远道而来，饥肠辘辘，急需这重要的"粪餐"，以补充耗失的养分，使卵巢得到滋养。雌虫为粪便所吸引，但更能吸引它的，是准备好大餐的雄虫。在非洲近缘属——凯神蜣螂属（*Kheper*）②中，雄虫到自己推好的粪球上耍弄——头朝下、尾朝上，以45度角倒立，同时用足挤压腹部的腺体，释放性信息素，使这些气味物质随白色粉雾散布到空气中（Tribe and Burger，2011）。这是给雌虫的明确信号——潜在的配偶已提前开始行动。至于粪球，雌虫可食之，亦可就此加入雄虫的行动，将之推回巢穴。

伴侣中的"被动者"抵达后，可能还要经历一段磨合期，（雌虫）也可能立即被接受。蜣螂的求偶行为鲜有记载，但根据已有的信息，可知体形差异较大的甲虫通常不会配成一对。这可能是因为大小相当的两只甲虫比较容易推滚粪球。相比之下，让一大一小来一起推，不仅困难，而且显得尴尬，就像瘦子劳来和胖子哈代③一起搬钢琴那般滑稽。

让一个沉重的粪球滚动起来，蜣螂得头朝下，前足着地，利用后挫力推之。同时，长长的中足和后足把握住粪球，以控制粪球的行进方向。这不是漫不经心的溜达，推的也不是一个表面光滑的玻璃球，蜣螂得十

---

① 西王蜣螂属（*Sisyphus*），以及后文出现的新西王蜣螂属（*Neosisyphus*），皆取自希腊神话中的埃费拉［Ephyra，即科林斯（Corinth）］国王西西弗斯，详见第119页内容。西王蜣螂属也译作西蜣螂属、西绪福斯蜣螂属。——译者

② 凯神蜣螂属（*Kheper*），取自古埃及信仰体系的蜣螂面人身的神祇凯布利（Khepri），又译作泽蜣螂属。——译者

③ 劳来与哈代（Laurel and Hardy），美国默片时代著名胖瘦幽默形象组合，分别由英国演员斯坦·劳雷尔（Stan Laurel，1890—1965）和美国演员奥利弗·哈迪（Oliver Hardy，1892—1957）扮演。——译者

分小心地牢牢把握住推行之物，即便"失足"也不轻易"放手"。若遇"跌倒"的情形，它会重新调整好姿势，继续前行。金龟属蜣螂具有不同于一般甲虫的解剖学特征。它们在推粪时蹬地发力的前足没有"脚掌"——跗节及爪。不过，中足和后足皆具正常的五节跗节和一对爪，可把握住推行之物，即便"搬运"的某些"货物"不易控制，它们也能胜任。

与掘穴型蜣螂的情形相似，在决策如何转移粪食时，推粪型蜣螂也有多个选项。尽管结对协作的好处显而易见（毕竟粪球重量是甲虫各自体重的50倍），但也有雌虫独自搬运粪球的罕见例外，中美地区的悍雌蜣螂（*Megathoposoma candezei*）就是其一。实际上，它是唯一如此为之的已知物种——推粪过程中无雄虫任何协助的孤例。这种蜣螂在粪源附近交配，之后，塑粪成球、推粪、埋粪、产卵，整个流程，皆由雌虫独自把握。

最常规的策略是雌雄合作，共同处置粪食。切塑粪球时，雌虫参与的时间可能多些，但待到推粪球时，强壮的雄虫是绝对主力。它们把粪球埋到土中数厘米深处，然后开始交配。结束后，雄虫离开。接着，雌虫将粪球塑成卵形或者梨形，也可能将之一分为二，将卵产在粪球较狭的顶端。最后，雌虫离开巢穴，重新开始。若配偶仍在附近逗留，雌虫可能会与之再度结对。当然，它有时也会找其他雄虫结对。这种合作行为还有变型。例如，某些新西王蜣螂属（*Neosisyphus*）物种的足特别长，可以将粪球推到其他竞争者难以企及之处。不过，它们通常不把粪球埋起来，而是将之附于草茎或者细枝之上。这样或许可以节省时间和精力，但也让粪球内尚在发育的蜣蟥担起失水和被猎食的风险。

凯神蜣螂的策略甚至更为成熟，雌虫会留在巢穴中，守护育幼粪球。最初的粪球被重塑成一个或数个（数量因物种而异，最多可达4个）梨形粪团，并在各粪团产一粒卵。随后，雌虫一直在穴内守护子代，直到一个月后，子代羽化为成虫。这是一种深度的母本抚育行为。由于取食牧草的动物会季节性地转场，且土壤会季节性地湿润（也会季节性地坚硬如石），雌虫每一繁殖季节只能全力抚育一代，往往一年也就这么一代。

此外，（有些物种）结对的甲虫还会返回粪源，往巢穴中推回更多的粪球。最终，待巢穴贮满粪球，雌虫（有时与雄虫一起）才留穴看护。其中有些物种也会一直坚守，直到新的甲虫羽化出来。

蛴螬在育幼粪球中安居。这种行为的引人入胜之处在于，粪团内的幼虫不仅有定量的食物可支配，还名副其实地住在自己的食物之中。这

一类长腿推粪者（西王蜣螂属物种），学名取自遭受宙斯惩罚而终日推巨石上山的科林斯国王西西弗斯。这是德特莫尔德为法布尔的《昆虫记》英译版（1921）绘制的另一幅精美插图

就意味着，其虫粪也必须排泄在自己的食物里。幼虫在粪球内部取食，一个球形的腔体随之形成，最初只比幼虫那丰满而卷曲的C形躯体略大一点。随着幼虫不断发育，虫粪也不断融入粪球。待到发育完全，它基本上吃光粪球内部的一切，只留下大约3~4毫米厚的粪壳。这说明，幼虫曾反复摄入自己的粪便——与兔的"自食其粪"（夜便）可谓"异曲同工"[1]。

蜣螂的巢居行为固然有其魅力之处，但它们推粪球的行为吸引了更多人，不仅让古代哲学家浮想联翩，也让现代科学家为之倾倒。最明显的事实之一，则是蜣螂（单独或结对）推粪轨迹并非随机无向。它们会先计划好方向，然后朝着既定方向推粪。换言之，它们沿着直线行进，不管路上遇到什么障碍物，都不会改变大方向。如果路上遇到无法穿过或者难以逾越的障碍，它们可能会做出短期调整，但若一旦发现一处缝隙，或已绕到障碍物的另一边，它们又会恢复最初的路线。这并不一定表明它们有既定的目的地，否则，在克服障碍后，它们需要回溯走过的路线，进行某种三角测量（以便直奔目的地）。它们坚持以既定的路线远离粪便，实际上是抄最近的直路，尽快远离竞争者。对于推粪的方向，蜣螂没有偏好，也非注定。若将多个蜣螂个体推粪的路线绘成图，会发现它们是朝着各个方向辐射的。但是，每个方向的行进轨迹无一不是直线。这一切，都是通过利用太阳实现的。

要揭示这一事实，略施小计即可。让我们做一个试验：先用一块板子挡住阳光，再利用一面镜子反射，造成太阳位置发生改变的假象。行进中的蜣螂迅速重新计算，随之调整方向，只是没有意识到被误导。若改而在蜣螂胸部（背板上）贴一个小帽状物，遮住眼，它们会失去方向，推着粪便转圈。

---

[1] 有关兔"自食其粪"的"盲肠营养再摄入"，详见第14页内容。——译者

像许多昆虫（比如蜜蜂）一样，蜣螂不仅可辨光影，或许还可见一些颜色。此外，它们还可识别日光的方向。之所以如此，在于它们能感知日光在空气中的偏振程度。即使太阳被云遮挡，它们也能判断其位置——不是根据天空的相对亮度，而是根据光线入眼的角度。这种本领，即便是视觉适应能力非常强的人类也不具备。

非洲的赞比西亚蜣螂（*Scarabaeus zambesianus*）是一种体形较大的甲虫。它们在黄昏时觅食，即便太阳已经下山，仍能感应大气中的光线偏振。而在这种微弱的光线条件下，若以人眼视之，那些粪食与堆在一起的几个深色团状物无异。蜣螂复眼顶部的脊突中含有巨大的感光细胞，较日间推粪者更长更宽。这些感光细胞不仅能感应强度非常之低的光线，而且能够判断光源方向（即太阳在地平线之下的具体位置）。让我们再做一个实验：当蜣螂在黄昏时分行进时，放一片大型偏光滤镜，使偏光轴与落日暮光照射的方向垂直。这时，蜣螂会立即调整方向，往左或右转90度角，以为回到原先的路线。走出滤镜的影响范围后，它会重新意识到真正的自然偏振模式，进而恢复最初的方向。要捉弄甲虫，昆虫学家有的是实验手段。

赞比西亚蜣螂也可在夜间行动，进而避免与体形更大的推粪者（如凯神蜣螂）竞争。赞比西亚蜣螂每年大约有180天可一直觅食到夜间——它利用的是月光。其视觉极其敏锐，即便无法确认那个梨型轮廓是月亮，却也能够识别月光的偏振模式，尽管它不及太阳光本身的百万分之一。

因此，得知蜣螂也可利用星光导航，人们可能也不会感到意外。玛丽·达克（Mary Dacke）和她的同事们在南非进行过实验（Dacke *et al*, 2013）。研究者将萨神蜣螂（*Scarabaeus satyrus*）①释放到一个"围墙高耸"

---

① 萨神蜣螂的种加词 *satyrus*，取自希腊神话中半人半兽的森林之神萨提［Satyr，常与有山羊特征的潘神（Pan）相混淆，另译作萨梯、萨蒂尔、萨堤洛斯等］。——译者

的圆形试验场中，使之尽可能快速地滚动粪球（在一个实验处理中，也使用了上文所述的小帽状遮挡物）。研究者发现，在无月光的夜晚，银河发出的光足够为蜣螂指路。[①] 虽不能肯定蜣螂是否像罗盘发明之前的航海者那样，利用某些恒星或星座导航，但在实验中，银河形成的微弱光带确实发挥了导航作用。在约翰内斯堡天文馆里进行的类似实验证实了这一点（协助他们的天文馆员工显然很有耐心，很有容忍之心）。最新的观点认为，蜣螂无论是在日间还是夜间推粪，都会强记光强、偏振和太阳或月亮的位置，就像对着天空拍摄一张快照，把图像存入脑海。在推粪过程中，它们还会把周围的环境融入这一图像（el Jundi *et al*, in press）。

不管在白天还是黑夜，推粪过程的平均时长均约20分钟，可将粪球推出约15米远。可以说，将粪球推得越远，蜣螂对后代甚至自身未来的"粮食安全"越宽心。

写到这里，我略感失望。因为，我发现似乎没人比较过不同蜣螂的推粪速度，看哪一种是推粪"奥运冠军"。之所以如此，或许是因为这样的选题不够严肃，登不上科学专论的大雅之堂。不管怎样，我认为非洲

---

① 据原文献描述，研究分为室外实验和室内实验，分别在圆形试验场和天文馆内进行。室外实验大致分为四种处理，三种自然情形——"月光"（moon）、"（无月）星光"（starry sky）、"无光"（overcast），以及一种人工情形——"戴帽遮眼"（cap）。圆形试验场直径3米，由1米高的布质材料围成，确保消除一切特别的环境特征，只考察来自试验场上方的视觉线索的影响，蜣螂从试验场圆心处释放。所谓"小帽状遮挡物"由黑色的硬质薄纸板剪成，用胶带贴在蜣螂的前胸背板，向前盖头，遮挡头背面和侧面的视线，但不影响腹面视线。"戴帽遮眼"的结果与前文所述的相似实验相同，即蜣螂推粪耗时最长（路线最远，另有实验证明推粪速度大致恒定），且与"无光"情形下的结果无显著差异。蜣螂在"月光"和"（无月）星光"情形下推粪耗时显著短，且均值以前者最短。室内实验利用天文馆的圆顶球幕，投影模拟五种无月光的夜空——银河（Milky Way）、18颗明亮的星（18 brightest stars）、4000颗暗淡的星（4000 dim stars）、前三种情形重叠（starry sky）、全黑（black），并在其下搭建前述"圆形试验场"。结果显示，蜣螂在光线最强的重叠情形下推粪耗时最短，但与仅有银河及仅有4000颗星的情形没有显著差异；在全黑情形下耗时最长，时长与室外全黑情形下相当。——译者

的奥兰治厚体蜣螂（*Pachysoma gariepinum*）[1]可以摘取桂冠。在纳米布沙漠[2]上，它们可以0.33米/秒的速度"飞驰"。换算为时速，就是1.2千米（约3/4英里），至少是常见圣蜣螂的两倍。或许是因为该处沙丘变幻莫测，沙粒炙热，蜣螂只有"夺命狂奔"，才能避免足被烫伤。

厚体蜣螂属（*Pachysoma*）甲虫有点"奇葩"。其成虫无翅，不能飞行。实际上，这是因为其翅鞘已合二为一，紧贴于体背[3]。这是对干旱环境的一种适应，避免失水过多。毕竟，厚体蜣螂的发生地是全世界最干燥的地区之一。它们到沙丘上寻觅干燥的粪渣及其他碎屑。沙丘流动，蜣螂的觅食轨迹也蜿蜒曲折。但一旦发现食物，它们就会尽快拾取些许，立即沿直线将之带回巢穴。不过，它们不是藏身于"不义之财"之后往前推行，而是将之拖在身后拽行。这"不义之财"不是从一大摊粪便抢得的大量宝贝，它们沿直线离开，也不是像很多蜣螂那样，为了避免被竞争者打劫而远走埋宝。那是一片荒芜之地，只有维持很低的虫口密度，才能勉强求存，恶劣的气候才是真正的斗争对象（Scholtz *et al*，2004）。在那里，可以找到的食物很少，发现什么就必须带回大本营集中贮藏[4]。那么，它们一定得记下沿途环境，以岩石或者枯死的灌木丛为标记，在脑海中形成一幅地图，引导自己返回家园。

---

① 奥兰治厚体蜣螂（*Pachysoma gariepinum*），直译自拉丁学名。属名中的 *pachy* 意为"厚"，*soma* 意为"体"，种加词取自 Gariep，是南非最大河流奥兰治河（Orange River）的南非语写法。——译者

② 纳米布沙漠（Namib Desert），位于非洲西南海岸的沙漠，贯穿纳米比亚，北及安哥拉的卡伦然巴河（Carunjamba River），南达南非的奥勒芬兹河（Olifants River）。它形成于约5500万至8000万年前，被认为是地球上最古老的沙漠之一。——译者

③ "翅鞘已合二为一，紧贴于体背"，原文为"...its wing cases are fused together down its back..."。融合的鞘翅是否与虫体合为一体，鞘翅下司飞行的膜翅是否退化，译者不得而知。但在厚体蜣螂蛹期时，仍可见膜翅（Scholtz *et al*，2004）。——译者

④ 该属蜣螂的幼虫不在育幼粪球中发育。——译者

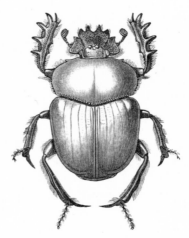

圣蜣螂，旧大陆最大、最强壮、最为人熟知的大型金龟甲之一

强盗世界——粪本无主，先抢先得

打斗是非常自然的事情。求得配偶、觅得食物、捕得猎物、保住巢穴、获得足够大的动物粪块，一切都得靠拼。毕竟，它事关生死，至少是子代的生死。或是为了主动出击，或是为了积极应付，很多掘穴型蜣螂进化出不可思议的角状结构。它们的竞技场在地面之下。通常情况下，只要开打，就得决出胜负。是输是赢，往往就取决于体形大小和角的长短。

推粪型蜣螂夺得"粪宝"，便须尽快抽身，躲得越远越好——粪堆附近可不是什么好地方，那里好比法外之地，危机四伏，盗窃粪球的现象层出不穷。全世界大约有1000种推粪型甲虫，但具体到某一地点，发生数则大多不会超过10种（最多也只有20种）。这是因为，竞争如此惨烈，大规模的内斗过后，并非所有蜣螂都能获得足够塑出一个粪球的粪量。

那些使象粪消失于无形的蜣螂数以千计，但大多数可能徒劳无功。速度或许是根本，但诸如在白天（或黑夜）的特定时段活动、在潮湿或干燥程度特定的生境栖息、把握在繁殖季节中羽化的时机、决定体形的大小等其他因素又何尝不是？

对最后一个因素的考量很重要，因为体形意味着力量，而在自然界中，力量强大者往往会上升到顶层。善斗者（通常都会）严守自己的粪球，谨防其他甲虫偷抢。不过，体形大的推粪者不屑于偷小型推粪者的粪球，它们小得几近于无，根本不够幼虫吃。这对小型蜣螂有好处，使之不至于被大型蜣螂欺负。实际上，参与争夺的双方势均力敌，通常为来自同种的两个个体。它们紧抓粪球，都试图用强有力的前足忽地猛踢对方，将之甩脱。如果是凯神蜣螂，双方可能会迎头对撞，并用带有尖突的宽阔前足对击。它们偶尔会近身扭打，拧到一起。败者最终被抛开——被抛出10厘米开外，可谓名副其实。其头部正面生有突出的扁平唇基[1]，在打斗中操弄起来，就如颠锅翻饼。一般来说，（无论同种与否，）体形较大的蜣螂会胜出。在一项室内研究中，研究者选取来自巴拿马的9个昼行性物种和7个夜行性物种进行观察，发现胜率依体形大小呈现出线性的等级特征（Young，1978）。在凯神蜣螂的角力中，胜者比败者平均重约10%。

偶有打斗涉及三个物种的报道。让-皮埃尔·卢马雷（Jean-pierre Lumaret）在科西嘉岛观察到，一只台风蜣螂（*Scarabaeus typhon*）塑成一个粪球后，先赶走一只大小相当的圣蜣螂，但随后又受到阔胸蜣螂（*Scarabaeus laticollis*）的挑战。与此同时，先前落败的圣蜣螂返身加入其中，形成三方互殴的局面。最后，台风蜣螂卫冕成功，粪球原主守住成

①唇基（clypeus），指昆虫头部正面额和上唇之间的区域。——译者

果。看起来，在势均力敌的角斗中，粪球正主在粪球和攻击者之间游刃有余，结果通常是保住粪球，继续推粪前行。

武力不仅与体形大小有联系，还与体温有关。与其他昆虫一样，蜣螂也因变温性（在过去被称作"冷血"）而不能控制体内温度（不像你我一样是恒温的）。这大致意味着其体温只比环境温度高1摄氏度左右，因此它们必须等到气温升得足够高，才能外出活动。有些蜣螂需要晒太阳，只是这样在很大程度上受制于当地的天气状况。在微凉的清晨，当大象排出粪便时，蜣螂需要克服倦怠，积极热身，使体温上升到约34摄氏度，满足飞行所需[①]。体形较大的蜣螂可以通过振颤达到这一目的，即快速收缩体内的飞行肌，但不牵动虫翅，使肌肉组织生理性发热。体温就此升高，不仅有助于蜣螂率先抵达粪堆，当卷入冲突时，也派得上用场。在实验控制条件下的"夺粪之战"中，蜣螂都鼓足干劲，准备投入战斗。就如体形显著较大的凯神蜣螂赢得胜利的次数最多，在这个实验里，体温高的个体（胸部均温38.7摄氏度）战胜体温较低个体（胸部均温35.2摄氏度）的次数也是如此（Heinrich and Bartholomew，1979a）。不过，通过打架解决争端并不总是奏效。研究者对来自非洲的大型推粪型蜣螂进行实验，结果，激烈的打斗往往使粪球四分五裂。"邪恶科学家"用的是黏土做的人工粪球，为了诱骗甲虫为之互殴，他们往其中掺了大象的粪汁——真是坏！

体温较高的蜣螂"手脚"也"利落"。例如滑纹蜣螂（*Kheper laevistriatus*）体形大，它们飞临现场后，趁着热度投入工作，切塑粪球的

①此处关于大象排粪和蜣螂消耗的时间值得商榷。按下文所列参考文献（Heinrich and Bartholomew，1979a），该凯神蜣螂属物种（滑纹蜣螂）是夜行性推粪蜣螂，推粪及与粪居蜣螂竞争象粪资源主要发生在黄昏前后。到黎明时分，象粪所剩无几，且由于其中已含有大量粪居型蜣螂，因而无法用以制粪球。此外，大象主要在白天排便。——译者

速度更快，将之推到远处掩埋的速度也更快。塑成一个网球大小的粪球，体长为25毫米的个体花费的时间，从1分多钟到近1小时不等。在地势平坦的地面上，体温高（大于40摄氏度）的蜣螂推粪速度为14米/分钟，当体温降至32摄氏度时，推粪速度降至仅4.8米/分钟。让我们把视线拉回到纳米比沙漠的死亡沙丘，若有哪种蜣螂愚蠢到敢于在正午烈日下冒险，与奥兰治厚体蜣螂比快，它必会被远远地甩在后面。

鸠占鹊巢

蜣螂埋粪球，就好比我们把带回家的培根肉收进橱柜。但可悲的是，这不一定能够抵挡住无孔不入的偷窃行为。就像那些体形较小的无角雄蜣螂绕过"财大气粗"的竞争者与雌虫偷情一般，巢居型寄生者会潜入其他蜣螂的粪球埋藏地，偷偷地产下自己的卵。这就是巢寄生，在英文里也被称作cuckoo parasitism[1]。就如术语命名来源——杜鹃鸟的行为，这是对寄主辛勤劳动果实的篡夺，往往因盗寄生者［kleptoparasite，源自希腊文 κλεπτες（kleptes），意为"窃贼"］得势而导致寄主幼虫的死亡。

粪居者没有明显的筑巢行为，也不制育幼粪球。所以，出现的不速之客，究竟是可坐实的盗寄生者，或只是掘粪时误入的顺手牵羊者，很难做出判定。例如在英国，蜉金龟这一大属的蜣螂看似不过"以粪为家，各食其粪"，但也有一些报道称，常见的大型蜣螂赤足蜉金龟（*Aphodius rufipes*）也可营巢寄生，为害另一种大型蜣螂脊粪金龟（*Geotrupes spiniger*）掩埋的育幼粪球，甚至罕见的小型蜣螂豚蜉金龟（*Aphodius*

---

① 在英语中，cuckoo parasitism（"杜鹃鸟式寄生"）的标准术语为brood parasitism（巢寄生），译者认为它可视作盗寄生（kleptoparasitism）的具体形式之一，在本节中可相互指代。——译者

porcus）也曾在粪金龟的"地盘"里出现过［似乎只有一次报道（Chapman，1869）］。然而，两例中的"嫌犯"都是在"粪便之内"被发现的，而且都是在地面之上。这似乎表明，盗寄生现象并非这些蜣螂生命周期中的必要一环。不过，当发现其他甲虫埋藏的粪便时，它们也会趁机占便宜。

远离温带的北部地区，在掘穴型及推粪型蜣螂大量发生的地方，巢寄生现象更为常见。我们可以肯定，它们中的有些物种已完全适应寄生的生活方式。在有些地方，10%的蜣螂物种是盗寄生者。安忒诺耳巨蜣螂（Heliocopris antenor）是一种体形庞大的掘穴型蜣螂。单单在该物种的一个巢穴中，就曾发现过10种其他蜣螂，计有130只。其中只有6只（分属4个物种）被认为不是寄生者，只是由于掘穴过头，不慎被埋到坍塌的粪下。即便是推粪型蜣螂，也在劫难逃。在某种新西王蜣螂的一粒大型育幼粪球中，曾发现过分属6个物种的37个巢寄生个体，包括"虫如其名"的窃生凯蜣螂属（Cleptocaccobius）物种。当寄生情况很严重时，会对寄主幼虫产生显著的影响，危及其生存。一项研究显示，12%的刺胸蜣螂（Scarabaeus puncticollis）巢穴受到蜉金龟属巢寄生者的攻击，子代生存率下降了68%。

双翅目昆虫中也有盗寄生者。非洲的蜡翅小粪蝇属（Ceroptera）和北美洲的裂小粪蝇属（Norrbomia）（皆为小粪蝇科昆虫）的一些物种从来都是利用蜣螂埋藏的粪球育幼。推粪型或掘穴型蜣螂相对巨大，这些小得多的小粪蝇成虫可附于其上，在粪球最终被埋下之前伺机产卵。

不管巢穴的入侵者是有意鸠占鹊巢，或仅仅是无意误闯（或不小心被埋于坍塌的粪下），巢穴的主人都明白，它们必须保护自己的育幼物资。如果推粪型蜣螂发现粪球上有其他"粪中居客"侵入的迹象，它们就会马上放弃。但是，在疯狂争抢象粪的短暂季节里，仅需15分钟，粪居型蜣螂就能"搅黄"一大堆象粪，使之完全不能为推粪型蜣螂所用。在这里，快慢之间，得失此消彼长，不易权衡。制粪球者固然应尽早尽快地将粪球推远，送到安全的地方。但对于行动缓慢的个体而言，以质量弥补速度，慢工出细活，集中精力于制作一个更加坚实、没有被寄生的粪球，也不失为一种选择。若果真如此选择，就必须小心提防，就像（欧洲的大型掘穴型物种）粪蜣螂，只要发现巢穴里有蜉金龟属蜣螂的幼虫，便会杀死它们。

捕食者——孰肉孰食

没错，这意味着杀生——在自然界中，它无处不在；在所有可想象的食物网中，它是维护平衡的基石。粪蝇和蜣螂取粪，不管是不声不响地卷走，还是为争抢大打出手，都会引来大量捕食者。那些将象粪一扫而空的蜣螂，之所以迫不及待，既是为了力争一杯"粪羹"，同时也是为了避免被犀鸟、珍珠鸡和獴[1]吃掉。不过，即便粪虫快速离开，也未必能保证自身或后代的安全。即便数天或数周之后，幼虫已在地下化蛹，它们仍有可能被蜜獾和土豚[2]挖出来吃掉。而且，如前章所述，在粪便之上，还会停有细腰蜂虫和食虫虻。它们静待猎物前来，时刻准备突袭。此外，粪蝇守护配偶产卵时，若有竞争者前来，双方会扭打到一起，吃掉对方也在所不惜，而对待无数活跃在近前的其他小型蝇虫，则更加不会手软。在有些捕食者看来，粪便内部也存在着大量的捕食机会。

---

[1] 犀鸟（hornbills），指犀鸟目（Bucerotiformes）犀鸟科（Bucerotidae）飞禽；珍珠鸡（guinea fowl），即鸡形目（Galliformes）珠鸡科（Numididae）飞禽；獴（mongooses），即獴科（Herpestidae）哺乳动物。——译者

[2] 蜜獾（ratel, 亦称honey badgers），即鼬科（Mustelidae）蜜獾亚科（Mellivorinae）哺乳动物；土豚（aardvark）指管齿目（Tubulidentata）土豚科（Orycteropodidae）哺乳动物。——译者

隐翅虫科（Staphylinidae）可能是地球上最多样的甲虫类群。因此，其中存在粪生种类，就不会让人感到意外。生活在粪便之中的隐翅虫，除了少数是行动缓慢的微小食粪者（幼虫和成虫皆为如此）[来自背筋隐翅虫属（*Oxytelus*）和脊胸隐翅虫属（*Anotylus*）]，绝大多数是捕食者。它们当中有些体形也很小，例如"难识隐翅虫属"（*Atheta*）物种。它们在全球范围内究竟有几百种，尚不得而知，但体长均不超过5毫米，堪称分类学家的噩梦。其成虫和幼虫皆攻击微小的无脊椎动物，尤其是幼蛆。除此之外，还有体形更大、更凶猛的物种，包括来自颊脊隐翅虫属（*Quedius*）和菲隐翅虫属（*Philonthus*）的物种——它们可以制服发育完全的蛆虫；另有外形俊美、体布麻点的粪匪隐翅虫属（*Ontholestes*）物种——它们以极快的速度围绕着新鲜粪便疾飞，频繁从粪底进出，发现半空中有准备进入粪便的绿蝇或反吐丽蝇，便一举拿下，场面非常壮观。我在雷丁附近进行的那次实地研究中就曾见识过——粪便落地5分钟之内，鼠灰粪匪隐翅虫便已现身，片刻间，就抓到一只倒霉的绿蝇，随即

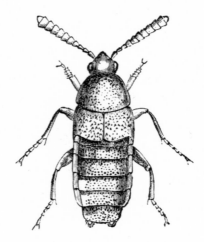

前角隐翅虫的短阔身形适于钻粪。不过，成虫在粪中只是暂时停留，产卵结束后便会离开

迅速离去。

在"粪圈"生活的捕食者中，最有特色的是阎甲科（Histeridae）甲虫。它们行动缓慢，有着奇怪的球状体形，而且亮闪闪的。不过，让我觉得颇为神秘的，是其英文俗名（clown beetle，即"小丑甲"）的来源。据称，如此命名，可能是由于阎甲属（Hister）甲虫的属名在拉丁文中显然有"演员"之义［亦即英语词histrionics（表演）的来源］，而其扁平的足（适于在烂泥中挖掘）被认为形似扁平的小丑鞋配上不合身的裤子。不过，这种解释远远不足以信。尽管这些貌似笨拙的甲虫个头都不大（最长不过12毫米），但在表象背后，却暗藏着捕食蛆虫的凶猛本性。实际上，其成虫身形魁梧，"全副武装"，有着呈尖突状的口器结构。此外，幼虫也具有攻击性。虽然同很多物种一样，阎甲可以粪为家。但是，既然猎物（蛆虫）也以腐尸、堆肥、腐葺和其他腐败有机质为食，捕食者（阎甲）本身也可在这些生境中发生。

并非所有种类的蛆虫皆为被动的受害者，粪便中也有很多捕食性蛆虫。其中有些物种，如四条直脉蝇（Polietes lardarius）和南墨蝇（Mesembrina meridiana），在卵孵化之初为粪食性，但随着幼虫体形增大，捕食性越来越强。它们通过捕食猎物来补充蛋白质，以便结束幼虫阶段，为化蛹乃至羽化为成虫做准备。还有一些物种的幼虫一开始就表现出捕食性，如阳蝇属（Helina）和齿股蝇属（Hydrotaea）物种（皆为无明显特征的小型灰棕色蝇虫）。虽然它们虫体微小，但世上总有更小的猎物。

寄生者和拟寄生者——从内部突破

不幸的是，有一个昆虫类群，人们对之研究不够，所知甚浅，因而尚隐于粪便食物网中的黑暗角落。它们被称作"拟寄生物",大多为小型或非常之小的昆虫,且虫体纤细,形似黄蜂或蚂蚁。这些物种来自多个科别,包括茧蜂科(Braconidae)、姬蜂科(Ichneumonidae)、金小蜂科(Pteromalidae)、细蜂科(Proctotrupidae)等。尽管它们与蜜蜂、黄蜂和蚂蚁同属膜翅目(Hymenoptera),但只算远亲。拟寄生物在整个自然界中的数量非常大,是生态系统中极为重要的一环,但它们鲜为人知,可谓籍籍无名——除了被统称为"拟寄生蜂",竟没一个恰当的俗名。拟寄生者与捕食者不同。捕食者从外部进攻,拟寄生者从内部击破。

拟寄生蜂的任务通常是,发现寄主(幼虫),然后将卵产到寄主体表或体内。卵孵化后,幼虫便在寄主体内蚕食其活体。寄主幼虫或许仍可存活数日甚至数周,并继续进食。但是,它们的命运已经注定,即使能够化蛹,也不会羽化,破蛹而出的是寄主体内的拟寄生蜂。彼时寄主仅剩空壳,羽化的拟寄生蜂从内咬出一个圆形的孔,由此钻出。寄主无论羽化与否,当身体内部被外来者完全占据的那一刻到来时,就会死亡。在这里,我顺便提一下,拟寄生者也不同于寄生者。寄生者寄居,但不会杀死寄主,而拟寄生者会。

研究拟寄生物会遇到一个困难,那就是通常很难在其潜在寄主附近发现它们。它们可能在草间停留,在叶上栖息,甚至可能在访花。您若不信,可以找一堆粪便,在一旁坐守。我敢打赌,无论您等多久,都不会见到一只。这个难题着实让人倍感沮丧。

有一个拟寄生类群,我们倒是了解得多一些,那就是俗称"蚨寄蜂"的臀钩土蜂属(Tiphia)昆虫。与其他拟寄生蜂相比,它们与黄蜂亲缘关系最近,外观也与之更加相似。黄蜂在沙地中掘穴,将蝇虫、甲虫、蜘蛛、蜜蜂或者其他小型昆虫的尸体贮藏于育幼室,供幼虫取食。不过,土蜂没有这种"先挖洞,后积粮"的习性。它们通常深入地下,搜寻甲虫的蛴螬。因此，您不会在牛粪上见到它们。成虫在蛴螬或蛹上产完卵，就由其幼虫接手，开始令人毛骨悚然的"肢解"过程。它们先吸尽宿主的血淋巴，后蚕食内脏。在英国和欧洲其他地方发生的粗股臀钩土蜂（*Tiphia femorata*）和小臀钩土蜂（*Tiphia minuta*）寄生蜉金龟的蛴螬，不过，它们也不嫌弃这类寄主的非粪食近亲——以草根为食的其他金龟甲［切根鳃金龟属（*Rhizotrogus*）和塞丽金龟属（*Anisoplia*）的一些物种］。

前角隐翅虫属（*Aleochara*）是一个大类群，体形短阔，行为介于寄生和捕食之间。幼虫专攻蝇蛹，先在其外啃噬，后钻入内部，在其中完成发育。很快，寄主的围蛹①就变成一个空壳。成虫羽化后，会在围蛹壳上咬出之字形的洞眼（并由此钻出）。这与真正的拟寄生物形成反差，后者留下的洞眼通常更小更圆。

粪居昆虫的拟寄生物有很多种，我对大多数知之甚少。所知的一些案例，几乎都是在粪便样品中意外发现的。其寄主大多数是蛆虫，不过，也无疑有像土蜂那样寄生于蛴螬的物种，仅此而已。这形成一个巨大的知识断层。在昆虫生态学的其他一些研究领域里，拟寄生物的地位非常重要，是我们理解生态系统运作的关键。它们对（潜在寄主昆虫）幼虫形成的压力，不亚于位于食物链顶端的捕食者。蜣螂的确是一个特别的类群。不过，如果想让粪学研究成为主流，真正需要紧紧抓住的研究重点，是寄生性膜翅目昆虫。唉！也许不过是我一厢情愿罢了。

---

①围蛹（puparium），指一些双翅目昆虫在末龄幼虫硬化的表皮内化成的蛹。——译者

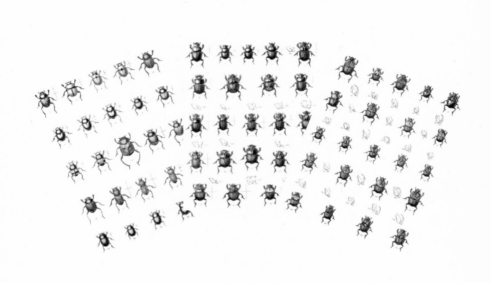

第六章

粪食进化——源起何处？

　　毫无疑问，粪食性进化过多次。换言之，在进化的过程中，有多个类群形成了取食粪便的习性。简单梳理常见的粪食昆虫案例，便会发现，在温带的欧亚大陆和北美地区，它们至少包括5科甲虫（鞘翅目）和28科蝇蚊类昆虫（双翅目）（Skidmore, 1991; Floate, 2011）。在热带地区发生的粪食昆虫更让昆虫学家感到震撼。那里的物种多得数不胜数，观察工作自然难以面面俱到。尽管如此，根据我尚未发表的大致统计结果，该地区的甲虫至少有15科具有粪食性[1]。至于蝇蚊类的粪食昆虫，有几十个科别，还是上百个科别，没有谁能说得清。

　　只要有粪便，就有粪食者。粪便是分布广泛的资源，不是废物。既然粪便量大类繁、营养丰富，又唾手可得，那么，有众多类别的生物可以进化出利用它们的能力，就不足为奇了。甲虫和蝇蚊是主要的食粪者，但由于它们数量众多，若要一一加以详述，只会让人迷失在细节的茫茫大海中。只需看看那些非常规的粪食者，就会发现不少关于粪食性的进

---

[1] 即蜉金龟科、金龟科（"正牌"蜣螂）、粪金龟科、驼金龟科（Hybosoridae）、皮金龟科（Trogidae）、隐翅虫科、牙甲科（Hydrophilidae，泥甲虫，或水龟虫科）、叩甲科（Elateridae）、象甲科（Curculionidae）、蛛甲科（Ptinidae）、球蕈甲科（Leiodidae）、埋葬甲科（Silphidae）、觅葬甲科（Agyrtidae）、短跗甲科（Jacobsoniidae）、拟步甲科（Tenebrionidae）。不过，我相信一定有人知道更多科别的粪食甲虫。——作者

化信息。不管您信不信，有些蟑螂、蟋蟀、白蚁、蠼螋和飞蛾也具有粪食性。

蟑螂食粪——这再正常不过了，因为它们无所不食。蟑螂在厕所出没，还会潜入室内，甚至可能光顾您的早餐麦片。这些行为倾向让它们被冠以室内害虫的恶名，并被认为把病菌带到我们的食物上。是的，确实有几种蟑螂成功地侵入人居环境，但全世界的蟑螂多达4500余种，其中大多数是腐食者。蟑螂是极其成功的类群，它们有广泛的取食对象，还具有坚硬的翅（如同甲虫的鞘翅），能够在热带（雨林）的落叶层和土壤腐殖层中穿行。它们能嚼碎可找到的任何有机质，偶尔也包括粪便。蟑螂并不是真正的粪食者，然而，食腐的生活方式使它们能够接触到粪便，并使其中几种在阴冷凶险的环境中进化成专化性的食粪者。洞穴就是这样的凶险环境，那里除了粪便，没有什么东西可吃。在其中生活的蟑螂就是洞穴蟑螂，来自窟小蠊属（*Trogoblatella*）、穴小蠊属（*Spelaeoblatta*）及其他一些在黑暗的地下洞穴中生活的类群。它们以经年累月堆积的蝙蝠粪便（guano）为食，因而得名"蝠粪虫"（guanobie）。然而，它们并没有完全抛弃继承自祖先的泛食性，因而也会取食大型真菌、霉菌、虫尸，甚至蝙蝠尸体，只要能碰巧发现（Salgado *et al*, 2014）。

有时，在洞穴蟑螂生活的洞穴中，还会有洞穴蟋蟀（及灶马）出没，如基灶螽属（*Ceuthophilus*）、粪针蟋属（*Caconemobius*）及其他几个类群。蟋蟀与其近缘类群蝗类（大多数营植食）不同，它们是杂食昆虫，可以捕食，偶尔也食腐质。尽管洞穴蟋蟀与我们熟悉的那些"能歌善蹦"的草地种类同源，但在洞穴深处幽闭的黑暗环境中繁衍进化了数百万年后，它们变得体色苍白，既无翅，也无声。虽然有些物种仍然保留有长长的足，但因肌肉萎缩，已经失去了蹦跳的能力。像那些取食蝙蝠粪便的蟑螂一样，洞穴蟋蟀也是有什么吃什么，且以蝠粪为主食（Lavoie *et al*,

2007）。宽吻盲鮰（*Speoplatyrhinus poulsoni*，即阿拉巴马洞穴鱼）和奥扎克盲螈（*Eurycea spelaea*）可能主要以食（鸟或蝠）粪的昆虫和蠕虫为食，但蝠粪也是这些脊椎动物的重要营养来源（Fenolio *et al*，2006）。不过，迄今为止，在鱼类或两栖动物中，还没有哪个类群整体进化出真正的粪食习性。

在非洲的旱季，大象的粪便干得很快，白蚁是象粪的主要清运者（Coe，1977）。如前文（第四章）所述，大象粪便几乎原封不动地保留了食物中的纤维素。林羚对它的向往可谓急切，而在白蚁眼里，那就是切碎的枯草或枯叶，事实也确实如此。此外，白蚁根本不在意这些草叶已从大型哺乳动物体内穿肠而过，成为动物粪便的一部分。虽然不能就此下结论，说所有白蚁物种都食粪，但白蚁与粪便的渊源不是那么简单，也非随机偶然。甚至可以说，它们利用粪便的目的与其他粪食者并无二致。不同之处在于，它们会等待粪便水分蒸发，粪臭挥发散去。

在我们这儿的干粪之下，偶尔还会见到普通蠷螋[①]。不过，它们可能只是将之作为遮蔽之所，小蠷螋（*Labia minor*）才是真正的粪堆居客。在英国，蠷螋的分布曾比现在广得多，但自打人类不再依赖马力交通工具以来，蠷螋的数量也大幅降低。20世纪90年代初，在一次灯光诱蛾过程中，父亲发现一只蠷螋飞入陷阱，这让他回忆起上一次见到蠷螋的往事——那是在半个世纪前，当时他还是个孩子，在牧人丛[②]住。直到20世纪前叶，城市的马路上常落有大量的马粪（因而得名"马路苹果"），清扫以后可积成堆，在城郊和中心城区都能见到。在那里，小蠷螋如鱼得水。马粪相对不那么湿，纤维也多，堆在石板路上或者沥青路上，很快

[①] 普通蠷螋（common earwig），应指欧洲球螋（*Forficula auricularia*）。——译者
[②] 牧人丛（Shepherd's Bush），位于伦敦西部的一个区，隶属哈默尔史密斯 – 富勒姆（Hammersmith and Fulham），东与诺丁山相邻。——译者

就会干掉，对于蜣螂来说毫无吸引力。然而，它们很快就会发霉，小蠓蜱取食的，就是这些霉菌的真菌菌丝。在这种情况下，无论是在粪便排出前经哺乳动物肠道半消化形成的有机质，还是之后经真菌半消化形成的有机质，与霉菌本身提供的有机质相比，之间的差异非常细微。有时很难辨别食粪者取食的是粪便中的某些成分，还是分解它们的真菌，或是两者通吃。

欲一瞥食粪性进化的最近成果，树懒螟（*Cryptoses choloepi*）等某些物种的行为就是一扇窗口。这些螟蛾体小纤细，颜色浅淡，原产中美到南美地区的热带雨林，生活于某些树懒物种脏乱发绿的皮毛之间（Bradley，1982）。同许多蛾类一样，树懒螟成虫不取食，只需汲取丁点露水，或它们所寄居的"活动地毯"上凝集的类似小水滴。树懒每周下树排便一次。它们缓缓地爬下来，用短粗的尾部结构在落叶层中刨出一个小坑，将粪便[①]排入其中。结束后，它们以落叶掩粪，将地面抹平，又爬回树上，继续悠闲地咬嚼树叶。然而，就在树懒忙于回应"自然的召唤"的那几分钟里，一些树懒蛾会赶紧离开宿主，抓紧时间到树懒粪上产卵，并在完成后及时跳回寄居的"移动地毯"上。卵孵化后，幼虫就以树懒的排泄物为食（Pauli *et al*, 2014）。一般来说，蛾类的幼虫取食植物材料，例如叶、茎、花和种子，但树懒螟所属的螟蛾科[②]以幼虫进化出多种食性著称。它们中有些也以枯叶、腐叶或真菌为食，有些还喜好羽毛、皮毛，或软质的室内装饰材料、地毯、丝质内衣。所以，从取食鲜叶到取食枯

---

① 可惜我没法找到合适的术语来描述树懒的粪便，但可在此提议，用largo（"缓慢的"）或adagio（"悠闲的"）。毕竟，它们本都指代舒缓的乐章（分别为"广板"和"柔版"——译者）。——作者

② 原文为Tortricidae（卷蛾科），但该种显然属于螟蛾科（Pyralidae），后文所述食性是否符合螟蛾科昆虫，译者未进一步考证。——译者

死、生菌或发霉的叶，再到取食粪便，这就是从其他食性几近自然地过渡到粪食的又一个实例。碰巧的是，树懒也能从这些搭便车的螟蛾那儿获利。树懒螟不可避免地将一些生物材料带到树懒的皮毛间，可以是螟蛾的排泄物，也可以是它们死后留下的虫尸。这些材料虽然微小，但有利于树懒皮毛上的嗜毛藻（*Trichophilus*）生长，提升其密度，为行动缓慢的寄主披上一层碧绿的伪装色。

所有这些奇异的粪食者之所以能够形成，关键的进化事件，是原本泛化性的腐食者或许因可取食腐蕈或霉菌，转而开始从粪便内部分消化的植物材料中获取营养。当它们将"弄粪"技艺"修炼"到足够高的水平时，便成为专化性的粪食者。以进化的尺度评价，这种转变在上述蟑螂、蟋蟀、蠼螋、螟蛾等类群中发生得相对较晚，因而没有进一步辐射①的机会，无法形成数目众多、类别多样的更多粪食物种。所以，在它们当中，如今仅有少数几个腐食物种食粪。然而，在甲虫和蝇蚊类昆虫中，向粪食性转化的过程发生得非常早，使得具有粪食性的新物种以爆发性的速度形成。

胃口巨变

蝇蚊类昆虫（双翅目）形成于约2.8亿年前，自蚤目（Siphonaptera）及俗称蝎蛉的长翅目（Mecoptera）昆虫的共同祖先分化而来，现存的许多谱系可追溯到1.5亿至2亿年前（Grimaldi and Engel，2005）。它们是地球上生活环境最多样的昆虫类群，但大多数科别的幼虫（蛆）依赖现成

---

①辐射（radiation），即进化辐射（evolutionary radiation），指某一支系形成新物种、多样性提升的现象。发生迅速的情形也称为适应辐射（adaptive radiation）。——译者

的食物，或营腐食，寻觅包罗一切的腐败有机质。它们之所以成功，在于能就近利用可获得的任何腐质。继续往前发展，自然而然，便会是在粪中繁殖。的确，蝇蚋在粪中繁衍的形象已在公众心目中根深蒂固，以至于大多数人认为所有种类的蝇蚋都是如此。如果您提及其他情形，他们会为自己的陈见强烈辩护。尽管粪便对不少类群的蝇蚋都非常有吸引力，但专化性非常之高以至于仅发生于粪便之中的例子，在如今却相对少得多。

有人显然会想到粪蝇科（Scathophagidae），但即便在这个类群之中，也只有小部分成员在粪中繁殖（例如，在英国发生的55个物种中就只有5个），其他成员有泛化性的腐食者、植物茎叶上的钻蛀者，也有水生或陆生捕食者。小粪蝇科和俗称粪蚋的伪毛蚋科（Scatopsidae）昆虫也一样名不副实，它们大多以微生物为食，取食腐败植物和真菌，只有少数几个知名的物种与动物粪便密切相关。其他来自蝇蚋的粪食类群，还包括某些食蚜蝇科（Syrphidae，大多数为食碎屑者或捕食者）的蝇虫，几种水虻科（Stratiomyidae，大多是水生腐食者）的虻虫[1]，以及隶属不同科别的蠓虫和摇蚊（不过，那些科别大多是在土壤中取食的类群，食性广泛）。鼓翅蝇科的蝇虫虫体微小、有光泽，形如蚂蚁。它们几乎是一个全体食粪的类群，大多数成员在动物粪便中繁衍，但也有几种可在腐烂的海藻中繁殖。

对粪食专一性适应的蝇蚋科别或许只有妖蝇科（Mormotomyiidae）和新西兰蝠蝇科（Mystacinobiidae）。但各科都只包含一种形态离奇、进

_____

[1] 黑水虻（*Hermetia illucens*）原产北美，如今在世界各地的粪肥和污水处理系统中养殖，尤其在家禽养殖场和养猪场中，它们不仅可以加速粪肥和污水的分解，还将在饲养介质中与之竞争的家蝇幼虫吃掉。显然，黑水虻的幼虫可供人类食用，但需要规模非常强大的公关造势，才能将这种食品送上主流餐桌。——作者

化超常的专化性物种。它们分别为妖蝇（*Mormotomyia hirsuta*）和新西兰蝠蝇（*Mystacinobia zelandica*），两者幼虫皆以蝙蝠粪便为食，前者的已知发生地仅限于肯尼亚的一个洞穴内（Kirk-Spriggs *et al*，2011），后者见于新西兰的一些中空树干中（Holloway，1976）。它们令人好奇，但生态学意义并不是很大。

细数最重要的蝇蚊类群，蝇科当属其一。这是一个非常大的科别，包括许多在粪便中繁殖的重要物种，例如家蝇（*Musca domestica*）、丛蝇（*Musca vetustissima*）、秋家蝇、南墨蝇、西方角蝇、厩螫蝇（*Stomoxys calcitrans*），以及直脉蝇属（*Polietes*）的一些物种。然而，即便在这一科别中，在粪便上繁殖的物种种数也只有其他物种的约1/50。大多数蝇蚊科物种在其他腐质、落叶层、土壤中繁殖，或营捕食。巧合的是，对蝇蚊在粪便中繁殖的最早历史记载，就是关于蝇科物种瘤胫厕蝇（*Fannia scalaris*）的。它出现在荷兰生物学家、显微镜学家扬·斯瓦默丹于1669年出版的《普通昆虫学》一书中，作者发现它在人粪附近活动。[1]

又一次，在一个由众多泛化性腐食者组成的类群中，只有几个物种形成了在排泄物中专一性繁殖的习性。这似乎说明，在各个进化支系中，由其他食性转为粪食的巨变发生得较晚。尽管如此，既然在粪中繁殖的蝇蚊科别众多，就说明取食对象从泛泛的腐败有机质到粪便的转变比较容易发生，不仅几乎不可避免，而且还发生过多次。

甲虫的情形略有不同。确实，在某些甲虫类群中，粪食者居于少数。例如，俗称"泳粪甲"的腐水龟虫属（*Sphaeridium*）及其体形欠流线的

---

[1] 有关作者与1669年原著及1758年英译本信息，详见第105页。瘤胫厕蝇的学名最早于1794年拟定，晚于扬·斯瓦默丹的描述。在1758年英译本第34页中，有提到在厕所中发现的蠕虫（"...refer the Worms found in our privies, or necessary-houses, to..."），并示图于该书图版38，译者认为它可能指正文中所述物种。——译者

一些圆顶状近缘属［梭腹牙甲属（*Cercyon*）、阔胸牙甲属（*Megasternum*）、隐侧牙甲属（*Cryptopleurum*）等］与粪便有关联，但它们隶属的牙甲科是一个很大的类群，所属物种在泥塘边寻觅腐食或捕食猎物，其中有些不过是把泳动介质从水改成液态牛粪罢了。又如隐翅虫，在这个多样性极为丰富的类群中，有不少成员以腐烂的碎屑为食。因此，若从中发现个别食粪物种，也不足为奇。

　　在最奇异的粪食甲虫类群中，有一例发生在澳大利亚。象甲科是地球上最成功、最多样的类群之一。它们完全以植物为食，可利用头前部或长或短的喙及其端部的颚，咀嚼植物组织，钻到寄主深处。雌虫的喙通常更长，钻得更深，会在植物材料表面留下产卵孔。以死亡植物材料（如腐木）为食的象甲遍布全球，但只有澳大利亚[①]的粪象属（*Tentegia*）物种具有粪食性（Wassell，1966）。该属有两种或四种（看您参考哪处文献）收集袋鼠或负鼠的粪粒，笨拙地将之拖拽回位于原木下土壤之中的虫穴。雌虫用喙在粪粒上钻一孔，将一粒卵产于其中，确保一粪一卵。卵孵化后，蛴螬就在粪粒内发育。实际上，这就是粪便作为经加工（初步消化）和重新包装（形成粪便）的植物材料被回收再利用的简单案例。

　　这些次要粪甲类群固然非常有趣，但它们也要为真正的弄粪大师——蜣螂让道。有三个（亲缘关系非常近的）甲虫类群对粪便十分专一，以至于在世界各地的嗜粪动物群中占据支配地位。它们分别隶属粪金龟科、蜉金龟科和金龟科，占了在粪中繁殖甲虫的绝大多数。我们似乎完全有理由推测，这三大粪甲谱系的粪食性起源于它们某个共同祖先生活的时期，或该祖先类群分化之初。

---

① 原文为 Antipodean，是泛指澳大利亚和新西兰的 Antipodes 的形容词，但文中所述类群分布于澳大利亚。——译者

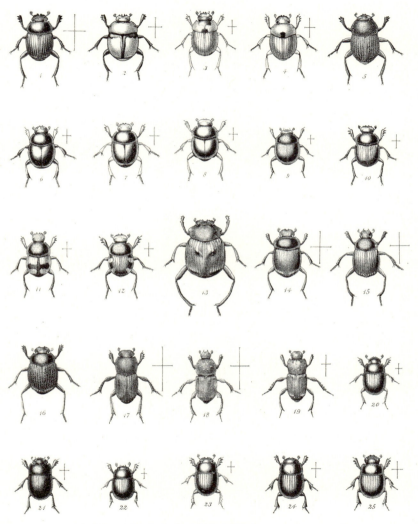

《中美地区生物志》中展示的蜣螂多样性（Bates，1886—1890）

根据化石记录，蜉金龟科和金龟科甲虫的共同祖先于1.4亿年前分化为两支，这意味着粪金龟也可能在相近的年代分化形成。乍看上去，这似乎表明它们的粪食性在彼时已进化形成。然而，事实从来不是如此简单。

在昆虫学家眼里，这三个类群显然与锹甲科（Lucanidae）、黑蜣科（Passalidae）、皮金龟科、驼金龟科、绒毛金龟科（Glaphyridae）、红金龟科（Ochodaeidae）等自然地形成一个连续的类群组合——金龟总科，在过去的文献中，有时也被归为鳃角亚目（Lamellicornia）。金龟总科甲虫的幼虫形态相似，均为体色苍白、体形粗短、形似字母C的蛴螬。其中大多数非粪食甲虫生活在土壤和落叶层中，以枯叶、落果、朽木、腐蕈和植物的根为食，或许您可以猜到，它们的食物还包括其他"腐败有机质"。毫无疑问，它们拥有一个共同祖先。它们如何分化，形成"割据一方"的局面，有一些文献（Grebennikof and Scholtz，2004；Smith *et al*，2006；Philips，2011）曾就此进行过广泛、温和的讨论，但目前尚无定论。最让人疑惑的是，包含"正牌"蜣螂——金龟亚科（Scarabaeinae）的科别，还包含众多类型的（植食性）金龟子[1]［丽金龟亚科（Rutelinae）、花金龟亚科（Cetoniinae）］，以及鳃金龟亚科（Melolonthinae）和犀金龟亚科（Dynastinae）的甲虫，其中大多数并不具粪食性。研究人员分别对幼虫类型、内部结构和DNA进行分析，结果一致证实，"正牌"蜣螂与这些非粪食类群物种的亲缘关系，都比与蜉金龟或粪金龟的关系更近一些。那么，这个类群的粪食性究竟是如何形成的？形成于进化历史中的哪个节点？

这些问题目前也尚无定论，似乎每有新的研究尝试解答一次，蜣螂的系谱图就会被修订些许。2015年初，当我开始撰写本书之时，在英国

---

[1] 文中的金龟子在原文中为chafer，所指类群，除了花金龟亚科和丽金龟亚科，也包括鳃金龟亚科，甚至犀金龟亚科。原文中还列有膜翅目的Anomalinae（肿跗姬蜂亚科），应为笔误。——译者

各地采集收藏蜉金龟属蜣螂已45年。我确信，这些呈圆柱状的小型粪居蜣螂与粪金龟属的推粪型蜣螂及矮粗的嗡蜣螂属掘穴型蜣螂同属一科。但是，天哪，竟然不是。一直以来，某些对支序分类（就是用计算机生成分类分案）过于热衷的鞘翅目昆虫学家致力将所有甲虫重新归类。他们利用极其复杂的计算机程序、性能高效的新型DNA分析设备，投入了大量时间，将我所有的先入之见通通否定。但是，在这之后，他们内部又出现了新的争论。我不知该听谁的。是将粪居的蜉金龟归为蜉金龟科（如一些作者所建议），还是将之处理成蜉金龟亚科，作为金龟科的一部分（如其他作者所建议）？为此，我花了一上午时间定夺。我得问自己，粪金龟科是否源于进化树基部的锹甲及黑蜣谱系，或该类群不过是金龟科众多亚科中的一个？我不知道答案，说实话，我依然深感困惑。无论选择谁修订的系谱，我都能保证，争议的火花不日就会闪现，将来还会重新洗牌。这足够让鞘翅目分类学家渴望转行，去研究双翅目昆虫。

不过，在众多不够成熟的生命进化树中，无论您选择哪一种，都可得出一个明显的结论。那就是，从碎屑到粪便的食物转换（实际上应为多次转换），发生于粪甲谱系进化过程中非常早的时期。还有一个明显的推论，即最早的"正牌"金龟科蜣螂出现在南非地区。实际上，该类群的所有主要蜣螂谱系都可溯源到这一地区。在远古时期，它是南半球超级大陆——冈瓦纳古陆[①]的一部分。如今，"正牌"蜣螂（及植食哺乳动物）多样性最丰富的地区就属于该远古大陆分散后形成的部分区域，如非洲撒哈拉沙漠以南的地区、南美洲热带地区、马达加斯加、澳大利亚。

[①] 冈瓦纳古陆（Gondwana），大陆漂移假说提出的远古超级大陆，包括如今的南美洲、非洲、阿拉伯半岛、印度次大陆、南极洲、澳大利亚。——译者

北半球的劳亚古陆解体后，形成今天的北美地区、欧洲及亚洲大部。[①]尽管那里也有大量的蜣螂，但是物种类型没那么丰富，发生数量也没那么多。如今，这个星球上没有"正牌"蜣螂的主要陆地区域，就只剩下格陵兰岛。

蜣螂从泛泛的腐食性到粪食性的转变，也很好地体现为口器的变化。在金龟科中，取食（朽木、腐蕈、根、枯叶等）"硬"质食物的那部分甲虫保留着祖先形式的口器结构（形如修枝剪）。这种结构十分发达，适于切嚼相对坚硬的材料。相比之下，同科蜣螂的口器柔弱，有时为膜质，适于取食较为柔软的半流质食物。在口的周缘，还生有扁平的保护结构，称为口上片[②]，在挖洞时也能发挥作用。尽管这类蜣螂的成虫有较大的体形、粗壮的外观，但它们只摄取食物中颗粒最微小的部分，即使面对大块的食物，也因口器的局限而"无从下口"。这在研究那些体形较大的蜣螂时非常重要。试想，从粪中扒出最大个的"正牌"蜣螂或者粪金龟，即便一个研究粪虫的新手，也无须担心手指被咬掉一块。旁观的外行者不知这一事实，在他们看来，这该有多么难以置信。不过，面对大型蛴螬，则须谨慎以待，它们会咬人。

蜣螂成虫的上颚特化为适于食粪的形状。其上部结构（切齿叶）可拦住食物中体积过大而无法食用的部分，只让（直径为2~200微米的）小颗粒通过。尽管这些颗粒非常小，但在蜣螂吞咽之前，仍会被切得更细。这一过程由上颚的下部结构（臼齿叶）实现，它好比一个研磨面，可将

---

① 劳亚古陆（Laurasia），大陆漂移假说提出的远古超级大陆，包括如今的北美洲和除印度次大陆、阿拉伯半岛外的欧亚大陆，以及格林兰岛。原文还列出了印度，但印度属于冈瓦纳古陆，应为笔误。——译者

② 口上片（epistome 或 epistoma），泛指靠近昆虫口部上唇的板片或骨片，与唇基（clypeus）所处位置相近。——译者

食物碾成直径1微米（1/1000毫米）以下的微粒。这与我们所了解的植物自然分解相契合。落叶、枯树、真菌和腐殖质为固质，若直接取食，则需大量咀嚼。但是，在自然分解的过程中，它们（在微生物的作用下）逐渐液化，富含碳水化合物和蛋白质，营养丰富。而粪便在食物通过消化道的过程中形成，因而富含微生物，且水分充足，至少比较湿润（因为水分有助于消化主体吸收营养）。这使得蜣螂立即获益，享用这种"粪羹"，无须以坚硬、纤维化的大块杂乱粗质食物塞腹。它们把那类粗食都留给了幼虫。

如今，蜣螂种类多样、数量众多。它们仍固守粪便生境，不仅仅因为食性转变发生得早，也非形成了适应粪食的上颚及其齿叶，或爱上了"粪羹"的味道那么简单，而是在于其筑巢的行为倾向。

一蜣守巢，功比双蜣觅食落叶中

筑巢行为之所以对蜣螂的分化如此重要，原因在于，像昆虫那样的简单生物，都会因受本能或多或少的盲目驱使而产生筑巢的意愿。如果决心已定，就必然会选择一种特定的实施方式。在林中，蜣螂不可能安安稳稳地降落，环顾四周，看有什么可用的材料，再确定最佳收集策略，为后代积攒一堆"财富"。这种方式有其随机性。如果食物遍地，它或许可行，蜣螂可大量产卵。但是，它也可能将子代乃至"族群"的未来推向各种激烈的竞争，让它们承担被捕食或寄生的风险，并使之置身于恶劣的天气环境之中。如果专注于某种类型的碎屑，并采用特定的方式加以处理，情况就会好得多。这就是"正牌"蜣螂选择的道路——推粪、掘穴，担负起与恶臭打交道的重任。

筑巢行为是一个极为成功的动物性状，蜣螂由此获得巨大回报。它们可能要到更广阔的区域寻觅碎片化的食物，但它们也实实在在地切得"粪饼"，参与者皆有所得。挖掘洞穴是早期形成的简单营巢方式，因而被认为是一种较为原始的筑巢策略。掘穴的手段可略有不同，挖掘的深度、长度、斜度亦可不同。利用这种差异，蜣螂为自身及其子代开辟出众多极为特化的生活空间（生态位）。这使得蜣螂分化出多样的种类，还形成了众多令人难以置信、形状奇异的角。

更多的情形，我们似乎只能靠猜测。不过，我们有充足的理由认为，掘穴行为始于掘浅土窝，放入一小块粪，权当贮粪之用。一旦开挖，洞穴只会越来越深，更加复杂，以避免竞争。洞穴从略有倾斜到近乎垂直不等，"宝贝"或深藏于坑道尽头，或贮积在远离主道的粪室。若在松软的沙土中掘穴，穴壁还会被涂抹粪便，用以加固。后来，随着推粪型蜣螂的出现，形成了新型的埋粪手段。它们虽大同小异，但形式多样，由此开启了类群分化和物种形成的新时代。关于推粪型蜣螂的筑巢生态学，就曾有人专门综述过，详见参考文献（Halffter *et al*，2011）。除了埋粪，更快速地推粪、走更直的路线、利用日月星辰等行为，都决定了蜣螂未来的走向。它们再也没有恢复原先的生活习性。

再回头看看粪中的情况。当然，粪居型蜣螂也得以分化。尽管它们的筑巢行为依然十分原始，但在北温带地区，它们（以蜉金龟科为主）是占主导地位的蜣螂。之所以如此，是因为粪便在该地区更容易获得，且不会很快变干。为了避免竞争，粪居型蜣螂也不断进化，形成大小各异的体形，或在不同的生境中活动，或在一年中不同的时间段内出现。

巢居者的生活方式也有重叠之处。依推定，粪室蜣螂应为掘穴型，但它们并非在地下巢居，而是在（竞争理应不很激烈的）干燥季节的森林象粪便里生活。雌虫在粪堆中塑出一堆育幼粪球，然后会在粪内形成的空腔里一直守护，甚至到幼虫开始发育以后。蜉金龟为粪居型蜣螂，但其中某些成员也乐于离开粪中的安乐窝，沿着别家的地穴探险，一贯或伺机营巢寄生。

与恐龙粪同行？

最早的蜣螂发现于距今1.4亿年前的侏罗纪晚期化石中。大家都知道，那也是恐龙生活的时代。根据科学界的共识，当时的生态系统与我们现在所处的新生代有很多相似之处。新生代始于恐龙及很多生物的灭绝，也就是6500万年前希克苏鲁伯小行星撞击地球之后。如今，世界各地的博物馆里多有恐龙的实景复原展示，但其中难见那些远古蜣螂的身影。尽管如此，根据一种广为人知的假设，那些蜣螂发挥的作用与今天的蜣螂相似，只不过它们铲的是蜥脚类动物的粪便，而非马儿的"马路苹果"——毕竟今昔有别。

如今，蜣螂光顾的是哺乳动物的粪便，不管排粪者是植食性，还是杂食性。鸟类（恐龙的唯一现存后代）和爬行动物排出的粪便对甲虫完全没有吸引力。在委内瑞拉的鸟粪堆中发现的29种甲虫中（Peck and Kukalova-Peck，1989），只有一种是蜣螂［沟胸驼金龟（*Anaides fossulatus*）］，而且更像是泛泛的"腐败有机质"取食者，通常对粪便没什么兴趣。在巴拿马，有人见过急切小驴蜣（*Canthidium ardens*）推鸡屎，但那只是一则孤例报道，再无下文。

在新西兰，直到750年前波利尼西亚人前来定居，才出现大型哺乳动物。尽管如此，当地的大量蜣螂（尽管只有15种是本地种）仍进化为泛化性的腐食者。当时，它们可能在恐鸟粪中零星发生。不过，现如今，它们主要见于腐尸或腐烂的植物材料（Stavert *et al*，2014）。

同样，蜣螂也不喜大多数爬行动物的粪便。回到巴拿马，研究人员以鬣蜥和巨蚓的粪便为饵诱虫，仅诱得两种蜣螂［夏氏嗡蜣螂（*Onthophagus sharpi*）和念珠驴蜣螂（*Canthon moniliatus*）］（Young，1981a）。即便如此，也只能说这些蜣螂取食的类型多样。而且，它们的发生数量相当低，与在附近用哺乳动物粪便诱集的结果相比，简直不值一提。用当地的蟾蜍[1]粪便（是否可以称之为 toad stool[2]？）诱集的结果稍好一点，得到五种甲虫，但是虫数仍然很低。我曾花费几个小时扒鹅粪，试图从中找到蜣螂。但可悲的是，我一无所获，白白浪费大好时光。然而，据记载，主要分布于法国及伊比利亚半岛地区的叉嗡蜣螂（*Onthophagus furcatus*）在现代英国的仅有一次已知现身[3]，就是在邱园的一摊鹅屎中。鹅是植食动物，按说，鹅粪（goose faeces，我认为可以称之为 gaeces）和其他植食动物的粪便应大致相似。不过，大多数蜣螂并不认同。

说到这里，我们得重温早前讲过的有关消化的基础知识。蜣螂之所以不认同，是因为在鸟类排泄前，肠道中形成的代谢废物（粪便）和经过肾脏的滤液（尿）会在泄殖腔中混合，形成湿漉漉、黑白相间的粪便。最终的排泄物含有大量的氨、尿酸等含氮化合物，磷酸盐，碳酸及其他盐，皆为蜣螂所恶。正因如此，这类甲虫不对鸟粪进行再利用，鸟粪才会堆积如山。从鸟类粪便回推到过去，我们可以想象，恐龙粪便同一摊巨大的鸟屎没什么两样（Arillo and Ortuno，2008）。

---

[1] 原文为 Panamanian toad。经查作者引用文献，应为 Surinam Toad，即负子蟾科（Pipidae）的苏利南爪蟾（*Pipa pipa*），但其后所附的学名为 *Bufo marinus*，指的是蟾蜍科（Bufonidae）蔗蟾（*Rhinella marina*）。——译者

[2] 作者在此可能有调侃的意味，toad stool 直译为"蟾粪"，但与 toadstool（蘑菇）形似，而后者之所以有"蘑菇"之意，是因为蘑菇曾被认为形似粪便，且常见于蟾蜍附近。——译者

[3] "在现代英国的仅有一次已知现身"，原文为"the only modern UK record"，这里的 record 可能指唯一一次有关记载，也可能指采得的唯一一标本。——译者

不过，有个反驳论据颇有道理。像梁龙（*Diplodocus*）、剑龙（*Stegosaurus*）、三角龙（*Triceratops*）那样的巨型植食恐龙，其粪便体量也很大，其中含有足够的粗质植物材料，足以形成粪团。如此一来，即便固体废物仍和尿液一道排泄，但在排出后，两者却是相互分离的。通过对不同谱系的蜣螂进行DNA分析，结果表明，如今为人所知的许多重要的科和亚科是从白垩纪（1.2亿至1.3亿年前）中期开始分化的。这似乎表明，那次辐射的开始与恐龙食性发生改变有关。彼时，恐龙的食物正从粗质纤维性的（针叶）裸子植物转变为更有营养的（有花）被子植物（Gunter *et al*，2016）。

恐龙粪化石当然也已广为人知。而且，其中一些就有被食粪动物钻蛀过的迹象。这样的遗迹化石（ichnofossil，如足迹或幼虫坑道形成的化石，但不含动物残骸）已经被命名，但其中是否有蝇蛆或蛴螬造成的，目前尚只可猜测。不过，几乎可以肯定，在南美洲发现的粪球石（*Coprinisphaera*）就是最早的蜣螂遗迹化石。它形成于白垩纪晚期（约8000万年前），其中可见蜣螂的蛹室[①]。接下来，最直接的一个问题，便是这些粗糙粪球的来源为何。但是，如今尚无法确定。当然，这事出有因。确定化石年代，通常根据它在垂直岩层中所处的位置。而蜣螂垂直掘穴，伸向土壤深处。这样一来，这些蜣螂及其粪球化石所处的地层，就早于它们实际生活的年代。这确实是个难题。

无论蜣螂最早如何进化形成，至少，致使它们分化、形成我们现在所见的众多种属的原因，可能有哺乳动物自恐龙灭绝之后的崛起，而约6000万年前草本植物的进化尤为重要。具体发生了什么，只能继续依凭研究蜣螂的生物学家们的猜测。上节开始时，曾提到一种被鄙视的筑巢

[①]蛹室（pupal chamber），指化蛹前老熟幼虫在将来化蛹的介质中营造的中空环境。——译者

策略——蜣螂在林中的地面上随机收集一些腐烂材质，将之积攒起来，形成一个巢穴。不过，这可能正是筑巢行为的发端。依据在于，哺乳动物的粪便与营养丰富的土壤腐殖质几乎没有什么不同，且蜣螂之前的某一祖先类群就有为子代收集腐叶并积成一堆的行为习性。当哺乳动物开始演进分化、填补恐龙和其他大量生物灭绝所留下的生态真空之时，这些甲虫也已经准备好，蓄势待发。它们已具备基本的筑巢本能，可以好好利用逐千年越变越大、越来越硬、排泄得越来越快的粪便。

曾为蜣螂，永为粪甲？

曾为蜣螂，永为粪甲？答案一个字——不。可是，看看蜣螂，它们有着魁梧、结实的体形，强壮的铲足，既扁又阔的头，折扇般的触角锤节，雄虫还顶着一件"行头"，就像士兵一样神气（Medina *et al*，2013）。即使是外行，也能很快熟悉它们。因此，每当发现有粪甲不与粪为伍时，昆虫学家们都会感到非常惊讶。然而，蜣螂显然可以远离粪便，人们已发现大量案例。

分布在西非地区的似蜉蚁长卵蜣（*Paraphytus aphodioides*）是一种体色黑亮的小型蜣螂，有"粪甲"之名。它们生于倒树的树皮之下，那里环境潮湿，在真菌的侵蚀下，弥漫着水果的气味，极似富含腐殖质的土壤环境。雌虫将收集的锯末和碎木颗粒制成球，并产卵其中。长卵蜣螂与蛀木的黑蜣科的甲虫发生在一处。黑蜣与锹甲的亲缘关系很近，两者与蜣螂同属一个类群，都具有带锤节的鳃状触角。我们有理由认为，长卵蜣螂也利用了被黑蜣嚼碎的材料，其幼虫还混进黑蜣的虫粪之中；因此，它们仍然被认为有"粪甲"之实①（Cambegfort and Walter，1985）。黑蜣是一类群居的半社会性昆虫，幼虫随成虫一起生活。因此，出现在它们当中的长卵蜣螂可能营巢寄生。我们对这两类甲虫的了解都很少，若有人要研究黑蜣对闯入者的反应，那会非常有意思。

头束蜣螂属（*Cephalodesmius*）是澳大利亚的当地特有属。其中三种推球的甲虫已失去常规推粪能力。实际上，它们对粪便也完全没了胃口②。不过，它们没有倒回寻觅腐食，而是转为切取叶片。雄虫和雌虫结对，在雨林的地面上共同掘穴，将雄虫切取的叶片材料贮于其中。雄虫的下颚没有咬切的能力，但可以利用边缘锋利的前足，配合生于头部颜正面的叉状结构，将植物材料切断。雌虫接过植物碎片，将之嚼成糊状，好似合成粪便，再制成4~5个育幼球，并在上面产卵。但是，这些育幼球不够大，无法满足所有蛴螬发育所需。因此，在蛴螬发育过程中，雌虫还会继续将更多叶片材料嚼成糊，为幼虫补充给养。不完全依靠稀少而零星的粪便资源，某种头束蜣螂的发生密度也可达20000~50000只/公顷（Dalgleish and Elgar，2005）。塔斯马尼亚蜉金龟（*Aphodius tasmaniae*）的行为与之相似。该种在澳大利亚东南（塔斯马尼亚岛）和新西兰发生，有时见于草坪和高尔夫球场，令人生厌，但尚非主要害虫。欧洲的大头粪金龟属（*Lethrus*）蜣螂的上颚不仅巨大，而且锋利，足以切咬树叶。它们将叶片材料嚼得稀烂，塞满地下的巢穴，形如香肠，以供育幼之用。

---

①译者未能访问原文献，但据后人文献引用的信息，可知这种长卵蜣螂的育幼粪球以黑蜣的虫粪和木渣制成。黑蜣在半朽的木中钻蛀成虫穴，在这一过程中，会产生大量碎木材料。成虫育幼时，会将木质材料咀嚼粉碎后饲喂幼虫。此外，幼虫也以成虫粪便为食。由此可见，其中发生的长卵蜣螂幼虫的食物与黑蜣几乎完全相同。更多关于黑蜣的生态学信息，详见Ulyshen, M. D.（2018）Ecology and Conservation of Passalidae. In Ulyshen, M. D（ed.），Saproxylic Insects: Diversity, Ecology and Conservation. *Cham: Springer*. pp 129–147。——译者

②实际上，该属成虫仍被认为具有粪食性。——译者

若发生量大，植物上会留下明显的虫孔。在匈牙利，它们被视为葡萄害虫。

　　粪金龟似乎分化成两类，一类利用粪便，一类利用落叶（例如在第五章介绍过的"佛州深掘金龟"）。然而，产于伊比利亚地区的一种失去飞行能力的卢西塔尼亚合鞘粪金龟（*Thorectes lusitanicus*）貌似处于两者之间。为了育幼，它们会埋用羊、鹿或兔的粪便制成的粪球，并在其上产卵。但是，它们也会埋栎树果实（Péréz-Ramos *et al*，2007）。秋季，非洲栎（*Quercus canariensis*）和欧洲栓皮栎（*Quercus suber*）的橡子落到地上，这种甲虫会将一些埋到土壤下几厘米深处。然后，它们破开橡子坚硬的壳，钻入其中，取食种子，直到只剩空壳。有时，它们也会留在空壳内越冬。被埋到地下的橡子，有三分之一到一半会被甲虫吃掉。不过，这意味着还有大量橡子完好无损，它们应该是被甲虫遗忘了。这还意味着，这些橡子中的种子或许尚能萌发。从树上落下的橡子，大多数会被觅食的鸟类或其他动物消耗掉。因此，甲虫的这种不同寻常的行为对树木是有利的。在南非的开普地区，有一种当地独有的植物，名为银木果灯草（*Ceratocaryum argenteum*）。这种植物外观形似灯芯草，其种子阔约15毫米，闻起来像羚羊粪便（Midgley *et al*，2015），而推粪型的毛双齿蜣螂（*Epirinus flagellatus*）喜欢把它们推走埋起来。推粪者显然无好处可捞，而这些种子也总是被它们抛弃。或许，它们在一番辛苦之后，终于意识到上当。若遇上真正的粪便，它们会选择守在育幼粪球旁。

　　粪便、营养丰富的腐殖质、落叶，三者之间的界限常常不是那么明确。被引入北美地区的欧洲物种显征蜉金龟（*Aphodius distinctus*）显然应是一种"粪甲"。它们像很多外来新物种一样，可以在新的发生地变得极为常见，一摊牛粪排出不到2个小时，就曾引来1097只，为著名的蜣螂群集数再添记录（Floate，2011）。而在春天，每当农民施撒粪肥，就会发现它们大量聚集，如流云一般在草间移动。与其他蜣螂相比，该种的幼虫更喜食碎屑。它们乐于生活在丰富的腐殖质间，而不是新鲜的粪便中。曾有报道，它们在这种生境中的发生密度可达每平方米90只。可以说，要饲养这种甲虫，把它们放进装有土壤的罐子里即可。实际上，在腐覃之中、被真菌严重侵蚀的朽木树皮之下或庭园的堆肥桶里发现蜉金龟属的成员，并不是什么稀奇事。若将众多腐质生境排在两极之间，这些蜉金龟的生活环境的"气息"可能处于相对"清新"的一极。最"浓烈"的那一极，当属恶臭的腐尸生境，那里也不乏蜣螂的身影。

蜣螂不利用粪便，转而利用脊椎动物腐尸的例子有更多。在粪虹蜣螂属（*Coprophanaeus*）、凸蜣螂属①（*Deltochilum*）和驴蜣螂属的物种中，有些是粪食者，有些则是专化性的食腐尸者。后者选择腐尸，而非臭粪。它们用撕扯下来的小块腐肉制成与粪球相似的育幼球，推走或埋到坑道中。澳大利亚是一个特殊的大陆，由于恶劣生态环境的制约，导致许多物种的进化形成奇异的后果。原产当地的老态嗡蜣螂（*Onthophagus consentaneus*）从不食有袋类动物的粪便，而可能完全依靠取食腐尸或腐覃生存。人类现代生活的影响也使它们受益，公路上有大量被撞死的动物可为之所用。此外，在美国俄克拉荷马州，有人发现球驴蜣（*Canthon pilularius*②，原*Canthon laevis*）推滚蝌蚪残骸制球，而非推粪制球（Bragg，1957）。最近，我还看过一个视频，一只大型蜣螂在地面上推滚一只比自己大得多的蜥蜴尸体，它的野心已经远远超出其使命。

在某些蜣螂弃粪之后的种种适应中，最奇异的一种表现在附蜗蜣螂属（*Zonocopris*）的两个已知物种上。这类新热带区的蜣螂虫体小（2.5~5.0

---

① 又译为角蜣螂属。——译者

② 原文为*Canthon imitator*（驴蜣螂）。原文献列出的拉丁学名为*Canthon laevis*，英文俗名为common tumble beetle，因此，所指物种现用名应为*Canthon pilularius*（球驴蜣）。——译者

毫米），外观优雅，富有曲线美。成虫以蜗牛黏液为食，似乎一生都生活在饥螺属（*Bulimus*）和大饥螺属（*Megalobulimus*）的大型蜗牛身上，但不会伤害蜗牛。尽管它们在人工饲养条件下可交配，但未见产卵（Vaz-de-Mellow，2007）。其幼虫以何为食，至今仍是一个谜。或许，它们有可能取食蜗牛粪便或寄主蜗牛的尸体。

还有更加怪异的案例。分布于新世界的凸蜣螂属蜣螂有近90种。这是一个推粪型类群，但其中有一种却以马陆为食，先猎后杀（Larsen *et al*，2009）。屈足凸蜣螂（*Deltochilum valgum*）生活在中美和南美地区的雨林中，它们被马陆所吸引，尤其是那些受伤的马陆。尽管马陆会释放一种难闻的防御性分泌物，可让捕食性脊椎动物觉得至少应避而远之，但对于这种蜣螂来说，这种气味好比蜜糖的香甜之气。它们用富有曲线（比同属类其他物种的弯很多）的强壮后足，紧紧把住通常比自身大得多的马陆，然后将前缘锋利、生有锐齿结构的细狭头部插入猎物身体。这不是艰难地用头顶进，而更像是一头刺入，结果是猎物从关节处被截断或被斩首。为了争抢这战利品，该种成虫之间有时也会大打出手。它们不将马陆尸体埋到地下，而是用一只弯曲的后足抓起战利品，插到上翘的尾刺尖上，将之托走（在同属的其他物种中，没有发现有这种行为），藏到落叶里，在其上产卵。屈足凸蜣螂只以马陆为食，而在同属物种中，还有几个也时而被马陆的气味所吸引。这表明，从进化趋异的角度评价，该属正处于形成这种行为的关键时期。在南美地区的其他地方，个小的推粪型绿驴蜣（*Canthon virens*）也有相似的行为。它们攻击个大的切叶蚁，埋之以饲幼虫（Hertel and Colli，1998）。

毫无疑问，我最喜欢的一例，是命名恰如其分的至东盔金龟

（*Eocorythoderus incredibilis*）^①。这是一种体形微小（体长3毫米）、有光泽的红棕色甲虫，其体形优雅，腰肢纤细，被绝好地描述为"琴形"（panduriform，或"小提琴形"），形如一种名为"潘杜拉琴"（pandura）的古三弦（Maruyama，2012）。这种物种仅发现于柬埔寨吴哥窟附近的密林深处，生于暗黄大白蚁（*Macrotermes gilvus*）的地下菌圃（它们取食其中的真菌）中。实际上，除了该属，世界上还有20余属蜣螂仅发现于蚂蚁或白蚁的蚁穴中。至东盔金龟没有飞行能力，而且眼小，行动完全依赖白蚁。其鞘翅基部有一柄状突，可以让白蚁用口紧紧衔住。白蚁就像对待自己的若虫一样，带着它们在自己久居的巢穴中穿行，将之从一个小室送到另一个小室。在我的书中，它就是世界上最讨人喜欢的昆虫。

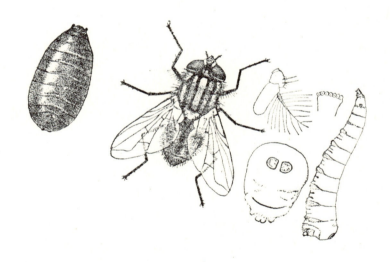

---

① 根据原文献，*Eocorythoderus* 是新拟的一属，由 *eo* 和 *orythoderus* 组成，前者取自古希腊神话中的黎明女神厄俄斯（Eos），后者取自盔蜣螂族（Corythoderini）的模式属盔蜣螂属（*Corythoderus*），意为这一新属是该族分布最东的类群。因此，可称之为"至东盔金龟属"。该属目前描述一种，故可称之为"至东盔金龟"。该种的种加词意为"不可思议"，指该物种非凡的外观和离奇的发现过程。——译者

第七章

近观实例——粪客撷英

　　粪中所居者为何方神圣？对于这个问题，古人的体会可谓深刻。他们对这类生物的崇拜，也可谓狂热。在大英博物馆的展品当中，我的最爱，显然是那尊1.5米长、1米高的巨型圣蜣螂石雕。它美极了！这件石雕创作于古埃及托勒密时期[①]。当时，距离蜣螂真正被视作神灵的时代，已经过去约1800—2300年。或者可以说，它产生于对美好过去伤感怀念的年代，可能为仿古之作。尽管如此，这仍是一件令人肃然起敬的艺术佳品——形象而不失象征的意味，朴实又不失圣像的风采。这一切，源于对排泄物周边自然世界的一分亲近，其程度可能会让老于世故、过于庄重的现代城市读者感到惊讶。不过，在公元前约2000年的古埃及中王国时代早期[②]，亦即对蜣螂的推崇达到顶峰之时，以蜣螂为主题的护身符、项链、胸针是最流行的首饰。在后来的考古发掘中，出土的类似文物数以千计。根据出土地区的地理分布推测，在那个时期，从撒丁岛到黎凡

[①] 托勒密时期（Ptolemaic period），一般指公元前305—前30年，埃及自亚历山大大帝去世到被并入罗马帝国之间的时期。作者在原文中列出的创作时间为约公元前332—前330年，显然与表述的时期有矛盾。据大英博物馆网站的信息显示，该石雕年代不明，可能为公元前4世纪前后。值得一提的是，第160页展示的蜣螂艺术品不是该石雕。——译者

[②] 中王国时代（Middle Kingdom），指约公元前2040—公元前1786年，古埃及第二个统一的王国时期，包括第十一及十二王朝。——译者

古埃及的蜣螂艺术品，档次虽有高有低，但数量众多，形式多样，无不体现对蜣螂的崇拜之情

特[①]的地中海沿岸地区，都有制造这类饰品的产业。

尽管这些饰品代表的是同一类生物，但样式并不完全相同。很明显，在千百年中，加工的产地不同，工匠不同，所依据的原型也各有不同。保存完好的蜣螂工艺品数量如此之多，使得一位昆虫学家有机会鉴定它们所代表的蜣螂来自哪些属类。他将甲虫绘图和雕像图案并排列出，结果相当可信。那些蜣螂来自金龟属、洁蜣螂属（*Catharsius*）、侧裸蜣螂属、粪蜣螂属（*Copris*）、高生花金龟属（*Hypselogenia*）（Klausnitzer, 1981）。我不认为有任何迹象表明那些古代雕刻师熟知蜣螂的类别。或许，他们甚至没有意识到世上存在不同种的蜣螂。但是，4000年后，我们可通过观察他们的艺术作品，鉴定出不同的昆虫。这一事实让我们确信，他们对这类昆虫非常熟悉，不仅见过实物，还把它们捧在手心仔细端详，直到能够将它们的形象精确再现于雕塑和石英彩陶之上。

我之所以写这一章，是因为我觉得，懂得欣赏或知道如何采集粪甲、粪蝇及其他粪虫的人还不够多——太可惜了。自孩提时代起，我就迷上

---

①撒丁岛（Sardinia），地中海第二大岛，在意大利半岛以西，北于法国科西嘉岛邻近，现属意大利。黎凡特（Levant），历史地名，指地中海东部沿岸地区。——译者

了动物粪便及其中的居客。我的第一次昆虫调查报告是在17岁时完成的。我用自己最工整的作业字迹，把它写在大号的硬皮精装横格练习本上，并配上略显业余的示意图，还加了一个华而不实的冗长标题——《南海顿的蜉金龟——1970—1975年间……在南海顿教区及纽黑文、塔林内维尔、贝丁厄姆……部分地区发现的……金龟科蜉金龟属物种》[1]。而且，毫无疑问，落款年份用的是罗马数字形式：MCMLXXV[2]。我想，自己那时可能是维多利亚时期的文学作品读多了。现如今，它已被我塞进书架的死角。我希望它被人遗忘，甚至到几百年后重见天日、被当作一件奇特的历史文物出土之时，也不会有人读到。不过，我对腐败有机质的好奇之心持续至今。本章内容就与我的探粪之旅有关，个人色彩会重一些。在这一章里，我将详细介绍我偏爱的粪虫，以及如何找到它们、如何观察它们。但是，在此之前，我有必要给您一条卫生忠告——记得洗手。

寻虫经验——切记洗手

我在第一章中就讲过，粪便主要由细菌组成。您应该不会希望您的食物被这些细菌沾染。因此，如果您有志成为一名粪学家，须切记的首要规则，即在吃东西前，一定要洗手。

多年前，我写过一篇关于昆虫采集的文章（Jones，1986），自认为

---

[1] 原文对标题的表述为 "The South Heighton Aphodius, being an account of those species in the genus Aphodius, in the family Scarabaeidae...etc, etc...found in the parish of South Heighton and parts of Newhaven, Tarring Neville, Beddingham...etc, etc...between 1970 and 1975"。其中南海顿（South Heighton）、塔林内维尔（Tarring Neville）、贝丁厄姆（Beddingham）及后文出现的菲拉尔（Firle）、毕晓普斯通（Bishopstone）、登顿（Denton），皆为位于英国东萨塞克斯郡郡治刘易斯（Lewes）的村庄，人口多则近千人，少则不足百人。——译者

[2] 即1975年。——译者

比较有趣，但在发表之后，就受到了批评。在那篇文章中，我谈到一种采集小型甲虫的专家级手段——"湿指采虫"技术。对付在篱栏、原木等硬质表面上快速穿行的微小甲虫，这种手段堪称完美。您只需一舔指尖，轻触甲虫的圆顶状光滑鞘翅，便可借助唾液的黏附力，将之吸起。然后，用玻璃收集管扣住指面，微微一抖，挣扎于指尖的甲虫便落入管底——搞定！在文中，我还调侃，说手指的味道在一天内发生何种变化，尤其当所寻之虫为粪甲时。我这种无视个人卫生的习惯相当可悲，甚至遭人讨厌。一些有责任心的读者写信给编辑，指出这种行为与啖食肠道排泄物没什么两样，令人作呕，甚至会因此染上致命的疾病。

在有关粪甲的专著中，作者们坚持认为，若要扒粪寻虫，就必须将一次性橡胶手套一直戴着。这样一来，"解剖粪便"就好似外科手术，确实多了一丝正式的意味。不过，很多学生索性避免一切触碰，转而采用"浸粪浮虫"技术。这样，只需将粪便整体浸入一大桶水中即可。随着粪便解体，其中的昆虫会浮上水面。发现有蹬腿的粪虫，就将之捞出。不过，这种手段并非总是管用。芬兰是公认的国际蜣螂研究中心，大家一直认为粒蜉金龟（*Aphodius granarius*）在该国鲜有发生，就是因为它未现身于水面。然而，若采用亲手"扒粪寻虫"的手段，便会发现，实际上，该物种在斯堪的纳维亚①地区广泛分布，在英国也很常见。芬兰同行需要摒弃水桶，磨尖铲子。

实际上，寻找粪虫，也不一定非得俯身扒粪。您可以凑到近前，或者保持一定距离，观察来来去去、无休无止的粪甲和粪蝇。先前在波多黎各大学工作的埃里克·马修斯（Eric Matthews）是一位硬核蜣螂采集者，

---

① 斯堪的纳维亚（Scandinavia），泛指北欧。一般指丹麦、瑞典、挪威所在地区。有时指斯堪的纳维亚半岛（Scandinavian Peninsula），即瑞典、挪威及芬兰的一部分。有时甚至包括冰岛。——译者

曾就球驴蜣（*Canthon pilularius*）推粪行为发表过一篇长达18页的开创性研究论文（Matthews，1963）。在文中，他把研究方法讲得很清楚，我们不妨采纳他的忠告。

> 方法包括，坐下观察该种蜣螂的活动……作者总是在观察地宿营，往往在同一地点接连观察数日，目的是自始至终都在现场，不错过其活动的任一阶段。……本研究未使用任何特别的技术，亦未涉及任何实验。

换言之，他写的是度假时的所作所为。多么有趣啊，不是吗？美国昆虫学家利兰·奥西恩·霍华德[①]的"所作所为"则处于另一极端，但他的研究热情也让我深感钦佩。他在1900年发表的一篇论文（Howard，1900）堪称与人粪相关昆虫研究的丰碑。他的研究不像个人探索那么简单，涉及的样品也远不止寥寥数件粪样。这项研究是对大型军营厕所的法医学分析，任务繁杂，工作量巨大，须全力投入、奉献自我，才能完成。此外，这篇论文还配有所有重要蝇虫及其蝇蛆的精美版画插图。如果您想了解更多类似的壮举，我衷心推荐您阅读帕特曼（Putman，1983）、斯基德莫尔（Skidmore，1991）、弗洛特（Floate，2011）等作者的相关著作，它们都是介绍北半球温带嗜粪动物群的入门级佳作。

在乡间漫步、野餐或游猎的间隙，也能遇到研究粪便的机会。您只需坐下来，观察牲畜或野生动物，看它们都排出些什么。如果您身处春

[①] 利兰·奥西恩·霍华德（Leland Ossian Howard，1857—1950），美国著名昆虫学家，专于害虫生物防治、卫生昆虫学及膜翅目和双翅目昆虫的研究，著述颇丰，出版过多部有影响力的专著，曾任美国农业部昆虫局（现并入农业研究局）局长长达30余年。作者在文中提及的是一篇专论，内容系统全面，但其插图并非以版画（engraving）形式呈现。——译者

季或者夏季的非洲大草原，而且足够幸运，靠近一摊新鲜的象粪，就有机会目睹数以千计的蜣螂如潮水一般涌向粪便的情形。在波尔多①以南的任何地方，您都可以发现正在推粪的蜣螂，或许还会像古埃及人那样心生崇敬之情。在那里，您只管歇在一边，旁观它们忙碌即可。如果您决定深入探索，我建议备置一把园艺窄铲，或一柄厚实的折叠刀。如果手边没有如此工具，用一根捡来的枯枝，也可轻易地把粪便翻开，看看有什么隐身其下。我就有过这样的经历。那还是1991年，在美国佛罗里达的一座荒废的柑橘园里，我发现了一摊大得离谱的粪便（我猜是狗粪，不会是熊粪）。我只用一根枯枝草草拨弄几下，就发现了一只虹蜣螂（*Phanaeus vindex*）。它带有一种极其美丽的绿色，看起来好似用金和铜打制而成。那是一只雄虫，骄傲地顶着一尊朝后弯的巨大头角。太神奇了！

在体量较大的牛粪和马粪中寻虫，可以从粪缘开始，再沿着粪表的自然裂缝扒开，最后观察粪底的草根状况。若粪中有小的腔洞，则表明那里可能有一只小型蜣螂，正在掏空一小块粪体，但有时只能看到其尾部和后足。若粪边或粪底有一堆翻起的土，则表明那里有一只掘穴型蜣螂。那些土，就是它掘出的弃泥。如果您不打算全面发掘，只需扒开洞穴入口，在一旁等待即可，甲虫最终可能会爬出来。若换作打算认真研究的昆虫学家，他会先将一根草秆之类的棍状物插进洞中，再往里挖，直到更深的部分露出来。之后，重复这一过程。不过，我得提个醒，如此重复，可能会下探数米之深。

粪堆（dung heap）不同于粪便，不少昆虫学家坚持使用"粪肥堆"（manure heap）这一术语，好将之与粪便相区分。在这样的粪堆里，除了

①波尔多（Bordeaux），位于法国西南的港口城市。——译者

粪便，还混有禾秆、锯末，或马厩、兔笼及其他畜舍的垫草。如今，它们只是暂时被堆在一边，有挖掘装载机和拖拉机，很容易将之搬来移去。但在过去，它们长期积于一处，有牲畜排泄则增，有农事需要则减。累月经年，它们可能会腐熟。而且，在发酵和腐烂环境下，腐熟的程度会十分高。在其内部，还会形成一个种类多样的重要生物群落。在这里，蜣螂可能会少些，但取食腐败有机质的动物仍极为丰富。我是一个"投身自然便陷入其中"的自然学家，但鞘翅目昆虫学家欧内斯特·刘易斯（Earnest Lewis）似乎完全不同，因而给我留下了深刻的印象。他是我父亲的朋友，来我们家做客时，穿着一身考究的三件套西装，打着领带，足蹬一双锃亮的皮鞋。然而，在短暂的乡间漫步期间，他会一屁股坐下来，仍是这身打扮，却打算就此剖开一堆粪肥的边缘。他带着一把小铲和一张塑料布，可晚上或许还要和乡下的"地主"一起喝鸡尾酒。我在那时就已赤手扒粪，"深陷其中"，不先洗个澡，我妈可能都不准我进屋。因此，请切记，寻虫事毕，也一定要洗手。

"英国蜣螂"——没那么神圣

无论是圣蜣螂，还是其他种类的推粪型蜣螂，在我们英国都没有。这让我感到遗憾。与一水之隔、只有几十英里远的欧洲大陆相比，我们的嗜粪动物规模小得可怜，就连斯堪的纳维亚半岛都比我们强。实际上，残酷的地质历史告诉我们，这是上一次冰河时代结束后冰川消退导致的不幸后果。约15000年前，全球气温上升，最终导致多格兰[1]被洪水淹没，

---

[1] 多格兰（Doggerland），指连接英国与欧洲大陆的大陆桥，位于北海（North Sea）和英吉利海峡之间，因海平面上升，约公元前6500—公元前6200年沉入海底。——译者

由此打通北海和英吉利海峡，将我们与向北扩散的先行者隔开。尽管如此，我们这边仍有约400种与粪便有关联的无脊椎动物，其中一些堪称极品。的确，对于它们来说，若迁徙到气候环境不同处，能找到的粪便又与英国的非常相似，那可是真正的冒险，值得"回味"。

在英国，与"正牌"蜣螂最接近的甲虫是粪蜣螂。这种蜣螂个头大，有着圆顶状的体形、油亮的光泽，一度被冠冕堂皇地称作"英国蜣螂"。这有点诡异，因为，这种极其俊美的甲虫已不在英格兰发生，在整个不列颠群岛也没有，除非您把泽西岛和根西岛也算上[①]。当然，大多数人不会如此界定。之所以如此冠名，据说是因为在20世纪90年代，动物保护组织要为各种富有魅力的濒危物种制定生物多样性行动计划，所涉物种大多需要一个带"英国"字眼的名称，否则就不会被记者和政客留意，更不用说普通公众。但在当时，它就已经被认为在英国灭绝了。实际上，这个物种一直非常罕见，最后一次确切的目击记录还是在很多年以前。1955年5月27日晚10时30分，有一只飞进了刺柏庄园野外实习站[②]的入口厅。该地位于萨里郡的北唐斯，靠近博克斯山，属于白垩丘陵，在古代曾为牧地，因而也算是一个发现粪蜣螂的完美地点。

我在东萨塞克斯郡的南唐斯长大，曾一直以为能在当地发现这样一只甲虫，但最终成为一个未竟的梦想。不过，如果当初我足够幸运，这个梦想是有可能实现的。1994年，彼得·霍奇（Peter Hodge）得到一件

---

① 不列颠群岛（British Isles），包括大不列颠岛、爱尔兰岛、处于两岛之间的马恩岛（Isle of Man）及大不列颠岛北部苏格兰以西的赫布里底群岛（Hebrides）。泽西岛（Jersey）和根西岛（Guernsey）虽皆为英国的王权属地（Crown Dependency），但靠近英吉利海峡法国一侧，位于诺曼底以西，是海峡群岛（Channel Islands）的一部分，不属于不列颠群岛。——译者

② 刺柏庄园野外实习站（Juniper Hall Field Station），即刺柏庄园野外中心（Juniper Hall Field Centre），隶属英国慈善教育机构野外研习会（Field Studies Council），位于萨里郡（Surrey）北唐斯（North Downs）博克斯山（Box Hill）山脚约500米处，距伦敦市中心约40千米。此外，北唐斯与东萨塞克斯郡的南唐斯大致平行，相距约48千米，皆为白垩丘陵地貌。——译者

粪蜣螂——甲虫中的独角兽。它有着神奇的构造、优雅迷人的体态，但在我们这儿如谜一般的罕见。这幅蕴含深情的版画作品源自米什莱的著作（Michelet，1875）[1]

粪蜣螂标本。它是在一个带玻璃盖的昆虫展示盒中被发现的。标本由当地的一位博物学家H. L. 格雷（H. L. Gray）生前制作，后来被其遗孀捐赠给西萨塞克斯的蓝星学院[2]。标签上有手写的采集信息，"Lancing Ring，19.9.60" [3]，字里行间的暗示让人浮想联翩。它给人的第一印象，是采集

---

① 米什莱，即儒勒·米什莱（Jules Michelet，1798—1874），法国著名历史学家，"文艺复兴"概念的真正奠基者，代表作为长达19卷的《法国史》（Histoire de France）。同时，他也创作过多部自然历史著作，其中1857年出版的《虫》（L'insecte）影响很大，在作者生前即再版过5次。本书作者引用的版画应来自1875年出版的英译本（The Insect），插图作者为法国画家埃克托尔·贾科梅利（Hector Giacomelli，1822—1904）。——译者
② 蓝星学院（Lancing College），为一所著名的独立寄宿学校，校名取自所在地蓝星村。——译者
③ "Lancing Ring"指采集地，"19.9.60"指采集日期。Lancing Ring即蓝星环地，是蓝星当地的一个地方自然保护区，位于下文中出现的肖勒姆（Shoreham）以西。——译者

年份指1860年，当时，在附近的肖勒姆曾有该种发生的报道。不过，这只甲虫固定在某种印刷卡片的背面。根据印刷内容的排版风格，以及该套收藏中其他甲虫的固定材料，可得出采集日期可能指1960年（Hodge，1995）。就在15年之后，我曾到同一处白垩丘陵地搜寻过，虽使出吃奶的劲，却一无所获。

　　然而，粪蜣螂绝非珍稀物种，至少在法国发生得非常普遍。几年前，在勃艮第①南部一间日光浴度假屋旁边的草地上，我就发现过一只，当时让我兴奋不已。而且，我这次无须在"自然的召唤"下事先自备诱饵。这是一种"气场"十足的生物——雄虫头部顶着后弯的角（说明它无疑是孔武有力的掘穴者），雌虫也生有角，只是稍小些许。体部不仅质地厚实，身形也不失优雅，近卵圆形，似长方形，胸背轻凹，鞘翅纵棱微突。虫身通体乌黑油亮，好似由黑曜岩②雕琢而成。我要请人为我制一枚专属的古埃及式蜣螂护身符，就以这谜一般的罕见之兽——甲虫中的独角兽为原型。

　　另有一种"独角兽"，在英国倒是偶尔有人发现。它就是虫体呈球状的厚角金龟（*Odonteus armiger*）。它是不是一种蜣螂，现在尚无定论。不过，它们以地下的蕈菌为食，目前已为人们所共识。研究发现，为了获取菌食，它们甚至会向下深掘30~40厘米。在某种程度上，土中的蕈菌得益于埋入土中的兔粪，因而有一种观点认为，这种甲虫与兔巢存在关联，进而暗示它间接成为一种粪食昆虫。不过，这一观点不能完全让人信服。在过去的甲虫专论中，会出现诸如下文的表述："生于粪中，标本多捕于

①勃艮第（Burgundy），位于法国中东部，得名与罗马时期东迁的日耳曼人建立的勃艮第王国，其西部在历史上曾为公国。——译者
②黑曜岩（obsidian），即黑曜石，一种近乎完全玻璃质的火山岩，质地致密，上品可作为宝石原料。——译者

飞行中"。作者们也会如此行文："梅森（Mason）君（19世纪80年代于克罗伊登①）所采之标本，乃该种于不列颠捕获之最新实例之一。彼时，君见一甲飞过，遂以手杖击落。近观其形，方知为甚罕之物种。"（Fowler，1890）我从未见过该物种活体，但偶尔听闻有人见到时，也会遐思片刻。我很好奇，当自己年老昏聩，拄着手杖在养老院内蹒跚之时，是否会有那般精准的杖法。

必须承认的是，在我们这里，发现这些物种的可能性很小。不过，常见的粪金龟也能给人留下同等深刻的印象。1965年，我父亲的办公地点迁至刘易斯附近，我们家便搬到萨塞克斯的纽黑文，南唐斯就在近前。没过多久，我们就开始去南海顿、塔林内维尔、菲拉尔附近绵延起伏的山峦间探索，那些地方多有大片的放牧草甸。尽管我数年之后才真正地对蜣螂着迷，但我仍清楚地记得，某个晚上，我和我爸到毕晓普斯通附近散步，发现了好多粪金龟。

它们常在草丛上低飞，来来回回、姿态笨拙，我们不需要捕虫网就能抓到。但就是这样一只身陷囹圄的粪金龟，当它用光滑粗钝的头向前推，以带齿的阔足配合，努力地试图从我合拢的双掌间逃脱时，这种有条不紊、步步为营的"笨拙"所展现出的力量，还是让我感到惊讶。而它从我掌心飞走的情形，就如同一架迷你直升机升空，向下产生微微凉风。写到这里，我几乎能回忆起那种下吹风触及皮肤的感觉。它们飞过时发出的轻柔嗡声，也不时在我脑海中回响，那是我童年美好记忆中的夏夜之声。

粪金龟的英文俗名（dumbledor或dor beetle）中有"dor"的字眼。依我所使用的字典中的解释，它源于昆虫飞行时产生的声响。尽管在介

① 克罗伊登（Croydon），为伦敦南部一区。——译者

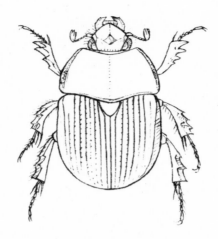

隶属粪金龟属的粪金龟，身怀高超的掘土技艺，英文俗称dumbledor 或 dor beetle

绍类似声响时，这些典籍里往往以"bumblebee"（或者"humblebee"）[1]为例，但实至名归的昆虫学家会告诉您，蜂类飞行时很少发出嗡响。不过，"dor"绝对适用于大型蜣螂。J. K. 罗琳将哈利·波特的校长起名为Dumbledore[2]（邓布利多），是从这类蜣螂获得的启发，还是来自bumblebee的灵感，我无法确定。无论如何，2013年时，当我在萨尔茨堡（Salzburg）沃尔夫冈湖（Wolfgangsee）湖畔逮住一只飞行中的粪金龟，说出它的俗名（dumbledor）之后，我的奥地利亲家们马上想到那位教授（Dumbledore）的名字。当我热情地向他们介绍腐败有机质自然循环背后的生态概念时，他们似乎仍兴趣盎然，但也许只是一种出于礼貌的姿态。

---

① bumblebee 和 humblebee 皆指熊蜂属（*Bombus*）昆虫，词中 bumble 和 humble 皆指嗡响（hum 或 buzz）。——译者

② 按本书作者在原文中的解释，Dumbledore 为 bumblebee 的另一种写法（alternative spelling），按《哈利·波特》系列小说的作者 J. K. 罗琳（J. K. Rowling，1965—）的解释，它来自 bumblebee 的一种方言形式，但命名理由为邓布利多热爱音乐，爱独自哼唱（humming to himself a lot）。——译者

引以为豪之虫

尽管听起来像一瓶制作工艺精湛的麦芽啤酒，或者一艘往返于英吉利海峡两岸的渡轮，但"肯特郡的骄傲"（pride of Kent）实际上是一种甲虫——金毛熊隐翅虫（*Emus hirtus*）。这种隐翅虫的体形非常大，浑身毛茸茸的。如前节所述的某些物种一样，该种也非常罕见，我至今也不曾见过一只。然而，它在英国并未灭绝，在谢佩岛的埃尔姆利国家自然保护区[1]，时有关于它们被零星发现的报道。1997年，该种在停车场附近的男厕里首次被重新发现，自那以后，保护区工作人员及到访的博物学家又偶遇过多次。有一个工作人员声称，当一只金毛熊隐翅虫撞到他胸口时，他正赤膊骑着一辆四轮越野摩托行驶在草甸上。

隐翅虫是一个极为成功的昆虫类群。它们的鞘翅非常短，膜质的飞行翅收起后可紧贴其下，得到保护。这对隐翅虫有双重利好，不仅使其身体极为灵活，能挤入紧密的空间，还确保不失去飞行的能力。从身体扁平、行动缓慢的粪食者，如背筋隐翅虫属和脊胸隐翅虫属的物种，到捕食性的菲隐翅虫属及拟寄生的前角隐翅虫属的物种，大量的隐翅虫生活在粪中。金毛熊隐翅虫是一种凶猛的捕食者，下手快、效率高，堪比杀戮机器。它们攻击蝇虫、蛆虫、蜣螂、蜉蝣，无论成虫还是幼虫，都不留情。的确，只要有可能，它们什么都敢吃。金毛熊隐翅虫似乎只出现在新鲜的牛粪上。在埃尔姆利，若看到有人坚持紧紧尾随牛群［或依RSPB[2]博物学家罗茜·埃厄克（Rosie Earwaker）的说法，是被牛群紧紧

---

① 谢佩岛（Isle of Sheppey），位于英国东南肯特郡（Kent）东北的离岸岛，与泰晤士河入海口相邻。埃尔姆利国家自然保护区（Elmley National Nature Reserve），简称埃尔姆利沼泽（Elmley Marshes），是一个鸟类保护区，也是英国唯一的独立国家自然保护区。——译者

② RSPB，即英国皇家鸟类保护协会（Royal Society for the Protection of Birds），成立于1889年，是欧洲最大的野生动物保护机构。——译者

尾随］，那一定是来访的鞘翅目昆虫学家。他们期待在排出仅几分钟、仍冒着热气的牛粪上发现金毛熊隐翅虫（Telfer *et al*，2004）。

与体表光滑锃亮的蜣螂不同，金毛熊隐翅虫周身覆有灰色和金色的毛，飞行时形似一只狂躁的胡蜂。关于它们在粪中活动情形的描述，可谓众说纷纭。据已故的 A. M. 马西（A. M. Massee）[1]报道，他曾目睹金毛熊隐翅虫从半空中一头扎入一摊新鲜的液态牛粪中，用不了多久就会钻出，而且，富丽的金黄色毛上竟然未沾染丝毫粪渍。这与瑞典东南昆虫学会（Föreningen SydOstEntomologerna）给出的捕虫建议略有出入。依他们的建议，捕捉金毛熊隐翅虫的方法是，"先用手将甲虫强行拍入粪污，再从中掘出，并借助吸水纸巾，将标本移入虫管"。这意味着，甲虫会陷入粪中，不能自拔。至少，我敢肯定，他们捕到虫后一定会洗手。

我怀疑，金毛熊隐翅虫之所以污不沾身，可能是因为它们在粪便下方的枯草层中活动，而非在稀粪之中游动。体形略小、杀气稍轻的骰斑粪匪隐翅虫（*Ontholestes tessellatus*）即是如此。虽然其体形不如金毛熊隐翅虫那般大，但体表也有夺目的褐色毛，并带有金属光泽，闪闪发亮，构成斑驳的纹路。尽管它们同样嗜好亮闪的"超新鲜"粪便，但看似也能避免污渍沾身。不过，它们对蝇虫情有独钟，而且在新鲜的粪便上异常活跃，向前向后跳来蹦去，发狂似的忽动忽停。

值得一寻的外观靓丽的隐翅虫，还有红黑色调搭配完美的大赤隐翅虫（*Philonthus spinipes*）。这种足布满刺的隐翅虫是近来才从远东传入欧洲的。此外，还有粪普拉隐翅虫（*Platydracus stercorarius*），其属名直译即"扁龙"，可谓名副其实。和本节介绍的物种一样，它们也是行动敏捷、下手迅速的猎食者，一眨眼便没了踪影。

---

[1]一位受人尊敬的、学识渊博的昆虫学家，但在讲述轶事时，也是出了名的爱添油加醋。——作者

蝇——益虫、害虫和"烦虫" ①

发现黄粪蝇不会让人产生任何成就感。它是一种发生极为普遍的普通昆虫，十分容易发现。就像当年在阿什顿森林里，我和其他热切的大学一年级学生只需找到一堆新鲜的动物粪便，就近坐下来盯着即可，黄粪蝇自然会前来。前来的一般是雄蝇，它们身覆昏黄色的鬃毛，非常显眼。在它们当中，还夹杂着橄榄灰色的雌蝇，但说实话，在植物上更容易发现其身影。它们是猎食者，攻击捕食体形较小的其他蝇虫。不过，一旦到达粪便现场，这些雌虫便卷入多情雄蝇的乱战，沦为被争抢的对象。待粪便稍干，表面形成纤维质硬皮，粪蝇成虫便会离开。但是，揭开粪皮，就能看到又长又白、形如窄锥的蝇蛆在粪浆中蠕动。显然，粪蝇成虫在这里的任务已经圆满完成。

就在粪便开始变干之时，最有魅力的蝇虫之一可能会屈尊降临。它们是北欧最大的虻虫——蜂形食虻。尽管其黑黄相间的体色会让人联想起胡蜂，心生被蜇的恐惧，但真正构成如此威胁的结构，是口器的末尖。这种凶残的捕食者通常在干燥的粪便之顶静候，见到上空有虫经过，便如发射般一跃而起，在半空中将猎物一举拿下。其足强壮，布满刚毛，可如同钩索一般，将猎物紧紧箍住。其口似尖刺，可如同扦子一般刺穿猎物。其威力之强大，足以挑战粪金龟并将之制服。

我随父母搬到纽黑文不久，这种大个儿昆虫就吸引了我的注意力。我甚至依稀记得它们在花园中出现的一两次情形，尽管不是在粪便上。南唐斯有很多微圆的冰川谷，位于登顿村后的波弗蒂谷（Poverty Bottom）

---

① 标题原文为 *Flies – The Good, the Bad and the Bugly*，显然是调侃意大利著名通心粉西部片《黄金三镖客》（*Il buono, il brutto, il cattivo*，1966）的英文片名 *The Good, the Bad and the Ugly*。——译者

蜂形食虻，来自肖的著作（Shaw，1806）。[1]该图绘制精美，可见尖尾虽有杀气，但产生伤害的罪魁祸首实为口器末尖，至少能让飞过的粪金龟中招

即为其一。我最后一次见到蜂形食虻，就是在那里。当时，学校正放暑假。那是一个晴好的下午，我坐在一边，看蜂形食虻戏弄蜻蜓，看它们吃掉偶尔经过的反吐丽蝇。我的一个邻居正好遛狗路过，看见我守在一摊牛粪旁，并猛地用捕虫网将之扣住，便礼貌地过来询问："您拿这坨粪做什么用？"我抬起虫网，让他看网底。我想，那狰狞的怪物足以让他双眼瞪圆，或感到惊奇，或感到恐惧。

　　提起大多数粪食蝇虫，我估计人们会皱紧双眉，深表厌恶。在新鲜的粪便上，最显眼的是来自绿蝇属（*Lucilia*）、丽蝇属（*Calliphora*）、直脉蝇属的蝇虫。它们会在粪便上大量聚集，一旦受到惊扰，便会集体飞起，发出轰鸣般的嗡嗡声。看到布满苍蝇的粪便，我总是无法理解，为什么过去那么长时间，人类才认识到粪便与蝇传疾病之间存在联系。不

---

①引自英国自然学家乔治·基尔斯利·肖（George Kearsley Shaw，1751—1813）的著作《普通动物学》（*General zoology, or Systematic natural history*）第六卷第二分册，该卷版画插图作者为英国版画家查尔斯·特奥多修斯·希思（Charles Theodosius Heath，1785—1848）及格里菲思夫人（Mrs. Griffith）。——译者

过，值得注意的是，我们对这些联系的认识仍有误解之处，有时还会加以曲解。

上述蝇虫，无论是常见的黄粪蝇，还是在粪便上频繁起落的其他诸多物种，本不至于产生实质性的危害。它们不会飞入室内，对人类的食物没有兴趣，大多不会传播人类疾病。它们可能会在您头前脑后飞来晃去，让人恼火（如秋家蝇）。当您在乡间漫步时，可能还会被它们叮咬（如厩螫蝇）。但这些都是另外一码事。在粪中繁殖的蝇虫，只有两种进入室内，其俗名也恰如其分，分别为家蝇和有"小家蝇"之称的夏厕蝇（*Fannia canicularis*）。夏厕蝇是一种体形非常小的浅灰色蝇虫，经常在吊灯下折来折去，乱飞无常，然后又会动作矫健地朝上飞到灯泡底部，倒悬其上。不过，它们不会飞到您的食物上。折来折去不过是在空中圈一个三维地盘，旨在与可能的配偶相遇。在厨房之外，它们仍是折来折去，但是在外伸的树枝或悬垂的灌木树荫之下。反正，它们不会出现在您的食盘里，一只也不会。

家蝇就没那么幸运。它们没有如此理由用来开脱罪责。19世纪末，当细菌及其他微生物所致疾病开始为人所知时，被指作瘟疫的昆虫便是家蝇。不久，人们便发现家蝇携带有100余种细菌、病毒及原虫。在一只家蝇身上，研究人员就发现了660万个细菌个体（Hewitt, 1914）。就这样，家蝇与蚊子（谢天谢地，蚊子不在粪便上繁殖）一并成为人类的头号公敌。在图书和海报宣传中，家蝇被确定为一种对人有害的"昆虫威胁"，全因它们在污秽之物中繁殖。

奇怪的是，在放牧草甸上，您不会发现多少嗡嗡作响的家蝇。它们在野外的行踪相当隐秘。而且，它们更喜欢堆肥，而非新鲜粪便。正因为此，进入21世纪，它们作为室内害虫的影响离奇地大幅减弱。至少在英国，它们已不再是"家蝇"，而是"农家蝇"。如今，我住在伦敦东南部，搬进当前的居所已有17年。在此期间，我在室内仅发现过一只家蝇。就那一次，我还认为是后门外的豚鼠窝气味太大所致。如今已不再是堆肥遍地的年代，随着马力交通式微，家蝇也和小蠼螋一样，在乡镇和城市发生的数量不断减少。不过，我们只要去法国乡间度假，每日都会有几个小时手握苍蝇拍，追来赶去，噼噼啪啪，在身后留下一具具被拍扁的蝇尸。

家蝇成虫的历期短可一周，长可一月。雌蝇一生中产卵6次，每次约150粒。蝇蛆完成取食的时间3~30日，长短取决于环境温度。取食停止约一周之后，新的成虫羽化形成。在欧亚大陆和北美的温带地区，它们一年可繁殖10~12代，由于世代之间有重叠，我们总能见到苍蝇飞。在热带，家蝇可不停地繁殖，因而很容易达到成灾的数量水平。在澳大利亚，家蝇的害虫地位被丛蝇取代。在旧世界，我们或许对家蝇的发生数量了然于胸。但是，在南半球，那种体形偏小的丛蝇数量之巨，堪比《圣经》中描述的蝗灾水平，早期的欧洲殖民者完全没有心理准备，不知道如何应付。有关丛蝇的内容就此打住，在第十章中有专门介绍。

再回到肥堆，粪肥发酵液化，吸引大量蝇虫前来，有些格外引人注目。其中之一，便是俗称"雄蜂蝇"（drone fly）的长尾管蚜蝇（*Eristalis tenax*）。之所以被称为"雄蜂蝇"，是因为这种体躯较大，体色褐、橙的食蚜蝇在外观上与蜜蜂雄虫（drone）非常相似。它们将卵产在附近的沟渠里，其中有从堆肥溢出流入的腐汁；或者产在从粪浆氧化塘中渗出的溢液里，其中还混有从农田排出的水；也可以在那些仍有未经处理的污水排入的溪流之下。蛆虫体大色浅，有一条长长的"鼠尾"。那是它的呼吸管，伸缩自如，可撑到水体表面透气①。

古人对蜣螂有一些了解，但对蝇虫的生态学所知不多。神话、寓言和《圣经》中的"牛生蜂"②，指的就是此"雄蜂蝇"。一直到中世纪，仍有关于牛尸偶生蜂群的正式记录，尤其是被锤死的牛，须将鼻、喉堵住，以防灵魂出窍。蜜蜂野化后会在中空的树和岩缝中筑巢，但不会在腐尸上。不过，在"雄蜂蝇"看来，无论是液化的腐尸，还是渗出的粪泥，都近似一堆量足的腐败有机质。

在《圣经》故事中，古以色列大力士参孙也搞错了。当他穿过沙漠时，经过一具狮子的尸体，还有一群嗡嗡作响的昆虫。后来，他给好斗的姻亲们（未行割礼的腓力斯人）出了一道谜语："食自食者出，蜜自强者出。"[《士师记》（14：14）]③他的意思是，可食之物[meat（肉）之古义]来自捕食者，在这里，强壮的狮子是蜜之源。当然，那些昆虫是"雄蜂蝇"，与蜜蜂无关。但是，错误一直延续至今，让世界各地的图片编辑颇为沮丧。"牛生蜂"的迷思在19世纪就已被击破（Buckton，1895），但

---

① 管蚜蝇属（*Eristalis*）的食蚜蝇着实最爱极其腐臭之物。当杰夫·汉考克（Geoff Hancock）在哥斯达黎加一脚踩入一处微湿的貘粪坑时，他心里乐了开花。粪仅及脚踝，他赶紧利用这个机会，采集了好几种食蚜蝇幼虫带回饲养。其中包括艾伦管蚜蝇（*Eristalis alleni*），在此之前，其幼虫阶段从未被人观察到过。——作者

② "牛生蜂"，原文为"bugonia or oxen-born bee"，但bugonia也指"牛生蜂"的仪式，即抡锤杀牛，以期生"蜂"，从致命伤口飞出。——译者

③ 《士师记》（*Judges*），《圣经·旧约》经书。在故事中，古以色列人（Israelite）与腓力斯人（Philistine）是仇敌，前者割包皮，后者似乎不割。"未行割礼的腓力斯人"（uncircumcised Philistines）的说法在《士师记》（14：3）和《撒母耳记上》（1 Samuel，17：26）中皆有提及。"食自食者出，蜜自强者出"，作者引用的是英王詹姆斯译本，即"Out of the eater came forth meat, and out of the strong came forth sweetness"（14：14），故后文有"meat（肉）之古义"为可食之物的解释。但是，参孙（Samson）的有关事迹与作者所述略有出入。首先，参孙所见的狮子是他在之前打死（空手撕裂）的（14：6，14：8），那么，他经过的应为亭拿的葡萄园（vineyards of Timnah）（14：5），经书原文并未交待该地是否为沙漠之中。其次，在婚宴的谜语是给30位伴郎（companion）猜的（14：11–14），他们是否为其姻亲，经书原文也未交待。——译者

是这没能阻止糖业生产商泰莱（Tate and Lyle）引用这个故事，将一只死狮和一群"蜜蜂"的形象印到其著名产品黄金糖浆的锡罐上。如果您去参观该产商位于伦敦老码头所在地西银城①的工厂，就会看到巨型的锡罐形象，有货车那么大，立于建筑的一角——虽显得愚蠢，却不失高明。

　　写到这里，我意识到，大家已被我带远了，从乡间的放牧草甸来到了城里的工业区北伍尔维奇。因此，我重新整理了一下思路，登上思绪的火车，回到登顿的波弗蒂谷及南唐斯。20世纪60年代末期，就是在那儿，我第一次与南墨蝇"狭路相逢"。南墨蝇俗称"正午蝇"（noon fly），其拉丁学名的种加词meridiana显然取自"正午12点"（meridian），缘于该种在太阳高度最大时沐浴日光的习性。如此命名可谓恰如其分。若粪金龟象征黄昏，这种巨大的黑亮蝇虫则象征正午的太阳。它们栖息在山楂低矮灌丛的枝弯，或大树的树干上，享受着温暖。若被惊扰，它们会急速跳开，但往往片刻之后又回到栖息地。它们几乎不光顾粪便，它们根本就不需要。

　　家蝇产卵成百上千，黄粪蝇虽比不上，但也有几十粒。南墨蝇不同，它们一生可能只产5~6粒卵，一次一粒，相隔1~2天。产卵前，它们会寻找尽可能新鲜的粪便，再将卵产于其上。卵体较大，一头有棘状突起，或许是为了增加在液态介质中的浮力。这种保守的产卵策略让人想起推粪的大个头蜣螂，它们有漫长而细心的育幼机制。但与蜣螂不同的是，南墨蝇并无母体抚育习性。单卵意味着卵更大，孵出的蝇蛆也更大。尽管蝇蛆在山穷水尽时也会取食粪便，但它们是一种可怕的强大捕食者，更喜噬食其他幼虫。因此，若一堆粪上产有多粒卵，幼虫孵出后就会自

---

① 西银城（West Silvertown），位于大伦敦区东部的纽汉（Newham），下段开头的北伍尔维奇（North Woolwich）亦位于该区。——译者

相残杀，到头来适得其反。所以，南墨蝇雌虫产卵总是抢先一步，速战速决，确保唯一的后代是粪中最厉害的蛆虫，就像池塘里最大的鱼。如此一来，南墨蝇在产卵期每日仅产一卵，有的是时间悠闲地享受日光浴，就当是午休。

鼓翅蝇没那么奢侈。鼓翅蝇科的蝇虫俗称"黑蚁蝇"，但与蚂蚁没有任何联系。不过，它们也体形微小，体色黑亮，"腰肢"纤细，头大且不停晃动，确实与蚂蚁依稀相似。尽管如此，它们最鲜明的特征是翅近端部生有一小黑斑。这些都是相对突出的特征，当鼓翅蝇缓缓挥舞虫翅时，则显得格外明显。它们挥舞的模样很特别，就像在打信号旗，但章法混乱——双翅时而步调一致，时而一上一下，有时还会无序回旋，看似完全失调。

鼓翅蝇舞翅的目的为何，我们仍不清楚。在其他类型的蝇虫中，类似行为与交配密切相关，是复杂的配偶识别舞的一部分。但即便周围没有异性，鼓翅蝇（雄虫）也会如此舞动。雄虫有时甚至会大量聚集（据记载，可多达30000~50000只），同时舞动。这可能是蝇虫冬眠结束后集体羽化的结果。既然聚集的只有雄虫，则表明这是一种集体求偶行为，即雄虫聚集到一处，吸引雌虫交配。在这种聚集发生之时，空气中会弥漫着一种特别的气味（至少以人类的嗅觉感受，会觉得如此）。这表明，为了吸引雌虫，鼓翅蝇雄虫会释放性信息素。1976年4月的某一天，我坐在黑斯廷斯[1]附近的放牧草甸上，正吃着自带的午餐，成百上千只鼓翅蝇从我身后的草丛里飞来，集体舞动着双翅。是什么把它们引来的？是我手中汉堡的气味？或是茶壶？我不敢下结论。几分钟内，它们布满了我的背包，爬到我的腿上，让我烦恼不已。但这实在太神奇了。我想，能目

---

[1]黑斯廷斯（Hastings），东萨塞克斯郡南部海岸的城镇，位于刘易斯以东。——译者

睹这一奇异的现象，是得了天时地利之便。新鲜的粪便能够吸引大量的鼓翅蝇。不过，它们必须提防那些更大、更危险的黄粪蝇。否则，一不小心，就会被当作点心吃掉。

景色欠佳的途径

在到达粪便之前，马胃蝇幼虫已经过"百转千回""错综复杂"的跋涉。待马粪排出之时，它们已将自己包于其中。而在此前几个月里，它们十分安稳地生活在马的消化道里。由于拥有强韧的身体表面，它们也完全不惧针对植物的消化过程。这样看来，马胃蝇的拉丁学名的确起得高明，*Gasterophilus intestinalis* 就是"爱肠胃者"的意思[①]。在旅程之初，它只是一粒白色的狭卵，和其他一千多粒一起，经由雌蝇腹末向上翘的产卵管，粘到马腹与后肢股部相接区域或前足的毛上。当马自我刷拭时，虫卵受到刺激，旋即孵化。就这样，这些微小的幼蛆进入这可怜牲口的口中，并掘入其舌或口腔的黏膜，藏身其中。一个月后，蛆虫任由寄主吞入腹中。在胃中，它们利用口器附近的一系列钩状结构，以及倒刺般的刚毛，让身体的一半钻进胃黏膜。在接下来的9~12个月里，它们继续噬食胃黏膜。有时，聚集于受害者腹中的蛆虫多达数百，让寄主极为不适。因为，胃部溃疡不仅影响正常消化，还可能导致寄主感染其他疾病。

幼虫发育完全后，成为身形肥大（1.5~2.0厘米）、体被刚毛的污膏状老熟蛆虫。这时，它们就会松钩，脱离胃壁，随代谢废物下行，通过肠

[①]原文为"Graeco-Latin for 'intestinal stomach-lover'"，其中的Graeco-Latin指拉丁学名中可能有源自古希腊语的成分。实际上，以马胃蝇的拉丁学名为例，其属名 *Gasterophilus* 由 *Gastero-* 和 *-philus* 构成，分别来自古希腊语 γαστήρ（gastér，意为"胃"）和 φίλος（phílos，意为"喜好"）。不过，其种加词 *intestinalis* 来自文艺复兴时期的拉丁语 *intestīnum*（肠）。——译者

道，最终离开寄主，成功着陆。接着，它们爬出马粪，钻进土壤里、草皮下，或干粪肥中，逐渐化为色深、质硬且带刺的蛹。几周后，成蝇在夏末或秋季破蛹而出。

1974年，我曾在一堆刚排出的马粪中发现过一只蝇蛆。那是在东萨塞克斯郡（地名奇异的）费尔沃普和达德尔斯韦尔之间的一片草地上，位于（地名同样奇异的）阿克菲尔德以北[1]。令人尴尬的是，穷我当时所学，竟无法判断它究竟是什么虫。彼时，我认为自己的昆虫知识已达到专家级水平。我知道那是某种大型蝇虫的幼虫，但它的具体身份为何？我被难住了。因此，我做了任何一个聪明人都会做的事——将之带回家饲养。当然，饲养未知幼虫的秘密，在于准备充足的食物。因此，我把它装进自己的空饭盒，再放入大量新鲜马粪。简单极了！

我这么做，有没被我妈责备？时至今日，我已记不清，尤其是我们之间的对话细节。但谢天谢地，蛆虫在24小时之内就化蛹了，我将之移到装有园艺土的果酱罐子里。园艺土的气味不那么强烈，因此，招致的抱怨也不会那么多。到年底，一只毛茸茸的橙黄色蝇虫破蛹而出。在此之前，我从来没有见过如此蝇虫，今后大概也不会再见到。1974年时，由于大面积的灭除行动，它们的数量已经十分稀少，面临被根除的境地。某种昆虫一旦成为农业害虫，就会出现这种问题，尤其是那些对马匹身体造成伤害的种类。出于某种原因，它们没有被保护的资格，反而被意欲毒杀它们的化学制药公司盯上。如今，马腹部与后肢股部相接的区域

---

[1] 费尔沃普（Fairwarp）、达德尔斯韦尔（Duddleswell）皆为东萨塞克斯郡威尔登（Wealden）地区北部的村庄。阿克菲尔德（Uckfield）为该地区中部一镇，镇名中的Uck取自古代人名Ucca，据说有好事者喜在之前恶意加一F。费尔沃普中的warp为"扭曲"之义。从表面上看，达德尔斯韦尔可断为Duddles（人名，"达德尔斯"）和-well（"森林"或"井"），也可断为duddle-（"搅和"或"乳头"）和-swell（"膨胀"或"好"）。——译者

都会接受大量杀虫剂的灭卵"洗礼"。此外，更多化学制剂以凝胶剂、液剂、食品添加剂的方式，经口服进入马体内，以灭除肠道内的蛆虫。至少在英国，由于没有野马之类的自然宿主，用不了多长时间，马胃蝇蛆病就会绝迹。不过，达特穆尔高地或新森林①地区有回归自然的野化马，它们有可能成为马胃蝇的避难所。但即便如此，若蝇蛆病在当地成害，人们也会投放拌有兽药的马食。虽然马胃蝇不是粪蝇，但也是与粪有关联的蝇虫，只是不知还能存在多久。牲畜所服的化学兽药还会产生更大且相对负面的影响，我会在第十章中介绍有关内容。

深井神秘客

微小光亮的拟裸蛛甲（*Gibbium aequinoctiale*）是通过什么途径到达深井之下的矿道的？时至今日，这仍是一个未解之谜。20世纪90年代，在罗瑟勒姆市郊的银木煤矿②内，这种蛛甲被矿工安德鲁·康斯坦丁（Andrew Constantine）注意到。因为他哥哥巴里（Barry Constantine）是一位昆虫学家，所以他能意识到，在海平面下800米的黑暗深处，任何艰难求存的物种，都必然不同寻常。然而，几年后他才开始收集样本。因为，这些甲虫仅在被矿工当作厕所的旧矿道里发生，以人类排泄物为食（Constantine，1994）。

---

① 达特穆尔高地（Dartmoor），位于德文郡南部；新森林（New Forest），位于英国南部，横跨东邻西萨塞克斯郡及萨里郡的汉普郡（Hampshire）西南和威尔特郡东南。两地皆设有国家公园。——译者

② 罗瑟勒姆（Rotherham），位于英国中北部内陆的南约克郡（South Yorkshire）。银林煤矿（Silverwood Colliery），位于罗瑟勒姆市区以东的斯赖伯（Thrybergh）和雷文菲尔德（Ravenfield）之间。——译者

深井煤矿不是普通的工作场所，那里没有专门的厕所[1]，没有水管，也没有水。反正，没有任何卫生设施。矿工们下到采煤工作面，一连几个小时不升井，若需要"方便"，则利用任何方便之处。因此，废弃的矿道就成了他们非正式的土厕。但问题是，矿壁完全是煤，脚下是易碎的泥岩，根本没有掩粪之土。在地面之上的露天厕所，有雨水浸沥，有粪甲、粪蝇光顾，粪便最终会被环境吸收。但在煤矿冰冷的地下世界里，这种粪便再循环过程不可能发生。所以，粪便只能慢慢地变干，直到质地变得如同水果蛋糕，一种在布里斯托大便分级表上查不到的状态。就在这近乎未腐败的有机质中，有数以百计的拟裸蛛甲繁衍生息。自从这种不同寻常的生境被揭示以来，拟裸蛛甲也在斯塔福德郡和达勒姆郡[2]某些煤矿的相似环境中被发现。

不止一种蛛甲[3]取食脱落的种子、霉菌、贮于蜂巢的花粉或人类贮食。它们对食物的适应能力强，许多物种已侵入我们的贮食柜，成为城市里的家庭害虫。有一种观点认为，矿井里的拟裸蛛甲以掉落的食物残渣为食，但谁会在厕所里吃三明治呢？据那位康斯坦丁先生观察，"在吃饭时，矿工们有意地远离矿道，因此不会给甲虫留下食物残渣"。自19世纪开矿到20世纪60年代，该矿曾利用小马拉煤。因此，有一种解释认为，拟裸蛛甲可能是随马料或垫草运入的。无论到达途径如何，至少，银木煤矿里的拟裸蛛甲集落是我所知的该类群的唯一粪食者。

还有大量更深奥的谜团。马粪蜉金龟（*Aphodius subterraneus*）到哪

---

① "专门的厕所"，原文为"lavatories, toilets or restrooms"，指卫生间的不同说法，详见第十三章解释。——译者

② 斯塔福德郡（Staffordshire），位于英国中西部内陆。达勒姆郡（Durham），位于英国东北，南邻北约克郡。——译者

③ 蛛甲（spider beetle），指包括拟裸蛛甲所属裸蛛甲属（*Gibbium*）在内的蛛甲科蛛甲亚科（Ptininae）物种。——译者

里去了？在英国，这种一度分布广泛的蜣螂现已杳无踪迹。最后一次目击记录，还是在1954年，发现于斯卡伯勒①。为什么英国东北和西部稀少的春钻粪金龟（*Trypocopris vernalis*）会是亮蓝黑色，而在欧洲南部却是鲜艳的虹绿色？有没有专食鼹鼠粪便的物种？为什么一只原产南非的黄缘嗡蜣螂（*Onthophagus flavocinctus*）会在1967年浮尸于东萨塞克斯中部马道的某个水坑中？如果有更多的人对于粪便及其居客感兴趣，没准会有更多新奇而刺激的发现呢！

---

①斯卡伯勒（Scarborough），位于英国东北的北约克郡（North Yorkshire）东南海岸。——译者

第八章

粪之剖面——粪食生活侧影

现在，是时候拿出窄铲或折叠小刀，正式剖析一块粪便了。当气息"浓郁"、闪闪发光的新鲜哺乳动物粪便初现于世，尚未从正主身体完全脱离之时，它是均匀同质的一大块。不过，一旦落地，变化随即启动。即便是很稀的牛粪，若排出时正值炎炎晴日，此刻也会开始变干。对于许多在粪中取食和繁殖的粪蝇而言，这一事实暗含的信息事关重大。因为，它们无论是在粪中取食，还是在其中产卵，都须在粪便尚为湿软之时。

有一个类比非常精辟，那就是将一摊粪便比作一塘池水，两者都有专生于表面的动物群。由于氢键的复杂物理特性，水具有表面张力，水面呈弯月状，好似形成一层膜。又称"水上飘"的水黾就是在这水膜上漂，而又称"水回旋"的豉甲也是在这水膜上回旋①。在池塘表面生活的动物还有其专用术语——漂浮生物②。粪便有一层粪壳或粪皮，其名虽略显直白、缺乏诗意，其功能却不赖，可很好地将在粪表和粪内活动的昆虫隔开。

---

① "又称'水上飘'的水黾"（water skater），指半翅目水黾科（Gerridae）的蝽虫；"又称'水回旋'的豉甲"（whirling beetle），指豉甲科（Gyrinidae）的甲虫。——译者
② 漂浮生物（neuston），指生活在水体表面上下的生物，可分为水表上漂浮生物（epineuston）和水表下漂浮生物（hyponeuston），不限于动物。——译者

在粪表生活的昆虫以蝇虫为主。黄粪蝇举止"做作"，雄蝇还要"逞强"，有看守配偶的行为，它们占据了粪便表面的"制高点"。雌蝇要将卵产到粪便内部，但其产卵器既不强大，也非短小精干，因而只能穿透最新鲜的粪皮。舞翅的鼓翅蝇、喧闹嘈杂的绿蝇或反吐丽蝇也在粪表出没，但它们得十分小心。实际上，那里一片混乱。在旁观者看来，其程度与象粪中数以千计的蜣螂"疯狂抢占"没什么两样。然而，哪里有混乱，哪里就有伺机牟利者。

在这里介入的，是金毛熊隐翅虫及其他捕食性隐翅虫。不过，以"介入"一词形容这些昆虫的进入方式，似乎不太恰当。这些活跃的肉食性隐翅虫行动敏捷，即便在粪表捕食，也保持着优雅的姿态，与所处的现实环境形成鲜明的对比。它们来回速移，神出鬼没，先是藏到粪边，然后往粪顶方向急冲，惊得蝇虫四散。那情形，好比头回进公园的小狗兴奋过度，吓得鸽子飞起。蝇虫视力敏锐、反应迅速，最前面几只必定躲得快。但是，猎物的混乱反而掩护了捕食者的攻击，很快就会有一只被拖走，死于捕食者弯刀般的颚下。多年前，为了拍摄带有美丽斑点的鼠灰粪匪隐翅虫，我曾将这只绿青铜色的甲虫塞入玻璃管，在冰箱里放了半个小时，使之行动变得足够缓慢，这才得以拍成几张照片。当时，我抵住诱惑，才没有把新鲜的粪便放上餐桌，而是弄了点花园草皮作为背景。

常见的捕食性隐翅虫多为纯黑色，或略带青铜色金属光泽，本不显眼。但它们移动迅速、行为无常，反而格外引人注目。已故的罗杰·邓布雷尔（Roger Dumbrell）生前是萨塞克斯的一位古董商，也热爱自然博物，有点个性。有一则关于他的轶事流传甚广，虽难免有美化之嫌，但绝非凭空杜撰。一天，他正在公交站排队等车，一只闪闪发光的大型菲隐翅虫飞过来，降落到街头的一堆狗粪上。这一幕吸引了他的注意，然而，隐翅虫迅速地隐到粪内。他毫不迟疑，马上弯下腰来，赶紧翻起粪便，迅速地将虫采集到指形管中。看到这一举动，站台上的其他乘客感到诧异，或许还有几分反感。我非常了解罗杰，相信他有这能力，也想象得出他那番从容自信。事实上，我与甲虫结缘，领悟到扒粪寻虫的乐趣，部分启蒙便来源于他。

对于体形微小的蝇虫来说，熊隐翅虫属（Emus）和粪匿隐翅虫属的甲虫是难以对付的"野兽"。还有一些体形较大的菲隐翅虫［如大赤隐翅虫，体长17毫米，又如丽菲隐翅虫（Philonthus splendens），体长14毫米］，它们或许可取食反吐丽蝇，但一般捕食更小的猎物。牛粪几乎没有层次，就像一张厚煎饼。马粪不同，它们旋卷扭曲，如同迷宫一般，形成错综复杂的内表面。那些微小的蝇虫不用推，也不用掘，从自然缝隙钻进即可。在这里，虽可避开狂躁的粪蝇，但仍须时刻提防隐翅虫的袭击。

掀开马粪最上一层，会发现内表面往往爬满了小型蝇蚋。这里有蛾蚋［有时被称作鸮蚋（owl midge），属蛾蚋科（Psychodidae）］、小粪蝇（小粪蝇科）、粪蚋（伪毛蚋科）、蕈蚋［眼蕈蚊科（Sciaridae）］。它们在粪外取食、交配，但将卵产在粪表或其下，因此都算是微小的粪表居客。

蝇蛆的体形较成蝇更具流线性。它们在腐质中蠕动由来已久，有漫长的进化历史，稀软的粪便内部让它们觉得很自在，即便那里不为其独享。

游在粪中——稀软的中心区域

我承认，把粪便比作池塘有些勉强。不过，在本节里，我仍会沿用这一类比，甚至将之进一步延伸。我要说的是，粪中亦可游。金龟腐水龟虫有线条平滑的体表，能够轻松地在新鲜牛粪内部的稀浆中游弋，因

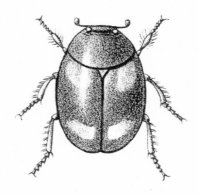

腐水龟属物种与在水中生活的某些甲虫的近缘，但它们以足为桨，游于粪中

而俗称"泳粪甲"。它们和粪蝇、隐翅虫一样，都是新鲜粪便中下手迅速的居客。在接近粪表之际，它们会迅速收好膜翅，然后一头扎入粪内。它们的足很宽，部分边缘有硬毛。如此一来，通常用来急走慢爬的足肢就变成了桨，使"泳粪甲"得以在粪中完全以游代步。

金龟腐水龟虫属牙甲科。该科甲虫好水，"泳粪甲"的很多"近亲"仍为"水甲"。它们在水里游，或往沉水植物上爬，或在塘边烂泥中挣扎。在那里，它们取食所遇到的任何腐质碎屑，有些体形较大的物种或兼营捕食性的生活，或完全为捕食性。反观"泳粪甲"，它们实际上畅游在自己的食物里。这该有多奢侈啊！随着牛粪变干，粪皮变硬，成为粪壳，无数粪蝇望而却步。但"泳粪甲"无所畏惧，它们仍能利用发达的足钻透粪皮。粪便排出约一天之后，表面已干，可伸手触之，其上明显可见可戳入的卵圆形小孔。"泳粪甲"即由此深入仍较为稀软的粪便内部，空余独特的入口在外，好像粪便被小口径猎枪射过一般。

阎甲（阎甲科）也生活在这淤泥般的湿粪之中。它们具有线条平滑的体表、囊状的身形，也非常适于在湿粪中活动。它们体色乌亮，有时

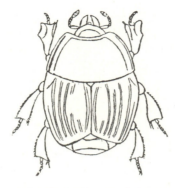

拥有平滑的线条、扁平而强有力的足，使得阎甲成为一类技艺高超的掘粪者

生有红色或橙色斑。利落的外表，辅以带齿的扁平巨足作桨，足以在粪中行动自如。成虫和幼虫皆为捕食者，主要以在粪内生活的蝇蛆为食，但也乐于享用任何送上门的食物。

在粪内生活的蜣螂显然属于粪居型。在温带大多数地区，它们是虫体为卵状圆柱形的蜉金龟属蜣螂。蜉金龟掘入粪内，没有多少泳动过程。它们的圆柱体形与钻蛀林木的甲虫相似，且头部光滑、线条流畅，还拥有阔足。有这些特征，掘入粪中轻而易举，即便是在粪便开始变干之时。与前述"泳粪者"不同，蜉金龟及其他大型蜣螂不倾向从粪顶扎入，而是通过粪便与枯草层或落叶层之间形成的空隙和狭缝，从粪底进入。然而，一些大型物种，如赤足蜉金龟、掘粪蜉金龟和游荡蜉金龟（为英国最大者，体长分别是12毫米、10毫米、8毫米），它们需在粪下花费不少时间；而体形较小的小蜉金龟、痰蜉金龟（*Aphodius consputus*）及粒蜉金龟（体长皆约3~4毫米）更擅长发现纤维材料间的缝隙或易突破处，很快就能钻入。

这些甲虫的蛴螬及种种蝇蛆都在粪内生长发育，使得粪便能吸引一

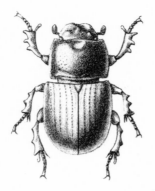

生活在粪中的掘粪蜉金龟，好似一只黑滑怪物

系列其他类型的动物前来。有时可见秃鼻乌鸦在内的鸦、鹊及其他鸦科飞禽将牛粪啄开，吃里面的东西。它们当然不是在取食粪便，而是在享用其中的肥大幼虫。秋冬之际，当地面上的食物所剩无多时，三分之二的牛粪都会被鸟啄开。不过，在季节之初，散开的粪更有可能是被昆虫学家扒开的。满是蛴螬的牛粪把獾也吸引来。它们拱开粪堆上部，好似撬开一个盖子，接着，便狼吞虎咽，尽享美味。

粪土之间——土壤层

粪便与土壤之间的交界区域不像粪皮那样可以明确定义。这一状况是蜣螂所导致的，无论是紧贴粪底的粪居者，还是积极掘土的掘穴者，正是它们的活动模糊了这一界线。就掘穴者而言，若巢穴较浅，则与土中的凹陷相当。因此，其中的粪便颗粒虽由蜣螂分离自粪堆，却多多少少仍与粪堆的剩余部分相接，依然与之合为一体。而深掘者为了制育幼粪球，会将碎粪送到地下。这样一来，粪粒便随即如卫星般被分散到土中。如果有推粪型蜣螂光临，粪便最终甚至可能会分散到方圆数十平方米的区域，垂直深度从数厘米到2米多不等。很快，就到了无法界定粪土的地步，难以分清粪止于何处，土始于何处。

尽管界限不够清晰，粪土交界处仍是重要的生态区域。这里有生物可钻的自然裂缝。土可保水，使粪不至于变得太干。略有霉变的粪便发酵，还会使粪温略微升高。对于单块粪便，升温可能不会超过1摄氏度。但是，在大型粪肥堆内，温度却几乎滚烫，最高可达75摄氏度。这也是堆肥措施适合被园丁和农夫采用的原理之一，即温度升高到一定程度，真菌孢子、致病微生物及一年生杂草种子皆会被杀灭。我十几岁时在南海顿进行的那次短暂的蜣螂调查期间，甚至到了深冬时节，仍可在略微发酵的粪便下的枯草层中发现甲虫。在那里，它们依然活跃，或至少在12月至次年2月期间，其他生物几乎都已冬眠之时，它们仍不会进入完全休眠的状态。

正当掘穴型蜣螂搬运一块块小小的粪便，把它们重新安置到地下时，一些土壤习居动物也蠢蠢欲动。它们离开腐殖层，钻进有形或已不成形的粪中。"蠕虫"是典型的土壤生物，只要哪里有丰富的腐殖质，哪里就有它们的身影。因此，它们也取食粪便，只不过是自粪底而上，且几乎从粪便产生的那一刻起，就开始行动了。普通蚯蚓即陆正蚓（*Lumbricus terrestris*），它是广为人知的花园蠕虫。当然，蚯蚓有很多种，但在某些富含有机物之处，例如堆肥桶、粪肥堆或时常圈有动物而使得粪便材料得以沉积到土中的畜牧围场，取代普通蚯蚓的，是一种特征明显、环带呈红色的赤子爱胜蚓（*Eisenia fetida*）。蚯蚓栖息在覆有黏液的孔穴里，在夜间才出来。它们攫取能遇见的任何枯死植物材料，将之拖回地穴，在安全之所享用。对于这类蠕虫来说，是枯草还是鲜草经植食动物切断、咀嚼、通过其消化系统而最终排出的产物，区别并不大。

至少在英国，蚯蚓在粪便再循环中扮演的不是客串角色，它们是主要的粪便"清运工"。在有些地方，30%~60%的粪便是由蚯蚓移除的。它们辛勤工作，默默无闻。只是在漆黑的地下，没有人会注意到它们。

蛞蝓和蜗牛也会光顾粪便。多年前，有一次我在法国度假，发现作为食料的法国蜗牛（*Helix pomatia*）是田边狸粪的常客。这些狐狸吃过风吹落的野李子和青洋李[1]，排出的粪稀，其中有很多水果纤维成分（而非通常的肉、羽成分）。对于肉食动物而言，这不同寻常，但粪便的气味仍然很大、很难闻。法国蜗牛不嫌弃，狼吞虎咽地在那儿吃粪。这让我感到惊奇，对于以野生蜗牛为食料的人，这也是一个警告。食用野生蜗牛有风险，除非您明白个中缘由，进而用制做沙拉的果蔬先饲养几天，让它们把消化系统中的脏物清排干净，确保一切安全。反正我从来不吃。

蛞蝓是重要的无脊椎动物类群，在土粪交界处的作用比蜗牛还重要。在那里，蜗牛壳成为一个累赘，限制了蜗牛的行动范围。蛞蝓不同，它们能潜入腐殖层和枯草层的狭窄空隙，是一种非常"地道的"土壤生物。它们在食物的选择方面也更具冒险精神。蛞蝓大多为捕食者，攻击蜗牛或其他蛞蝓，也取食烂透的腐质，而不是像蜗牛那样以植食为主。在我家后面的园地里，蛞蝓是主要粪食动物之一，时刻准备向臭烘烘的狸粪和猫屎发起"进攻"。毫无疑问，那些动物摄入大量肉食，粪便散发出强烈的腐肉气息，非常符合蛞蝓的口味。毕竟，它们通常营捕食或以腐尸为食。

在某些情况下，粪便和土壤的界限是完全模糊的。有观点认为，腐殖质不过是腐败有机质和蚯蚓粪被不断翻捣后形成的残渣。查尔斯·达尔文撰写过一本关于蚯蚓的权威专著（Darwin，1881）。他得出结论，蚯

---

[1]青洋李（greengage），即欧洲李的青色亚种（*Prunus domestica* subsp. *italica*）。——译者

蚓将土粒吃进去，经过消化，再排出来，周而复始。10~20年间，它们可将离地面最近的15厘米土层翻个遍。在一片经过牲畜充分牧食（因而也是上足了肥）的草场，粪土之间的过渡很快会变得难以辨别。粪归入土，土即是粪。

第九章

时过粪衰——粪的时间线

在非洲大草原上，一堆重约20千克的大象粪便可能只会存在几个小时。在那里，粪便再循环最为高效。然而，在北极冻土带，驯鹿的粪便可能5000年都不会有任何变化（Galloway *et al*，2012）。对于我们来说，这些冻粪很有用，其中保存了史前驯鹿所食之物的信息。但是，在嗜粪动物眼里，它们只是一个冻块，一个被冻结的美好期许，无法兑现。处于这两个极端之间的某个时间尺度，才真正适合用来描述存在于你我身边的那些粪便。

然而，即使在同一地点，粪的"生命周期"也会有很大的差别。既然实现粪便再循环和移除的主体是一个结构复杂的生物群落，粪便就必然随着它们的节奏变化，而这一切又因季节、温度、天气及整体气候不同而异。在英国，一摊牛粪自然降解，短仅需35天，长则150天都不止。在美国加利福尼亚，它们可存在约360~1000天。在新西兰，曾有过报道，这个数字可为520天。而在加拿大，列出的时间则以"长达数年"表示。我想，这可能由于粪便观察者最终失去耐心，或者是因为断了经费，只好仓促收工。

粪便"寿命"有异，季节因素的影响居首。在雷丁附近的那次粪诱蜣螂实验是在5月进行的。获得成功之后，当年9月我又回到那里重复该实验，以为可以得到相似的结果。我等了半个小时，也没见到一只甲虫出现。最终只收获了不多的蝇虫。看来，派得沃斯[1]的蜣螂是在春季活动的。不过，英国也有在夏天和秋天访粪的昆虫。南墨蝇的发生时间一般被表述为"4月底至10月"，但在我的印象中，它们是7月和8月间活跃的昆虫。它总让我想起童年时在怀特岛、珀贝克和莱姆里吉斯[2]度假的日子。那里到处都是放牧草甸，当时的我举着自制的捕虫网，开心地追逐这种黑色的大个头蝇虫。8月和9月是食速蜉金龟（*Aphodius obliteratus*，它能迅速地将烈日下的一堆粪吃得无影无踪）和粪污蜉金龟（我觉得这个名字起得不公平）[3]发生的高峰期，它们都是略覆绒毛的粪居型蜣螂。到了深秋，就是我寻找痰蜉金龟之时。这种痰蜉金龟比较罕见，我以前只在10月发现过（一次在1974年，发现于奥尔弗里斯顿附近的退水垃圾，另一次在1975年，发现于弗里斯顿森林里的狗粪上[4]）。说它"罕见"，可能是因为昆虫学家多在晴好的天气下寻虫，当阴冷潮湿的深秋到来之时，他们已退居书房。从10月份开始，提丰粪金龟在整个冬季都非常活跃。人们常在1月和2月看到它们偕兔粪粒蹒跚而行——它们不推粪，而是拖粪，将之拽回到砂质土壤中的洞穴里。此番情形也标志着这种可爱的昆虫在北欧地区的筑巢季节已经开始（Brussaard，1983）。3月时，该种是最早落入鳞翅目昆虫学家诱蛾陷阱的甲虫之一。它们扑向明亮的汞灯，常致其熄灭。

---

① 派得沃斯（Padworth），属伯克郡，位于北邻雷丁的西伯克区（West Berkshire）南部。——译者

② 怀特岛（Isle of Wight），位于英吉利海峡靠近英国一侧的离岛，距汉普郡最近仅约2英里。珀贝克（Purbeck），应指位于多塞特郡珀贝克半岛内的区域，莱姆里吉斯（Lyme Regis），位于多塞特郡西部。——译者

③ 食速蜉金龟拉丁学名的种加词为 *obliteratus*，与作者形容它所用的 obliterate（使消失）同源。粪污蜉金龟拉丁学名的种加词为 *contaminatus*，意为"被污染的"，可能作者认为这种粪居型蜣螂不存在被粪污染的前提，故起名不公平。——译者

④ 奥尔弗里斯顿（Alfriston），为位于东萨塞克斯郡西南部的一个村庄。弗里斯顿森林（Friston Forest），位于南唐斯国家公园内。——译者

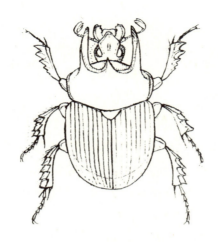

冬季活跃的提丰粪金龟

　　欧洲大部分地区处于温带，季节转变体现为温度的变化。但是在热带，温度常年保持着较高的水平，季节转变表现为干季和湿季的交替。那些关于大量蜣螂涌到象粪上的报道，都是在湿季发生的事。湿季到来时，地下蛹室内的蜣螂即将羽化。当四围的土壤不再干硬，变得潮湿，它们便破土而出，寻找新的粪堆。而干季到来时，被粪堆吸引的甲虫数量不断下降，直至可忽略不计。这时，白蚁仍在搬运粪料（Freymann *et al*，2008），但它们也将消失。显然，此时的象粪"寿命"不只几个小时，"活到"4个月都不是难事。对一堆象粪监测的结果显示，它"坚持"了850天。

　　降解所需的精确时长并不重要。不过，粪便从"新鲜出炉"到消失于无形，其大致过程倒是可以预测。

　　假设没有成群结队的掘穴者和推粪者热切涌来，在极短时间内将粪团一清而空，那么，一堆粪大致可经历如下几个时期：

新鲜期（fresh）：热粪落地，尚冒蒸气，一切就绪，静待粪客

成熟期（mature）：第一拨粪客抵达，开始繁殖

饱和期（mined）：汇集各种虫态的粪客，世代重叠，空间饱和

霉变期（mouldy）：最初的吸引力渐失，逐渐变干

腐朽期（mouldering）：已非完整，风化，边缘萎缩

解体期（crumbling）：解体，或被啄散，或由植物复生所致

残余期（ruins）：仅余碎粪，或大或小，或为残食

碎渣期（dregs）：化作粪粉，粒小如尘

存迹期（echoes）：已无余粪，存迹尚在

偶闪期（ghosts）：存迹偶现

完全消失（gone）

这是我个人的看法。但不管怎样，它基于40年来"零距离"详尽研究粪便的丰富经历。本章接下来介绍的内容，即为在英国或欧洲产生的牛粪或马粪从排出到被自然清除的一般过程。

新鲜出炉，等待成熟

本书到此的大部分内容与这一阶段有关，即粪便初现，以及被吸引而来的第一波生物。这一阶段可能持续数小时，也可能延续数日。无论是接踵而至的蝇虫，还是抢先到达的蜣螂，都设法尽快进入粪中。此时呈现出的，是一派熙熙攘攘的景象。蝇虫在粪表轻捷地行动，甲虫重重地落到草丛，要从粪底钻入。若想观察新鲜粪便，此刻便是坐下的良好时机。

具有讽刺意味的是，粪便在产生之初会对近前的环境造成负面影响，尤其是同时有尿液排出时。氮水平过高对植物有害，若排泄物中尿素、尿酸或其他铵盐过多，地表就会像被烧焦一般，周边的植物也会被灼伤。当发现家里凹凸不平的草坪上出现一丛丛变褐的草块时，我最初担心是外来的真菌病害导致的。但在后来，当我看到一只猫咪正蹲在草上干什么，我便明白了其中原委。唉，这个小怪兽！鸟粪就是因为其中混有尿酸，才相对不为粪食昆虫所爱，因此也可否定种种有关在恐龙粪中发现蜣螂的断言。好在猫咪在他处拉屎（不过是在花圃里），所以访粪的蜣螂（常为龟缩嗡蜣螂）不会反感。无论是牛，还是马，其不同形态的代谢废物也是分开排泄的。因此，只要放牧草甸足够开阔，在那儿排出的粪便都不大可能被尿液污染。

　　在阳光灿烂的英格兰南部，粪便的新鲜期可持续几天到两周不等。在我看来，这也是最有成效、最有趣的"可扒"阶段。粪便还是软的，易于翻动或切开。在这一阶段，嗜粪动物群主要由先期抵达取食繁殖的粪甲成虫组成。对于寻虫者而言，处于此阶段的粪便，每一摊之下都可能藏有某种新的宝贝。

　　有一个传说，虽传来传去，传出若干略有不同的版本，但我相信确有其事。我的老朋友罗杰·邓布雷尔讲过这样一则寻虫轶事。那还是在20世纪70年代早期，当时我还不认识他。那次，邓布雷尔和（应请求匿名的）A. N. 某君一起去东萨塞克斯郡拉伊附近的坎伯海滩[①]采集甲虫。他们从停车场出来，往沙丘上走。在路上，他们发现一大坨粪，便停下脚步，想着是否要研究研究。它静静地躺在沙地上，显然产生不久，处于

---

①坎伯海滩（Camber Sands），位于东萨塞克斯东部拉伊（Rye）附近的坎伯村（Camber）。——译者

新鲜期，附近还有用过的纸巾，说明它无疑是人的大便。一人有所顾忌，不愿意碰，继续往前走。另一人找来一根棍子，小心翼翼地把它翻起来，发现下面竟藏着非常罕见的颈角嗡蜣螂（*Onthophagus nuchicornis*）。随着他的呼喊声越来越高，先前不情愿的那位鞘翅目昆虫学家恶感全消，转回来加入探索。是哪位继续往前走，哪位挖开的粪便？谁都记不清，谁也说不清。可标本仍在，采集日期写的是1972年5月4日，记录的发现处为狗粪下。我得提醒您，就是这位罗杰·邓布雷尔，当他在潮沼中的某件退水垃圾下发现一只罕见的步甲时，他不会将发现处记录为具体直白的"under an old shoe"（旧鞋下），而是写成抽象"正式"的"under rejectamenta"（退水垃圾下）。曾几何时，昆虫学家会在发表的论文中写下"in stercore humano"（人粪中）的字眼，希望通过使用古典语言，就能使研究中涉及的令人皱眉的行为得以掩盖或正名。顺便说一下，嗡蜣螂属的拉丁学名*Onthophagus*源自希腊文ονθος（onthos），即"黏粪"[1]，以及φαγειν（phagein），即"食"，特别适合形容此类常见于更纯粹的杂食动物或肉食动物粪便的甲虫。

不管是哪种动物的粪便，产生之后的最初几日皆为粪客前来定居的时期。最先入住的是粪食者，数量在第二日前后便达到顶峰。第三日，捕食者数量增加，并在一周后达到最高。在一项关于芬兰牛粪内甲虫演替的著名研究中（Koskela and Hanski，1977），通过比较10日累计虫数，发现粪便中的肉食者（16个物种，191个个体）多于粪食者（11个物种，126个个体）。不过，若比较生物量（即所计粪虫的重量之和），粪食者（443毫克）比肉食者（129毫克）更重。捕食者姗姗来迟，在进化方面

---

[1]作者给出的释义为"slime"（黏腻之物），但ονθος意为"动物粪便"，故处理为"黏粪"。——译者

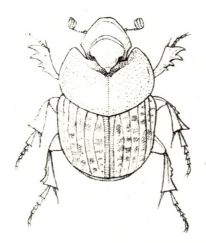

嗡蜣螂属的拉丁学名*Onthophagus*的意思是"食黏粪者"。这类蜣螂发生于更纯粹、更加恶臭的粪便中，比如，猫、狗及人类的粪便

解释得通。对于捕食者而言，待粪中集居了大量粪食者再下手，岂不更好？这项研究没有测量蝇蛆的生物量，不知情形如何。但是，既然大多数捕食性粪甲以蛆为食，它们应该也会至少等到第一代蝇蛆长肥以后才行动。

盛期的群落

随着第一拨粪客大量涌入，到粪便自产生约第二周时，它已吸引不到成群结队的访粪者。这时，便进入相对平静的定居阶段，甲虫幼虫和蝇蛆在粪中发育，静静地取食。甲虫成虫还在，但有的正在离开，前往新的粪便。粪面开始变干，但内部依然湿润。这是一个考验扒粪者切粪手艺的阶段。

如今，回想起扒粪寻虫的早期岁月，有时我会对自己探索时的随心所欲感到遗憾。粪中有大量的生物，但在当时，我只想寻找没碰到过或不同寻常的物种。对于大量的普通小虫，还觉得它们不过是干扰因素，分散了我的注意力。我也参与野外集体扒粪。参与者除了我、我父亲、前面提到的扒粪者邓布雷尔和霍奇，可能还有其他一些小小昆虫学家。1974年9月14日，在布赖顿附近的崖顶山路上，我们三个人（或更多人）发现一大堆马粪。让我兴奋的是，粪中有罕见的硬粪蜉金龟（*Aphodius scybalarius*，现为 *Aphodius foetidus*），而且还是颜色不同的两个类型。此外，我还注意到同样非比寻常的臭蜉金龟（*Aphodius foetens*）。还有一些相对普通的物种，数量约为200只，但我未统计确切数字。至于在纤维质粪体中蠕动的大量幼虫，我甚至没有估数。好在其他昆虫学家中有细心者，十分在意对这类数字的统计。在芬兰进行的一项牛粪研究中，研究人员从取自312摊牛粪、重量均为1.5千克的粪样中分离出179种、共62497只甲虫（Koskela and Hanski，1977）。巧合的是，每一摊粪便上约有200只。我松了口气，看来自己没记错。

在这一阶段，粪便的状态最为稳定，其中无脊椎动物的多样性程度也达到最高。此外，蜣螂在粪圈的性别比例也开始失衡。在温带的欧洲，这一变化不那么明显，但在亚热带地区，为了埋藏育幼粪球，越来越多的雌虫转往地下。这样一来，在粪体上部的蜣螂中，雄虫占了绝大多数。

在排出之初，粪便的性质是单一均匀的。随后，粪体开始分化，到此时，已形成细微的湿度和温度梯度。这样，各种粪虫可根据所需，选择适合自己的生存空间。然而，不同粪虫之间，体形大小差异甚巨。即便在英国，嗜粪动物群如此之小，其中最重的蜣螂（某种粪金龟）的体重竟也是最轻的缨甲（详见下节）的约5200倍。而在数量上，体形微小的昆虫占了上风。尽管对我来说，200只蜉金龟已经算是很多了，但与一堆粪上的20000只蛾蚋幼虫相比，简直不值一提。然而，这种粪虫多样的鼎盛局面不会维持很长。

　　早期到达的繁殖迅速的蝇虫和快速钻入的甲虫，其活动在最初的2周内达到顶峰。然而，之后便是一个陡降的过程。8周后，在成虫和幼虫的持续消耗下，粪体已千疮百孔。随着欧洲闻名的天气频变，在经历先湿后干的过程后，粪便在外观上变得纤维化。此时，粪便已非完整一堆，但瓦解从边缘的萎缩开始。这时，牛粪上常会生出一种橙色的小型子囊菌——粪生缘刺盘菌（*Cheilymenia fimicola*）。终结就此开启。

土崩瓦解

　　此时，熟悉的粪臭已经挥发殆尽。粪便的主要组成部分——细菌，或已被取食，或进入休眠的芽孢模式。因此，粪便看上去的确如同糊成一团的干草或处理过的植物材料。可能仍有寥寥粪甲在附近徘徊，但它们对此时的粪便没什么兴趣。现在，该真菌上场了。

　　大多粪生真菌个体微小（真的达到微观水平），人们对之了解不多。它们数量巨大，多得让人难以想象，1立方毫米绵羊粪便可含100万个菌丝体（每一菌丝体都相当于一个根系）。酵母是一类单细胞真菌，而1克牛粪中可含200万个酵母细胞。和通常的误解不同，真菌并非植物。它们是一个独立的生物类群。欲理解真菌的地位如何，最好的办法，是将之看作像动物那样的消费者，而非（像能进行光合作用的植物那样的）生产者。然而，真菌并不像动物那样利用肠胃在体内消化，其消化过程在外部完成。它们用如卷须、根一般的菌丝吸收营养成分。

　　在排出之初，粪中已存在一些真菌孢子。它们是动物取食的植物所携带的，之前一直处于不活跃的状态，待安全地通过植食动物消化道直至被排出之后，才得以在粪便上激活。甲虫掘粪能改善粪体的通气条件，有利于真菌的发生，有时会有子实体生出。子实体是真菌产生孢子的结构，大多也是微观的，例如霉菌的"毛"或"粉"。不过，有时也会是外观奇异的蕈。若您对此感兴趣，有一本非常实用的英国粪生真菌指南可以参考（Richardson and Watling，1997）。按该指南作者的建议，可把粪样带进温暖的室内，将之置于两张吸水纸间，放在桌上培养，或将之放进玻璃菜锅或塑料饭盒里，让真菌在其中慢慢成熟。在一本关于英国盘菌的书中，作者如是劝勉，"丰硕的果实正等待着有志于将闲暇或晚年奉献给狗粪研究的人去收获"（Dennis，1960）。——您以为昆虫学家恶心透顶？

　　野外的粪便上还会长出非常独特的蘑菇，如纤细且具有光泽的半卵圆斑褶菇（*Panaeolus semiovatus*），又如菌体更加丰满的半球盖菇（*Protostropharia semiglobata*）。我的最爱是几种鬼伞属（*Coprinus*）的真菌。这类独特的大蘑菇有着长长的近圆柱形菌盖，外观优雅。其英文俗名为ink-cap（墨帽），那是因为它们在开伞产孢后便会液化变黑，如同滴墨，外观邋遢。其拉丁学名 *Coprinus* 则显然源于希腊文中的"粪便"。[①]小时候，我们一家人散步时常能发现它们的身影，父亲会采一些，在晚上享用。他将之作为吐司上的美味盖料，每次吃都没出现过问题，因为他本来就滴酒不沾。在这里，我得提醒您，如果您在享用这美味多汁的蕈菌时饮酒，过后会非常难受。鬼伞菌含有一种叫"环丙基谷氨酰胺"[②]的化学物质（有时也被称为鬼伞素），能够阻断人体内乙醛脱氢酶的作用。

---

① 龟伞菌以毛头鬼伞（*Coprinus comatus*）为代表，菇蕾期时，菌盖紧包菌柄，即鸡腿菇。当菌盖开伞并分泌墨黑色物质时，便失去商品价值。另有墨汁拟鬼伞（*Coprinopsis atramentaria*），含有毒的鬼伞素（coprine），原属鬼伞属，但和该属原来的大多数物种一样，已被重新归类。——译者
② "环丙基谷氨酰胺"，按原文 cyclopropylglutamine 直译，但其中缺少丙环上羟基的线索，鬼伞素全名实为 N-（1-Hydroxycyclopropyl）-L-glutamine，即 N–（1–羟丙基）–L–谷氨酰胺，在人体内代谢分解成谷氨酸和1–氨基环丙醇，后者即抑制乙醛脱氢酶的物质。——译者

由此，乙醇的自然代谢受阻，导致中间产物乙醛在体内积聚。乙醛是葡萄酒氧化变质的气味，也是让人宿醉的原因。乙醛中毒的症状包括面部潮红、恶心、呕吐、心悸或者全身不适——和宿醉完全一样。

让我们回到粪便现场。此时，粪上已生出无数菌体。它们释放出大量孢子，吸引了另外一大类昆虫，这一次是菌食者。说实话，其中某些虫体较小者取食的，究竟是粪便，还是细菌或真菌，目前尚不能确定。它们大多是非常小的生物，有体长仅0.5毫米、需借助显微镜才可见的缨甲（缨甲科）；有虫体微小呈球形者，如以霉菌为食的极微隐食甲（*Atomaria*）和卵形隐食甲（*Ootypus*）[皆属隐食甲科（Cryptophagidae）]；有不同类群蕈蚋[眼蕈蚊科、菌蚊科（Mycetophilidae）等]的微小幼虫；还有寡节隐翅虫（*Micropeplus*）。

从外部看，粪体已岌岌可危，就要散成片，甚至化成粉。正在生长的植物从中贯穿而过，残粪正迅速地融入环境，消于无形。很快，它就会变得跟落叶层中的碎叶没有什么两样。因此，不足为奇的是，土壤中以落叶为食的常见生物开始侵入其中。它们是多足的马陆和蜈蚣。带马陆（*Polydesmus*）可能的确会取食粪便，但它们也在腐木中发生，以腐蕈为食。体色亮黑的蛇马陆（*Tachypodoiulus*）一般以碎叶为食。但当土粪边界变得模糊时，它们也会出现。蜈蚣是捕食者，猎食软体构型的土壤无脊椎动物，例如弹尾虫、石蛃、衣鱼[1]，但若碰到尚留于此的蝇蛆，它们也不会手下留情。

现在，粪便已经支离破碎，在彻底消失之前，在土表生活的所有生物都可以之为家。鼠妇、潮虫可能以粪为食，但也将之当作遮蔽之所。

---

[1] 弹尾虫（springtail），为弹尾目（Collembola）原始六足动物，原属昆虫纲（Insecta），现被归入内口纲（Entognatha）。石蛃、衣鱼过去为缨尾目（Thysanura）昆虫，英文俗名皆可为bristletail，但现已分别独立为石蛃目（Archaeognatha）和衣鱼目（Zygentoma）。——译者

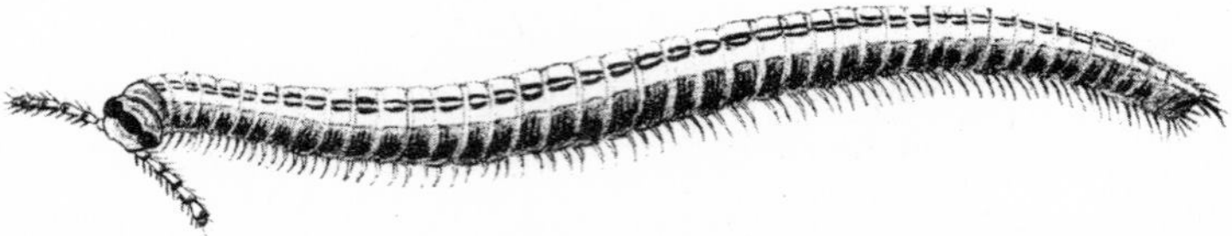

圆柱状的蛇马陆，体形适于在界限不清的粪土交会层掘行

坚硬的草根富含纤维素，粪便中已纤维化的干草中也含有纤维素。对于诸如叩甲幼虫（金针虫）和大蚊幼虫的食根昆虫来说，这两种纤维素来源区别不大。捕食性的步甲［步甲科（Carabidae）］体表光滑、线条流畅、全身闪亮，它们在枯草层中潜行，以发达的后足揳入狭窄的空间，最后也会藏身于粪下，伺机猎食，一如它们在石下或木下所为。

在大多数关于粪便生态学的书籍中，有关蚂蚁的内容很少。不过，它们是陈马粪的常客。若天气在一段时间内持续干暖，在土中筑巢的一些物种可能会被粪内略湿的环境所吸引，而捕食性物种也可到粪内猎食小型猎物。

现已所剩无几

粪便土崩瓦解到某一程度，就会变得荡然无存。草会更绿，但没有粪迹，就意味着该处存在过粪便的物证全无。若如法医一般筛土寻证，可能会发现零星的昆虫残骸。它们或来自被捕食者攻击过的甲虫猎物，或是出于某种原因而未能得见天日的地下繁殖者。这些残骸会存在很长时间，即使在数千年之后，仍能提醒我们粪便里曾经有过什么。

1973年，在牛津附近的泰晤士河畔多切斯特[①]，曾有过一次非同寻常的古生物地理学发现。在一个采砾场下的泥炭层中，人们发现了150件生物残骸的亚化石[②]标本。它们来自一种蜣螂，后来被鉴定为双顶蜉金龟（*Aphodius holdereri*）。这是一种粪居型蜣螂，如今仅分布于喜马拉雅山脉北面海拔3000~5000米的青藏高原（Coope，1973），亦即蜣螂所及海拔最高处。在英格兰，该物种还在另外14处地点被发现过。它们和在牛津发现的标本一样，所处地层形成于末次冰期中期，距今约25000~40000年。显然，它们曾在英国广泛分布（或在驯鹿粪中取食），但由于气候变化、冰川消融，这种特异性的适寒蜣螂无法在这里继续生存，或许在世界上几乎任何地方都不能。唯有在亚洲的极寒腹地，它们尚能在牦牛粪或任何可遇之食中苦苦坚持。

粪便已消失多时，甲虫仍深埋地下。对于如此情形，见识过北非雨季的朋友会觉得很自然。4000~5000年前，就是在这里，人们第一次目睹了圣蜣螂的奇迹，或者说第一次将之奉为神灵，加以崇拜。圣蜣螂的蛴螬在粪球内取食，数月后化蛹。但是，即便它们完成了蛹期发育，仍然会原地不动，静静等待。它们各自身处硬如岩石的团块内，就如被葬在其中。上方的地面干燥，在烈日暴晒烤灼之下，变得又实又硬。只有当紧实的黏土被雨水浸软时，它们才会羽化，推开空空如也、无特征可言的土壤，涌上地面，如同源于"自然发生"[③]一般。但是，不能逃出地下的风险始终存在。

---

① 泰晤士河畔多切斯特（Dorchester on Thames），英国东南牛津郡（Oxfordshire）南部的一个村庄，位于牛津市以南泰晤士河与其支流泰姆河（River Thame）交汇处。——译者
② 亚化石（subfossil），指保存地层时代较近、石化程度较低的生物化石。——译者
③ "自然发生"（spontaneous generation），指已被否定的生物个体可自非生命物质自发形成的说法。——译者

1826年6月，在印度西部的浦那①，W.H.赛克斯②中校正让轿仆用镐掘开坚硬的地面，以便扩宽花园小径。当发现"地下一定深处有四枚坚硬的浑圆球状物"时，"他们最初以为是石质炮弹"。然而，从一枚破裂的球中，中校发现了被挤碎的昆虫蛹残骸。他将两枚硬球放进锡罐，收到书房里，想看看会羽化出什么。很快，中校就忘了这回事。1827年7月19日，他听到一阵低沉的神秘刮擦声。那正是从被遗忘的锡罐里传来的，它已被塞到书架顶上多时。他意识到，其中一只小兽想要从硬泥球中挣脱。但直到凌晨1点，小兽也没有成功，他便睡觉去了。第二天，这种徒劳的刮擦持续了一整日。就寝前，他取出那枚球，将之浸入水中。21日日出之时，他发现化出的是一只乌黑发亮的点金巨蜣螂（*Heliocopris midas*）。另外一只于10月4日羽化。它们在锡罐中分别待了13个月和16个月。据中校估计，当它们被挖出之时，应已在地下待了3年之久（Sykes，1835）。

当粪便及其排便生物皆已不存之时，它们曾经存在的事实依然如鬼魂一般偶然闪现于世。在南非，存在过巨型哺乳动物——有如小轿车一般大、类似犰狳的庞大动物，有比北极熊还要大的巨型树懒，还有巨大的有蹄动物。尽管它们早已灭绝，但人们仍能发现它们在2000万至5000万年前所排粪便形成的巨大粪球化石。人们没有在一些中空的粪球中发现甲虫化石，但它们确为推滚而成，且埋于地下。这些明显的事实足以使其中几种化石被科学文献归为粪球石属（*Coprinisphaera*）的成员，并

---

① 浦那（Poona），印度西部马哈拉施特拉邦（Maharashtra）第二大城市，英文名现已改为Puna。——译者

② W.H.赛克斯（W. H. Sykes），即威廉·亨利·赛克斯（William Henry Sykes，1790—1872），英国自然学家、政客，曾加入在印度的英军，后成为东印度公司高管，是英国皇家统计学会的创始人之一，对当时英国政府针对中国的政策持反对态度。——译者

得以命名。有些粪球还是完整的，或许其中的粪客未能羽化。在一些粪球上，还有其他后来者啃噬的痕迹，这足以让那些生物被冠以巢寄生者之名。汤姆鲍恩虫迹石属（*Tombownichnus*）的一些成员很有可能与某些营偷窃寄生的甲虫有关，而管拉萨虫迹石（*Lazaichnus fistulosus*）看似被某种蠕虫钻过（Sánchez and Genise，2009）。

回到当前的世界。无论是被推走的粪球，还是被埋到地下的粪球，其中都藏着另一秘密成分，那便是最初由植食动物（或食果动物）吞下、后随粪便"原料"排出的植物种子。甲虫忙忙碌碌，却不知自己从一开始就在协助植物，几乎帮它们走完了之前开启的整条营养链。就像西班牙的卢西塔尼亚合鞘粪金龟尽职地将橡子埋到地下，帮它们远离遮天蔽日的亲本树。一些体形相对较小的蜣螂会将粪中约25%的种子移走，将之精心地埋到地下几厘米深的肥沃土壤中（Shepherd and Chapman，1998；Beaune *et al*，2012）。在那里，种子逃离麻雀、收集植物种子的蚁类及林棘鼠的视线，在之后几个月或几年内安全发芽，为未来的植食动物兼粪便供应者有美味的植物可食打下基础。这就是一种生生不息的生命轮回。

再回到我们常见的欧洲牛粪。我们可以放心地说，一年之后，最初的粪迹会完全消失。但是，掘穴型或推粪型蜣螂可能就在附近的地下化蛹。那次在纽黑文展开的铁器时代考古发掘过程中，当我们在浅层土壤中发现粪金龟蛹之后，花了一些时间才意识到它是什么。尽管周围有不少草甸用于放牧，但在我们的发掘地却几乎看不到什么动物，也没有任何明显的粪迹。如果我们没有打扰它们，那么蜣螂或许几周或数月之后就会破土而出，短途迁移到周边的某片草地上，那里有牛，正嚼着反刍物，新鲜的粪便正等待着蜣螂。

在潮湿多雨的英国，人们很容易忘记土壤干燥后会像岩石那般坚硬。但在古埃及，每年10月，当保证粮食丰收的雨水从天而降，乌黑光亮的圣蜣螂从地下涌出之时，人们有理由对它们产生敬畏之心。古埃及人是把这些甲虫与作物丰收、牧草生长的季节性生命轮回联系到一起，还是认为它们与太阳每日在苍穹间的神秘轮转有关？无论答案如何，圣蜣螂都值得古埃及人惊叹和推崇。那么，他们对如今蜣螂的减少会作何感想？看到这样一个蜣螂已不再是世间粪污轮回和再循环支柱的世界，他们是否会惊恐万分？

第十章

粪便问题——意外之祸

1836年初，查尔斯·达尔文来到范迪门地[①]。在那里，他展现出一个真正的鞘翅目昆虫学家应有的风范，在牛粪上发现嗡蜣螂属和蜉金龟属蜣螂各两种，以及另一种尚未命名的蜣螂（Darwin，1839）。让他感到不解的是，那里原先竟没有牛，直到大约33年前，牛才随欧洲定居者的到来被引进。而让他尤其震惊的是，当地哺乳动物（如袋鼠）的粪便与牛粪完全不同。他还发现，动物粪便的主要类型正发生着明显的转变，正从以有袋类为主变为以有蹄类为主。达尔文的看法完全正确！

1788年1月，第一舰队抵达悉尼植物学湾[②]，准备在那里建立英国罪犯殖民地。牛（和羊、马一起）随船运抵，成为澳大利亚最早的牛群。200年后，到了20世纪末期，那里已有2500万头牛、7000万只羊、20万匹马，外来牲畜的生物量已远高于本土5000万只袋鼠的生物量。如果它们的消化代谢机制与袋鼠相似，进而排出相似的粪便，本不会产生什么

[①] 范迪门地（Van Diemen's Land），澳大利亚塔斯玛尼亚旧称，1803年8月被英国所占，成为英国在澳大利亚设立的第二个罪犯殖民地。——译者

[②] 第一舰队（First Fleet），18世纪80年代，由于英国的原北美殖民地独立，拒绝接受英国本土罪犯，英国决定在澳大利亚东南的新南威尔士（New South Wales）开辟新的罪犯殖民地（penal colony），第一舰队即为旨在完成该任务而组建的舰队。舰队由后成为新南威尔士第一任总督的阿瑟·菲利普（Arthur Philip，1738—1814）领导，于1787年5月13日启航，1788年1月中旬抵达植物湾（Botany Bay，又称"植物学湾"）。——译者

问题。然而，正如达尔文所看到的，澳大利亚本土动物排出的粪便确实远异于殖民者的家畜动物产生的体量巨大的排泄物。

这一切开始于1亿年前。当时，澳大利亚所在的板块开始漂离冈瓦纳古陆。彼时，恐龙仍是陆地的主宰，应该也是最主要的产粪者。我们不知恐龙在6500万年前消失时，地球上确切发生了什么，但在欧洲人到达澳大利亚之前的至少2500万年里，有袋类动物是那里的主要产粪者。袋鼠（与袋熊、树袋熊及其他植食性有袋动物）早已适应了这块气候干燥、长期干旱的大陆，其粪便也呈干硬的小块状。经过长期的进化，本土蜣螂已经适应了这种形式的粪便，对突如其来的半液态牛粪则完全陌生。所以，达尔文有理由对于这一转变感到震惊。尽管有几种本土粪虫可将之扩展为新的生态位（生活空间）为己所用，但它们只是极少数。

根据目前的估计，澳大利亚本土的蜣螂约有600种[1]，大多数见于疏林[2]和森林。生活在大草原或草地生境中的本地植食动物十分有限，因此，在那里发生的蜣螂也十分少（Doube *et al*，1991）。但是，这些生境正位于为放牧而"改良"的地区。新型粪便落地，本土蜣螂大多视而不见，但蝇虫不会。

丛中之蝇，眼中之钉

身为一名昆虫学家，我对昆虫非常宽容，从不轻易称某种昆虫为"害

---

[1] 具体为金龟科437种、蜉金龟科127种、驼金龟科40种，以及粪金龟科的1个粪食种（Ridsdill-Smith and Edwards，2011）。尽管它不包括见于粪便的许多其他甲虫物种，但如前文一再强调的事实所示，正是这些隶属金龟总科的类群完成了大部分粪便清理工作。——作者

[2] 疏林（woodland），按全国科学技术名词审定委员会2019年公布的《植物学名词》(第二版），"树冠彼此连接很少，乔冠层盖度较低的植物群落。国外通常将树冠较矮，盖度小于40%或60%的乔木群落称为疏林"。——译者

虫"，除非其发生量达到有害生物的水平。然而，生活在19世纪末澳大利亚内陆的人会斩钉截铁地说，丛蝇已经成害，就是害虫。大量的丛蝇如乌云一般黑压压地飞来，这时，一个人即便讲话都难免有蝇虫飞进口中。它们会聚到眼睛周围，试图汲取泪液。它们会爬上鼻子，钻进头发、衣服、耳朵里。它们无处不在，极其可恶，在当时已经达到《圣经》故事中的虫灾水平。

澳大利亚特有的丛蝇（拉丁学名为 *Musca vetustissima*，意思是"'挥之不去'之蝇"）相当于在欧亚地区发生的家蝇。它们与家蝇大小、形态相似，但并无进入室内的倾向，而是在室外任意处活动。不过，它们也像家蝇一样，在腐败有机质中繁殖，而且喜欢新鲜粪便。据粗略估计，在澳大利亚，每天约有200万吨家畜粪便落到草地之上。一摊牛粪约2千克，即可吸引丛蝇1000余只，可使丛蝇数量呈指数激增。厩螫蝇和东方角蝇[①]也迅速加入其中。虽然其吸血习性并不会传播人类疾病，但叮咬也让人感觉疼痛，导致皮肤红肿，还会让家畜发狂。尽管不受待见，丛蝇依然是澳大利亚的标志性动物。在澳式阔边帽（bush hat 或 Aussie bush hat）上，有线绳系栓木塞环悬于帽檐之下，为的是分散丛蝇的注意力。这种阔边帽成为澳大利亚内陆地区的主要配饰，也常出现在情景喜剧中。丛蝇不停地飞向人们的眼睛和鼻子，一种"澳式敬礼"（Aussie salute 或 Australian salute）应运而生——以手指轻弹，速拂愁容之面。

牛是问题的一大根源。大多数澳大利亚本土蜣螂已经习惯了高尔夫球大小的袋鼠粪或类似的坚硬粪便，因而无法应付湿牛粪。而且，牛粪量实在太大。尽管有少数本土蜣螂对这种粪便感兴趣（如查尔斯·达尔文

---

① 东方角蝇，作者给出的英文俗名为buffalo fly，但给出的拉丁学名却为 *Haematobia irritans*（西方角蝇）。经查，澳大利亚发生的buffalo fly为东方角蝇（*Haematobia exigua*）。——译者

发现的那几种），但它们无力将之清除干净。这些蜣螂的作用杯水车薪，即便被用于放牧的草地，也只会淹没于茫茫"粪海"之中。这些粪便没有被食、被埋、被推走或进入其他再循环过程。它们原地不动，在澳大利亚无情的烈日下形成坚硬的饼状粪壳，即便在冬季也无明显的降解发生。一年之后，粪便看似与从前没什么两样。有两个统计数字经常被引用，即牛粪毁草甸，五牛一年毁一英亩，十牛一年一公顷。这两个数字显然不自洽，应该是12.3头牛产生的粪便能覆盖1公顷，4.1头牛的粪便覆盖1英亩，但这种不严谨的统计数字更易于在坊间流传，也可让您领略危害的严重程度。自从家畜随第一舰队到来，澳大利亚的土地便渐渐地消失到粪便之下。还有更惊人的统计数字——无法使用的草甸以每年20万公顷（即2000平方千米）的速度递增。此外，粪便中有寄生虫的胞囊和虫卵。它们无法随粪便被清除，因而导致寄生虫再侵染率飙升。200年后，到了20世纪60年代，势态已发展到令人绝望的地步。最终，多亏来了一位对粪学感兴趣的昆虫学家，才让一切走向正轨。

甲虫救兵

匈牙利动物学家乔治·博尔奈米绍博士[①]于1950年底抵达澳大利亚。很快，他便注意到澳大利亚的草地长得奇形怪状，到处都是未处理的牛粪。博尔奈米绍在欧洲长大，那里的牧牛场完全不同，维护得很好。他迅速推出结论——这里缺少大量掘入粪中或将粪埋入地下的蜣螂。这太

[①] 乔治·博尔奈米绍（George Bornemissza），即匈牙利裔澳大利亚昆虫学家哲尔吉·费伦茨·博尔奈米绍（György Ferenc Bornemissza，1924—2014）。他于1950年12月31日到达澳大利亚，是澳大利亚蜣螂项目（Australian Dung Beetle Project）的推动者和参与者，有多种昆虫以其命名。——译者

明显了。就这样，"澳大利亚蜣螂项目"诞生了。该计划的目标很简单，那就是将外来蜣螂引入澳大利亚，引进与外来牛种协同进化的物种，它们在牛粪中应能如鱼得水。该措施可一举四得，其一，牛粪被物理清除，因而不再阻碍草的生长；其二，加速营养循环，改善草地质量，进而提高牛奶、牛肉质量；其三，降低或有效遏制牛肠道寄生虫再寄生；其四，缩小可恶至极的丛蝇及其叮咬"同伙"的孳生地（Ridsdill-Smith and Edwards，2011）。

但是，将一种外来生物引进一片新大陆有其风险。在本土特有动植物数百万年的进化中，该物种没有出现过。它是否会对本土物种产生严重影响，有意引进者不可能知道。何况，澳大利亚已遭受过蔗蟾（*Rhinella marina*）造成的巨大环境破坏。蔗蟾于1935年自南美引进，为的是控制昆士兰甘蔗地里的外来害虫。它们虽吃外来害虫，但也吃本土动物，使得其中一些几近濒临灭绝。凭着头后的毒腺，加之没有天敌，蔗蟾得以迅速扩散，发生数量庞大，成为亟须防控的入侵性有害生物。狐狸、猫、兔同样使澳大利亚的野生生物遭到重创。博尔奈米绍的目标是正确的，但是，为了避免外来蜣螂的出现导致类似的环境灾难，在引进过程中须十分谨慎，而且需要大量富有成效的公关宣传。

研究人员花费了数年时间，经过精心筛选和评估试验，最终迎来释放之日。该项目于1964年正式启动，由澳大利亚政府资助，肉牛产业也提供了部分资金。第一批用于大量繁殖的甲虫引种自夏威夷。它们并非原产太平洋岛屿的当地特有种，而是在相似的防控项目中被引进的，用于控制东方角蝇和西方角蝇。这两种角蝇在夏威夷成害，原因与在澳大利亚成害的丛蝇如出一辙。

（1967年）释放的第一批甲虫是两种阎甲，分别为中华阎甲［*Hister（Pachylister）chinensis*］和牧阎甲（*Hister nomas*）。它们不是粪食者，而是猎杀蝇蛆的捕食者。但这一策略几乎偏离了项目的正轨，即便在释放之时，人们即已意识到，只有引进真正的粪甲——清除粪便的蜣螂，才是解决澳大利亚因巨量牛粪所致生态失衡的唯一办法。

为确保生物安全，防止疾病传入，人们引进的不是成虫，而是虫卵，并在运往澳大利亚之前经过（3%福尔马林）表面消毒处理。这些虫卵来自52个物种，在实验室条件下经人工饲养数代之后，有43种存活下来。人工笼养繁殖足以使正常的种群遗传背景发生紊乱。因此，待到野外释放之时，物种个体的活力已经发生改变。为了让待释放者在野外有更好的生存机会，其中一些甚至享受了特别的待遇——先释放到野外的虫笼里，以免被鸟捕食，并提供一周分量的新鲜粪便。最后，只需打开笼门，让它们自己深入恶土，但求一切顺利即可。

从1968年到1984年，有43种共计约173万只蜣螂被释放到澳大利亚的数千个草场。最先（于1968年）释放的，是来自非洲的羚羊嗡蜣螂（*Onthophagus gazella*）。它们现已成为澳大利亚北部及东部亚热带地区牛粪中的主要物种。然而，并不是所有的引进都是成功的，在被释放的43个物种中，只有23个成功定殖。澳大利亚是一个"远离俗世"的大陆，动植物群相当特殊。在过去1亿年的进化过程中，它们已完全适应当地独特的气候和地理环境，而外来物种未必能适应。在最初决定目标蜣螂物种时，博尔奈米绍和他的同事们不得不先行尝试，看世界上哪些物种能适应他们在澳洲营建的新粪便环境，在那个"美丽新世界"中生存下来。其中，南非的热带物种被放在澳大利亚北部和东部的热带地区试验，而从开普地区和南欧引进的更适应温带的物种则被放到澳大利亚南部和西部试验。

成功与否，事先难料，但总的说来，较小的物种（体长小于13毫米）比较大的物种（体长大于15毫米）表现得好。毫无疑问，部分原因在于较大甲虫通常需要耗费更多时间抚育数量有限的子代，因而繁殖力低，数量增加缓慢。而羚羊嗡蜣螂能成功也不足为奇，原因在于释放量大，在421个地点释放了50万只。其他大规模释放的物种同样取得了成功，包括间优粪室蜣（*Euoniticellus intermedius*）（在443处释放了248637只）、青铜宽胸蜣螂（*Onitis alexis*）（在251处释放了186441只）、驼背嗡蜣螂（*Onthophagus binodis*）（在178处释放了173018只）。

有着优雅长足的长足纤蜣螂（*Sisyphus mirabilis*）处于另一个极端，仅在一个地点释放了53只，其失败结局可能一开始就已注定。在该项目启动40周年时，曾有人总结过一张数据表（Edward，2007）。其中显示，甲虫若要成功定殖，至少需要准备8000只，分在至少6个地点释放，且至少在一处释放500只以上。即便如此，也会产生意想不到的结果。虽然大型的异粪蜣（*Copris diversus*）得以在9个地点总计释放17775只，但它们最终却消失得无影无踪。然而，同属的西班牙粪蜣螂（*Copris hispanus*）仅在两处释放，共294只，但在其中一处稳稳地扎下根来。这些都是发育缓慢、子代数量有限的物种。来自非洲的柱突粪蜣螂（*Copris elphenor*）在昆士兰各地都有释放，但自第一次释放35年后，其发生地仅局限于詹宾[①]附近的一小块地方。

有些物种的成功不仅仅局限于定殖。由于在引入地无针对性的捕食性或寄生性天敌，个别外来蜣螂物种表现非凡。通过测量回收的抽样，人们发现，采自昆士兰州罗克汉普顿的粪便中的非洲甲虫生物量（生物总重量）是南非赫卢赫卢韦虫源地的10~100倍[②]。对于一些得以在野外成功繁殖后代的物种，研究人员在引入地开展了多次实地采集和再释放工作。

---

① 詹宾（Jambin），位于澳大利亚东北昆士兰州（Queensland）东南。——译者
② 罗克汉普顿（Rockhampton），位于昆士兰州东海岸中部；赫卢赫卢韦（Hluhluwe），位于南非东海岸北部。——译者

从1989年到1995年，被诱集并运往他处的甲虫达350万只。彼时，肉牛产业的资助已接近尾声，奶牛产业接棒，使工作得以继续进行。从1993年起，私人企业采集、繁殖、再释放的甲虫，按每批次1000只向农民发售，用以清理草甸，涉及"虫口"超过600万只。

一旦在某地定殖，许多普通蜣螂甚至开始自行扩散。羚羊嗡蜣螂好比奔跑中的羚羊，以每年50千米的速度扩散，达到800千米的分布范围。它们能飞过30多千米的开阔海域，到近海岛屿定殖。它们成为最具世界性的昆虫之一，曾被人工释放到夏威夷（1958年）、北美（1972年）、南美（1990年）等地区，承担清理当地动物粪便的任务。近年来，它们还被释放到复活节岛、新喀里多尼亚、瓦努阿图①及新西兰。原产南欧的牛角嗡蜣螂年扩散速度达300千米，在澳大利亚西部、南部及塔斯马尼亚，其扩散范围已到达可发生的气候极限。甚至在大澳大利亚湾②捕获的一条大眼澳鲈（*Arripis georgianus*）腹中，人们也曾发现一只（Berry，1993）。尽管如此，大多数物种的扩散速度相对平缓，为每年1~2千米。

虽然43种蜣螂仅存活23种，54%的成功率仍然非常可观。在一篇论文中，作者自豪地宣称，如今，至少已有一种引进的蜣螂在全国各地每一处草甸上稳稳定殖下来；在昆士兰的图文巴③成功定殖的外来蜣螂最多，（到目前为止）有13种，既有热带物种，也有温带物种（Edwards，2007）。但是，预期收益是否实现了呢？

尽管这项工作已开展近50年了，对于这样一个旨在改变整个大陆生

---

① 复活节岛（Easter Island），位于南太平洋东部，属智利，距本土约3500千米；新喀里多尼亚（New Caledonia），位于澳大利亚大陆以东约1200千米，为法国海外属地；瓦努阿图（Vanuatu），太平洋岛国，距新喀里多尼亚东北约540千米。——译者
② 大澳大利亚湾（Great Australian Bight），即澳大利亚南海岸西部形成的宽阔海湾。——译者
③ 图文巴（Toowoomba），位于澳大利亚昆士兰东南的城市，地处首府布里斯班（Brisbane）以西，靠近新南威尔士。——译者

态环境的巨大项目，它目前尚处于早期阶段。不过，形势已发生好转。在一项涉及牛粪的野外实验中，粪中若有源自南非的驼背嗡蜣螂存在，丛蝇发生量仅为2只，反之，发生量则高达128只。若以不严谨的统计方式换算，即驼背嗡蜣螂可使牛粪中的丛蝇发生量减少98.4%。看来，似乎平均每堆粪上只需存在3克（生物量的）该蜣螂，即足以缓解蝇害。相比之下，换作本地产的野嗡蜣螂（Onthophagus ferox），牛粪中的丛蝇仅能减少33.3%。因此，这是引进工作取得的一点货真价实的进步。

清除牛粪的速度当然得以提高。像刺足西王蜣螂（Sisyphus spinipes）那样的推粪型物种，往往数千只针对一摊牛粪，一天就能将之清除。尽管这一物种并不埋粪（而只是把粪球推走，将之附于植物表面），但把一堆粪分解成大量供蜉蝣食用的微小粪球颗粒，也算达到了预期效果。

营养循环也得到改善。一头牛整个夏季所排粪便的潜在含氮量为13.5千克。在外来甲虫出现之前，只有约2千克氮回归土壤。引入甲虫后，这一数字如今已上升到10千克。

牛肠道寄生虫通过胞囊和卵传播。它们随粪便排出，并附到草上，来年被牛再次摄入。蜣螂对其影响如何，目前仍不明确。不过，至少有一项野外实验显示，当有羚羊嗡蜣螂存在时，线虫幼虫的数量有所下降。然而，在该实验中，降水产生的影响也很显著。由此可见，在这一方面，还有大量工作要做。

引进工作的有利面还表现在本土生态系统的相对稳定，人们不再担心这些外来生物可能会扰乱脆弱的本土生态系统。外来蜣螂是否会与当地特有种竞争，并从中胜出？尽管我们尚不能明确排除这一可能，但澳大利亚本土的蜣螂似乎主要在森林地区出没，它们赖以生存的有袋类动物粪粒就在那里。实际上，它们与外来蜣螂所在的生态系统并不重叠，或者可以说是平行的。因此，它们可继续按自己的节奏逍遥其中。

从一开始，这就注定是一项长期的项目。若因坚持欧式耕作而导致这一问题产生需经历200年，那么，我们可能还需再花几十年时间，才能把这一问题解决。在1000年前的马达加斯加，很有可能也发生过类似的生态变迁。当时，牛第一次在该岛现身，而在之前的几百万年里，那里一直是狐猴及其近缘类群的天下。在那里，牛粪并不像在澳大利亚那样令人厌恶。不过，仍有证据表明，在当地的特有种中，只有少数利用家畜粪便（那里有700万头牛，150万只山羊和绵羊），它们更适应当地林居灵长类动物的小型粪便。

在过去50年里，人们把精力集中在澳大利亚过量的牛粪上，但绵羊粪的问题也需加以重视。它们更干更硬（但尚不及有袋类动物的粪便），需要不同的蜣螂物种来清除。在世界其他地方的各个草场或草原上，发生的蜣螂可达100余种。尽管在2014年，又有一些新的物种在澳大利亚释放，但澳大利亚草场上的蜣螂物种数仍不及其他地方的水平。因此，仍有在未来引进更多蜣螂的空间，而澳大利亚的蜣螂爱好者们大多已列好自己所期待物种的清单①。

我们制造的生态灾难即将降临

蜣螂和粪蝇（只要不达成害的数量，便）是保护环境的无名英雄。在澳大利亚发生的一切让我们意识到，没有它们，我们会被自身或牲畜的粪便淹没。不幸的是，现在已不是这类甲虫被古埃及人崇拜和颂扬的

---

①然而，我们必须放弃幻想，一刻也不要指望各种令人厌烦的粪便问题都能迎刃而解。2008年，昆虫学家玛丽亚·弗雷姆林（Maria Fremlin）接到一个多伦多大学生的请求，其中的提议让她感到好奇。该学生有个主意，即推广预装蜣螂卵的生物降解铲屎袋。狗主人可将狗拉在加拿大人行道上的屎清理到袋中，待孵出的幼虫取食。这个想法的动机是好的，但考虑欠周全。她指出蜣螂生态学特征的复杂性，从此，便再也没有收到来自该学生的进一步消息。——作者

时代，世道变了。如今，它们的存在被认为是理所当然的。事实上，我们很少在乎它们，甚至乐意以毒攻之。这是因我们对廉价肉有所需求而导致的不幸副作用，而那些被送上超市货架的廉价肉正是集约农业的产物。

　　自由放养的牛有很多问题，其中之一，便是它们愿意取食地上生出的任何东西。所食之物主要是新鲜的青草，但它们偶尔也会吞下诸如线虫①、吸虫等肠道寄生虫的虫卵或胞囊。之后，这些寄生虫就生活在牛温暖、舒适、安全、富含营养的体内。同生活在马肠道里（详见第180页）的马胃蝇幼虫一样，皮蝇②幼虫可穿刺牛皮，深入其下，在体表留下化脓的伤口，而羊鼻蝇③幼虫则噬食可怜寄主的鼻腔。还有许多其他害虫，农民们不得不尽力使动物保持健康，以保证利润。为了应对这些致害的攻击，他们对动物用药不足为奇。

　　伊维菌素是一种广谱性抗寄生虫制剂，兼杀体内及体表的寄生虫，是为"内外兼杀剂"（endectocide）。它有一个复杂的多环分子结构（若您有"化学思维"，我可以告诉您，这是一种大环内酯，名为"22, 23-二氢阿维菌素B1a"），是阿维链霉菌（*Streptomyces avermitilis*）发酵产物的化学衍生物，最初由东京北里大学的大村智和默克治疗研究所的威廉·坎贝尔于1981年推出。伊维菌素可用于治疗人类河盲症。河盲症由一种微观的血液寄生虫引起，伊维菌素可有效灭杀该蠕虫，因而成为治疗该疾病

----

① 线虫（nematode），指线虫动物门蠕虫，在各种生境下广泛存在，是地球上个体总数最多的动物类群。——译者

② 皮蝇（warble fly），泛指双翅目皮蝇科（Hypodermatidae）皮蝇属（*Hypoderma*）蝇虫，寄生牛的物种有牛皮蝇（*Hypoderma bobis*）、纹皮蝇（*Hypoderma lineatum*）和中华皮蝇（*Hypoderma sinense*）等。——译者

③ 羊鼻蝇（sheep bot 或 sheep bot fly），指双翅目狂蝇科（Oestridae）狂蝇属（*Oestrus*）蝇虫，拉丁学名为*Oestrus ovis*，为害绵羊、山羊、鹿、牛、马、狗，甚至人类。——译者

的首选。它也作为兽药施用于所有类型的牲畜，使之免受寄生虫伤害。[①]

伊维菌素可以多种方式施用于牲畜，如皮下注射、口服凝胶丸、混合在饲料中或涂抹在皮肤上。无论以哪种方式用药，它都会被动物吸收，进入身体组织，最后随粪便排出，且几乎不发生任何降解。牛犊经浇淋剂处理（剂量为0.5毫克/千克，即每千克体重施药0.5毫克）后，第一天所排粪便中即含药物，按粪便干重换算，含量为22毫克/千克。这一浓度看似不高，但伊维菌素是一种毒剂，也可杀灭家蝇或臭虫（的确有效），若存在喷雾剂型，所需剂量或许与之相当。换言之，施用伊维菌素会产生有毒的粪便。牛粪排出6周之后，仍可从中检测到这种化学物质（Sutton *et al*, 2013）。这对粪食性昆虫来说意味着什么，似乎已显而易见。

没过多久，昆虫学家就开始担心伊维菌素在野外对嗜粪昆虫的影响。普遍观点认为，是法国昆虫学家让·皮埃尔·卢马雷最先敲响的警钟（Lumaret，1986）。30年来，人们已得到不少令人吃惊的统计数字。施用

---

① 伊维菌素（ivermectin），是阿维菌素B1a及阿维菌素B1b的衍生化产物。阿维菌素（avermectin）是阿维链霉菌的发酵产物，主体结构为十六元大环内酯（macrocyclic lactone），共有4对结构相似的同功物质，其中C5结构为—OCH_3的两对在命名上为A，为—OH的另两对为B。此外，C22—C23结构为CH＝CH者命名为1，为CH_2—CH（OH）者为2。各对中，C25结构为仲丁基者为a成分，为异丙基者为b成分，且以a成分为主，占80%~90%。伊维菌素不同于阿维菌素B1a/B1b之处，即在于C22—C23处结构虽类似1型，但之间被还原为单键，而非双键，因而可被称为22, 23-二氢阿维菌素B1a（22, 23-dihydroavermectin-B_{1a}）。河盲症（river blindness）由盘尾丝虫（*Onchocerca volvulus*）寄生所引起，因而又被称为盘尾丝虫病（Onchocerciasis）。盘尾丝虫是一种线虫，由双翅目蚋属（*Simulium*）的某些昆虫传播。因这些蚋虫生于河边，且可致被叮咬者失明，故该病被称为河盲症。美国默克治疗研究所（Merck Institute for Therapeutic Research）成立于1933年，1973年底与日本东京北里大学（Kitasato University）下属的北里研究所建立合作关系。1974年，时任北里研究所抗生物质研究室室长的大村智（Satoshi Omura, 1935—）从采集于某高尔夫球场附近的土样中分离出新的链霉菌属放线菌，并将部分材料寄往默克治疗研究所筛选。该研究所的威廉·坎贝尔（William Campbell, 1930—）团队后来分离鉴定出杀线虫活性物质，于1979年发表了关于阿维菌素的论文，并将阿维菌素进行化学修饰，研制出对治疗河盲症有特别贡献的伊维菌素，于1980年发表论文，并于1981年获批上市。2015年，坎贝尔和大村智与我国著名科学家屠呦呦（1930—）共同获得当年诺贝尔生理学或医学奖。——译者

于牲畜的药剂，随粪便排出且未发生改变者，所占比例约为62%~98%，并可在粪中存在数周。牛经剂量为0.2毫克/千克的皮下注射处理后，7日之内排出的牛粪皆对澳大利亚草原的"救星"有毒效。可怜的羚羊嗡蜣螂！而每千克动物粪便中即使仅含1微克（即百万分之一克）药物，都会对黄粪蝇幼虫造成伤害。若长此以往，本科生们将无法观察记录它们的守护配偶行为。蝇蛆对杀虫剂特别敏感。尽管丛蝇及其近缘类群让粪殖蝇虫背上不好的名声，但还有许多更小、发生量不那么大的粪蝇物种，在参与粪便营养再循环的动物群体中，它们不可或缺。如今，诸多传粉昆虫成为政治议题，备受关注，而这些粪蝇也是其中的重要一员。给羊用药也会产生类似效果（Beynon，2012），虽施用的时期和浓度可能有所不同，但最终产物仍然含有该毒素[①]。

在野外试验中，蜣螂成虫并不会被立即杀死，但会陷入一种被委婉地称作"亚致死效应"（sublethal effect）的困境中。在药剂的作用下，成虫及其幼虫的行为会发生显著变化。尽管雌虫的卵巢和雄虫的睾丸大小正常，但雌虫可能会停止产卵。幼虫发育历期延长，这是由于摄食速度减慢，还是因为与营养、发育有关的代谢减缓，目前尚不清楚。无论原因为何，幼虫期越长，幼虫遭受捕食者和疾病威胁的时间越长。幼虫甚至会停止发育，在苟延残喘中慢慢死去。

在自然环境下，毒药的作用并不限于立即杀死动物。不错，如果一只动物被毒死，它绝对不会还活着，死亡程度可谓100%。但是，如果它

[①] 若将类似的估测方法推广到对其他动物的研究，则存在一定困难。在一项研究中，驯鹿经伊维菌素处理后，排泄的粪便与未经处理的对照组粪便完全相同，在其中都没发现粪甲或粪蝇。这是因为动物在冬季取食所产生的粪便又干又硬，而这种死硬的粪粒对粪虫没有吸引力。只有在夏季，动物取食过丰美的植物，产生的粪便偏湿润，其中才会出现一定规模的昆虫动物群，只是实验没有这样设计（Nilssen *et al*，1999）。——作者

接触的剂量较低，虽不至于立即死亡，但仍有损其生理机能。它们可能会失去辨别方向的能力，无法及时觅得食物或配偶，也无法有效地躲避捕食者。蜣螂的筑巢行为如此复杂，并不需要多少化学物质，就可将其掘穴、推粪、制育幼粪球、守卫或守护等各个环节扰乱。具有讽刺意味的是，蜣螂及其幼虫的死亡实际上会加重牲畜被寄生的势态。因为，蜣螂清除粪便，也将包括吸虫卵在内的所有粪携物移入土中，由此将寄生虫的侵染循环打断（Nichols and Gómez，2014）。

如果我说，受伊维菌素的影响，一只甲虫的死亡程度可能为25%或50%，甚至95%，有人或许会觉得如此定义不可接受。但在医学上，这就是病况的概念。医生诊治病人，不会将他们简单地分为"死"和"活"两个范畴。病人可能只是感觉有点不舒服，也有可能濒临死亡，但它们只是一系列不同程度的病况的两极。我承认，借用人类健康的概念来形容甲虫的生存状态，无论从技术上，还是从哲学上，都不一定可行。不过，换一个角度，可将受影响的甲虫（或任一处境相同的生物）视为生理、免疫或行为上受损或削弱的个体。而只要对自然选择有所耳闻，便可知弱者最先被淘汰，没有幸存的可能。

"亚致死"的意味不等同于"活着"，它只是"还没死"的意思。新烟碱类杀虫剂对蜜蜂和其他昆虫具有亚致死作用，这就让英国和欧洲的自然保护组织如临大敌。这些生物不会立即消失，仅此而已，但并不意味它们是安全的。实际上，它们可能已在劫难逃，只是我们未必能现场目睹死亡的一刻。有些牲畜福利组织积极使用"亚致死效应"的字眼，把它当作蜣螂和粪蝇数量几乎不受"内外兼杀剂"影响的证据。对于任何坐实的影响（如对昆虫幼虫），他们声称那只是数量有限的个例，对种群的总体影响微乎其微，可忽略不计。他们继续向大众宣传并强化这样一个讯息，"内外兼杀剂"仍然是兼控家畜体表和体内寄生虫的难得之选。

我曾经跟牛津大学自然历史博物馆的达伦·曼（Darren Mann）谈起这一点。我敢保证，他是英国最专业的蜣螂专家。他的回答措辞强烈："任何声称'内外兼杀剂'对嗜粪动物或植物没有影响的说法都是胡扯。"达伦，你说的该有多么贴切，我都想不出更好的说法。

伊维菌素还具有更加"阴险"的属性。某些案例显示，相比未经药剂处理的对照组母牛犊的粪便，处理组动物产生的牛粪对蜣螂更有吸引力。这意味着昆虫接触该化学物质的可能性更高，药剂造成的毒害因而更大。还有人担心，在这种化学物质的胁迫下，蜣螂若能坚持下来，则意味着其中某些物种或个体对该物质的抗性变得更强，即便有摄入，也能幸存下来。然而，它们被捕食者取食的风险也随之上升。这样一来，随着药物在非目标生物体内积累，真正的苦果可能将由位于食物链顶层的动物来承受。毕竟，顶级捕食性鸟类体内曾出现高浓度的DDT，从而导致雕、隼、鸢①及其他猛禽种群崩溃，在该杀虫剂被淘汰数十年后仍未恢复元气。对于伊维菌素在食物网中的转移方式，到目前为止，我们的了解仍远远不够。

担忧浮现之后，蜣螂学者已对此展开研究，但自然保护组织的工作进展艰难，在嗜粪动物方面尤为如此。至少在英国，许多自然保护区是为保护植物、蝴蝶或鸟类而设立的，采用或无利可图的传统放牧制度，来维护鲜花盛开的白垩丘陵、浸水草甸，或古老的稀林牧地。您是否能

---

① 雕（eagle），指鹰形目（Accipitriformes）鹰科某些大型猛禽，在下章中出现的鹰（hawk）指同科某些中小型猛禽。隼（falcon），指隼形目（Falconiformes）隼科（Falconidae）隼属（Falco）猛禽。鸢（kite），指鹰科齿鹰亚科（Milvinae）、鸢亚科（Elaninae）、蜂鹰亚科（Perninae）等类群的小型猛禽，俗称老鹰。——译者

够想象现状该有多么混乱，他们一边保护红斑蚬蝶和捷蜥蜴[1]，却一边毒杀"肯特郡的骄傲"（金毛熊隐翅虫）和"英国蜣螂"？

一位朋友（在此匿名）对此困境深有体会，在给我的信中如是写道：

> 很久以前，我曾为过去的英格兰自然署[2]做过一些工作，考察英格兰一些地方与蜂形食虻有关的土地利用和牲畜放牧制度。我和许多保护地的农场主聊过，他们信誓旦旦地说："凡在我们这里牧食的牛，我们不会对其施用伊维菌素等药物。"我也与具体的放牧人聊过，他们对此的解释是："我们知道当牛到了他们的土地上，（某某组织）就不允许使用伊维菌素，所以，在把牛带到那儿之前，我们先给它们注射一剂。"

真令人失望！

让我们把目光再转回澳大利亚片刻。不难想象，若营养循环和粪便清除过程被扰乱，环境会变成什么样。使用伊维菌素导致粪便降解减缓的现象早已有过报道（Wall and Strong，1987）。如果化学物质正在消灭、削弱或扰乱嗜粪群落，该问题可能会变得更加严重。这让我们很容易联想到未来是个什么样子——粪便满地，毫无生机，一片荒凉，死气沉沉。人类曾有过类似处境。

伊维菌素并不是唯一对粪殖生物有害的药物。施用于牲畜的常规兽

---

[1] 红斑蚬蝶（Duke of Burgundy fritillary），即 *Hamearis lucina*，是鳞翅目蚬蝶科（Riodinidae）红斑蚬蝶属（*Hamearis*）的唯一物种，蝶翅纹路形如蛱蝶科的釉蛱蝶（fritillary）。捷蜥蜴（sand lizard），即 *Lacerta agilis*。——译者

[2] "过去的英格兰自然署"，指存在于1990—2006年间的英国政府部门English Nature，也译作"英国自然署"，后与其他部门合并为新的英国自然署（Natural England）。——译者

药也会导致类似的后果。这份名单很长，至少包括敌敌畏、拟除虫菊酯，可能还有抗生素。不过，其中有些分解得很快，或更易随尿液排出，似乎不会对环境有长期影响。

不幸的是，在英国，保证"良好饲养"几乎是人们保有动物的法律先决条件。这意味着要让牲畜免受虫害，保持健康。在给其他的鞘翅目昆虫学家的呼吁邮件中，马尔科姆·斯托里（Malcolm Story）向我提供了这样一则重要"情报"。

> 我听说，使用伊维菌素据称是一种保证"良好饲养"的措施，且动物福利法规要求动物所有者把"良好饲养"落到实处。既然如此，使用伊维菌素便成为法律强制的要求。我浏览了一些网站，没发现有如此要求，但产商一有机会，就在产品使用说明中插入"良好饲养"的字眼。

在昆虫学家看来，问题之一在于甲虫为我们免费工作，而免费的物事很容易被认为没有价值。然而，它们的工作是有价值的。虽然我不知如何计算，但"英国蜣螂分布地图绘制项目"（Dung Beetle UK Mapping Project，DUMP）最近宣布，若由人来完成这些渺小的动物提供的环境服务，每年需耗费3.67亿英镑。

但是，即便是最执着的蜣螂爱好者，也必须接受现实。农民需要饲养健康的牲畜，才能满足人类的食肉需求。他们需要使用兽药，才不至于破产。问题的根源，在于那些未加思考、机械地、例行公事似的预防性用药习惯。在化学防治病虫害和保证嗜粪生物群落免受化学毒害之间，我们必须找到一个平衡点，只是现在尚未找到。

巨型动物群和微型动物群的灭绝

有一个可悲的历史真相，每当人类来到一片新的土地，都会设法将魅力非凡的巨型动物赶尽杀绝。在5万年前的澳大利亚，人类消灭了双门齿兽（*Diprotodon*）（一种大小与河马相当的有袋动物）、巨型短面袋鼠（*Procoptodon*）（有马那么大）、袋狮（*Thylacoleo*）。上一次冰期结束后，在距今约1万~1.5万年前，人类向北扩散，进入欧洲，使得猛犸象（*Mammuthus*）及生活在地中海克里特、塞浦路斯、马耳他、撒丁和西西里等岛屿上的所有矮象全部灭绝。[①]同时，他们从楚科奇[②]跨过白令海峡，进入北美，灭绝了雕齿兽（*Gliptodon*）（一种巨大的犰狳型动物）、乳齿象（*Mammut*）（略小于猛犸象）和巨爪地懒（*Megalonyx*）（生活在地面的"树懒"，重达1吨）。随着饥渴的人类一路向南，物种灭绝遍及新大陆，直到他们最终到达火地岛[③]。我们了解这些历史，是因为它们的遗骨存留至今，得以被我们发现。而它们的粪便中曾有哪些赖以为生、随之灭绝的蜣螂，我们只能臆测。

如今，在阿根廷，古生物学家们仍能发现粪球化石。它们与在非洲发生的现存蜣螂的粪球一般大小，或者更大，但我们不知究竟是哪种动物排泄的粪便，也不知是哪种蜣螂塑成的粪球。因为，在如今的南美地区，已经不存在能滚出如此粪球的大个头推粪型蜣螂。一组动物灭绝所引发的连锁效应会导致其他动物灭绝。就如猎物尽，猎兽饥，大型哺乳动物被猎杀，可怜的蜣螂就断了粮。

---

① 原文还列有刃齿虎（*Smilodon*），但在当时，这一类群发生在美洲。——译者
② 楚科奇（Chukotka），位于欧亚大陆东北角，现为俄罗斯楚科奇民族自治区（Chukotskiy Avtonomnyy Okrug）。——译者
③ 火地岛（Tierra del Fuego），位于南美洲南端，东部属阿根廷，西部属智利。——译者

世上可能曾存在过光彩夺目的巨大推粪型乳齿象蜣螂，或顶着雅致美角的奇异掘穴型双门齿兽蜣螂，但它们都灭绝了，永远不会再有，我们无能为力。但是，我们应该努力防止同样的悲剧再次发生。如今，包括大象、犀牛、大猩猩、老虎、熊猫在内的一些大型哺乳动物的数量正在全球范围内急剧下降。无论是因人类取肉或炫耀而被猎杀，还是由于气候变化、栖息地被破坏或被人类蚕食，因而被逼到死角，它们都处于堕入深渊的边缘。另外一次巨型动物群灭绝事件正在发生。以这些动物的粪便为食的蜣螂亦是如此。在非洲，蜣螂的数量恐怕已经在下降（Nichols *et al*，2009）。在欧洲，蜣螂的种类本就不如非洲，它们在意大利（Carpaneto *et al*，2007）、伊比利亚（Lobo，2001）、法国（Dortel *et al*，2013）和英国（Dung Beetle UK Mapping Project）遭遇的相似厄运使这一状况雪上加霜。在澳大利亚，本土蜣螂的数量可能也在减少，不是与外来动物竞争所致，而是因为本土哺乳动物的不断灭绝（Coggan，2012）。今天，在全世界范围内，12%的蜣螂物种被认为处于"濒危"（灭绝边缘）或"易危"（快速走向灭绝边缘）的境地。蜣螂将要面临一个黑暗的时代。

这不仅仅是出于科学好奇心，进而通过漠然、冷静的观察所得出的结果。它是人类破坏生态系统导致的极其严重的真实后果。这个世界的生态系统相当复杂，十分容易被扰乱，通过备受牛粪之苦的澳大利亚便可见一斑。如果澳大利亚史前的情况与实际略有不同，如果大型猎物没有被赶尽杀绝，牛粪造成的所有麻烦十分有可能避免。想象这样的一个世界，巨大的双门齿兽和袋狮仍驰骋在开阔的大草原上，到哪里都留下它们的粪便，进而催生进化出大个头推粪型蜣螂和热心肠掘穴型蜣螂，让它们充分利用这天赐之食。这样一来，当牛于1788年现身澳大利亚时，本土蜣螂就有足够的能力应付体量巨大的牛粪。

我从一开始就承认，自己对甲虫有所偏爱。甲虫非常重要，不仅因为它们拥有光彩夺目的俊美外形、张扬的运动体态，还在于它们在全世界范围内的多样性极其丰富，且适于科学研究。我们的观察达不到无所不包、无处不漏、无时不察的水平。但我们只需透过甲虫这扇窗口，就可一瞥人类隶属的这个生态系统如何运作，如何失调。甲虫是我们环境健康的晴雨表，是我们衡量生态复原能力的工具，也是我们的生物圈灾难早期预警系统。我们需要对甲虫投入更多关注，蜣螂尤其值得我们近观细察。

当研究人员在那篇著名的论文中报道16000只甲虫在2小时之内使一大堆象粪消失于无形（Anderson and Coe，1974），当他们惊叹于一杯粪样在短短的15分钟之内即吸引来3800只甲虫（Heinrich and Bartholomew，1979b），他们是在以数字的形式向我们展示，这些微小的生灵有多么强大，多么让人敬畏。多年前的一个夜晚，当一个10岁男孩第一次看到蜣螂逃离紧握的双手，消失于白垩丘陵之中，他也感受到同样的力量和敬畏。如果这些真实的故事在将来沦为纯粹的传说，对我们所有人来说，都将是一种可怕而沉重的耻辱。

第十一章

粪便种种——鉴别指南

摄入之食不同，排出之物确会受影响。由此，动物粪便林林总总，差异甚巨，即便来自同一动物个体，在一年不同时期，甚至一日不同时间排出，也不尽相同。本章指南为动物粪便各论，分别列出概况。其主要目的，在于展示动物粪便的不同形态及其如何反映出动物的摄食、行为和生活史。

我在野外探粪之时，一向勇往直前。无论面对的是一坨人屎，还是一摊牛屎，我都随心所欲，抄起一柄小刀，或一把小铲，或一根顺手的棍子，有时，甚至赤手空拳——一戳到底。如前文所述，排泄物中尽是细菌，有的对我们有益，有的却是有害。此外，还有其他类型的"不良"生物和病原。因此，我毫无戒备地接触粪便，显然是一种荒唐的习惯。但在我的印象中，自己并未因此而染上任何疾病。不过，我们生活在现代世界里，接触粪便时，须格外小心。我若不如此告诫经验尚浅的读者，未免是一种不负责任的表现。

所以，我得提醒您——请避免用手接触粪便；需要翻弄粪粒或粪坨时，找一根尖锐的木棍或坚硬的短枝；弄完后记得彻底洗手，尤其是在进食之前。即便是我，在野外工作间隙享用自带午餐时，也总会确保用来削苹果的小刀是另一把。

牛[①]

英文俗名：cow

拉丁学名：*Bos taurus*

粪便别称：pat、pad、pie、cake（相应的干粪称作muffins）、buffalo chips（野牛粪"干片"，为北美称谓）

粪便大小：直径20~50厘米，厚20~60毫米。

粪便形态：半液态，黏稠如粘墙纸的胶糊，近圆形或卵形，呈扁平团块状，若泄于坚硬表面，可溅成一摊。正常时为褐色，但常略带深橄榄绿色。牛未断奶时，粪便可呈亮橙色或黄色。

排粪场地：田野、草地、赶畜道、牛棚——牛所有取食之处及栖身之所。

生态学小注：牛粪是含水量最高的陆生动物粪便之一，排出后，可形成一摊稠密的粪液，将草丛完全覆盖，使之与空气隔绝。在炎热干燥的环境下，粪便外层很快形成粪皮，后变成干壳。粪便内部有未消化的

---

① 原书各动物粪便条目的标题为"动物英文俗名，动物拉丁学名—粪便别称（其他说明）"，例如，牛粪条目的相应标题为"Cow, *Bos taurus* – pat, pad, pie, cake or muffins（when dried）, buffalo chips（North America）"。为方便汉语读者阅读，译者以动物中文俗名为条目标题，将（动物）英文俗名、（动物）拉丁学名、粪便别称作为条目属性列出。但是，中文俗名、英文俗名、拉丁学名之间并无严格的——对应关系。如骆驼粪便条目下罗列了两个物种的拉丁学名，又如鼬粪条目罗列的动物拉丁学名指伶鼬。若遇如此情形，译者在拉丁学名后补充中文学名，列于中括号内。例如，对于鼬粪条目，译者将动物拉丁学名处理为"*Mustela nivalis*［伶鼬］"。上述属性中出现的所有其他说明或注释性文字，或列于括号中，例如，对于蝙蝠粪便条目，译者将动物拉丁学名处理为"Chitoptera［翼手目］（多个物种）"，指蝙蝠属于翼手目的多个物种；或不加括号，例如，对于蚯蚓粪便，译者将动物拉丁学名处理为"*Lumbricus terrestris*［陆正蚓（普通蚯蚓）］及其他物种"，其中陆正蚓是相应物种拉丁学名的准中文学名，普通蚯蚓为其俗名之一，而可以被称作蚯蚓的物种远不止这一种。——译者

植物材料，短纤维明显可见。在澳大利亚，牛粪曾导致生态紊乱。由于本地原产"收粪"昆虫对牛粪束手无策，大片草场为牛粪所覆，牧草产量下降。直到从非洲和亚洲引进适应湿质牛粪的物种后，这种状况才得以缓解。牛粪的气味通常被认为是农家肥的默认气味。水牛和野牛的粪便略微干燥一些，有脊状纹或呈折叠状。

马

英文俗名：horse

拉丁学名：*Equus ferus caballus*

粪便别称：road apples（马路苹果，这种称谓源自北美）

粪便大小：阔[①]25~45厘米，高10~20厘米。

粪便形态：丸状，质地粗糙。数个粪丸或结合成松散的马粪堆，或因马在行走时排泄，可形成"马粪线"。褐色或浅褐色，时而米色或偏黄。明显可见呈长条状的未消化绿草或干草。新鲜马粪略湿，但易干燥，质地变得松脆，如同缠结的稻草。

排粪场地：田野、草地、马厩、公路、马道。马可以边走边拉，且步伐不乱。马的这种能力为人熟知，如今，在许多城市中，观光马车被要求配置一种吊床似的悬兜，挂在马后腿之间，好把马粪接住。

生态学小注：马粪对众多类型的蜣螂和蝇虫有相当大的吸引力，因而成为昆虫学家在野外扒粪寻虫的首选对象。马粪带有一种发酵的气味。这种气味与水果相似，近乎甜美，因而成为用于园地、配额地的热门绿

①阔（across），在此指粪便或组成个体的截面阔度或直径，后同。——译者

肥之选。驴和斑马的粪便与之相似。

绵羊

英文俗名：sheep

拉丁学名：*Ovis aries*

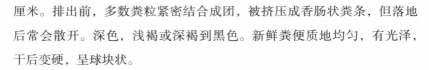

粪便别称：buttons、treddles、trottles[①]、dags（指缠挂在近尾处羊毛上的小粪粒）

粪便大小：长5~15厘米，直径3~6毫米。

粪便形态：颗粒状，阔1~2厘米。排出前，多数粪粒紧密结合成团，被挤压成香肠状粪条，但落地后常会散开。深色，浅褐或深褐到黑色。新鲜粪便质地均匀，有光泽，干后变硬，呈球块状。

排粪场地：田野、白垩丘陵、山地、酸土丘陵[②]及其他取食之处。

生态学小注：粪粒质硬、深色、密集，气味不太难闻。它们在绵羊直肠内被挤压成条状粪便，但排出之后，表面仍留有缝隙。有些小型蜣螂最初即经由这些缝隙钻入。绵羊非常适应山地生活（甚于牛生活的低地平原），因此，从羊粪中发现的蜣螂，通常为石灰质白垩丘陵、酸土丘陵或北半球山地的特生物种。

---

①按《牛津英语词典》（第二版），treddles和trottles是对羊粪的罕见称谓，类似的还有trattle、trettle、truttle等。——译者

②酸土丘陵（moor），即moorland，在此指英国南部未开垦的丘陵地，土质多为酸性，不同于同位于英国的白垩丘陵（downs或downland）的盐碱土质，又译作"高沼地"。——译者

驼鹿

英文俗名：moose（在欧洲称作elk）[1]

拉丁学名：*Alces alces*

粪便大小：阔15~20毫米，长20~30毫米。

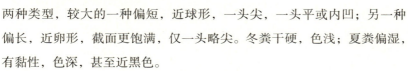

粪便形态：驼鹿的体形非常大，因此，驼鹿的粪便亦是如此。粪粒主要有两种类型，较大的一种偏短，近球形，一头尖，一头平或内凹；另一种偏长，近卵形，截面更饱满，仅一头略尖。冬粪干硬，色浅；夏粪偏湿，有黏性，色深，甚至近黑色。

排粪场地：林地、山坡。

生态学小注：过去有些书籍认为，上述两种粪便类型来自不同性别的驼鹿，较大的短球形由雄性所排，较小的长圆形由雌性所排。不过，还存在介于两种类型之间的粪便。此外，粪便类型本身并无性别偏向。然而，猎人们认为，雄性驼鹿排粪时通常会停下来，粪便落到一起，而雌性驼鹿边走边排，粪便落得一路都是。

驯鹿

英文俗名：reindeer、caribou、papana（在北极地区的称谓）

拉丁学名：*Rangifer tarandus*

粪便大小：冬粪颗粒状，个体阔8~15

---

[1] moose是驼鹿的美国英语俗名，elk是英国英语俗名，亦称European Elk。在美国英语里，elk指加拿大马鹿，另见第236页正文及第237页注①。——译者

毫米，与驼鹿粪便相似；夏粪糊状，阔10~15厘米，如图所示。

粪便形态：颗粒状粪便质硬，圆形或大致为卵形，松散聚集；褐色，深浅不一，间或偏灰。

排粪场地：山地、酸土丘陵坡地，以及其他取食之处。

生态学小注：在冬季，驯鹿活动的地带不适于大多数动物生存。在这种艰苦的环境下，只有少量的硬质植物和地衣可食，因此，驯鹿的粪粒质地坚硬。到了夏季，植被不断回绿，尽管算不上茂盛，但植物的水含量大大增加。驯鹿取食后，所排粪便的质地呈浓稠的粥糊状。

鹿（多个物种）

英文俗名：deer

粪便别称：fumes、fewmets、fumets、fewmeshings、cotyings

粪便大小：阔10~35毫米。

粪便形态：颗粒状，近球形，间或圆柱形。粪体饱满，通常一头尖，呈橡实状。粪便逐粒排出，或10~20粒挤压成粪团排出，但通常触地即散。粪便外部一般呈褐色，表面平滑（质软、有黏性的夏粪尤为如此），内部呈黄绿色，或带有褐色。

排粪场地：在鹿苑的田野、草地上随地排泄。此外，一般在林间、马道、步道、旷地及可藏身处隐秘地排泄。

生态学小注：根据粪便大小，可以判别鹿种，例如加拿大马鹿（在北美被称作elk），粪阔13~18毫米，长20~25毫米；马鹿，粪阔12~15毫米，长20~25毫米；黇鹿，粪阔8~12毫米，长10~15毫米，狍，粪阔

7~10毫米，长10~14毫米；小鹿，粪阔7~10毫米[1]。与鹿粪密切相关的蜣螂种类之所以选择鹿粪，不在于其气味或营养组成，而是因为它们本身为喜阴的特生种类。在牛粪和猪粪中发现的蜣螂种类正好相反，多为喜好开阔草甸的特生种类。

长颈鹿

英文俗名：giraffe

拉丁学名：*Giraffa camelopardalis*

粪便大小：阔2~3厘米。

粪便形态：小型颗粒，木桶形，即所谓圆柱状，通常一头扁平，一头略尖。表面平滑，深色，有褐色光泽，干后颜色变浅，与麦秆颜色相似，呈浅黄色。

排粪场地：南非热带草原。

生态学小注：尽管长颈鹿体形非常大，其粪粒却相当小。多数粪粒可结成一团再排出，但由于粪便落程较长，粪便触硬地即散，而且散得很开。与其他一些植食动物相似，长颈鹿排粪量非常大，每日可达70千克。

---

[1] 加拿大马鹿（wapiti），即*Cervus canadensis*；马鹿（red deer），即*Cervus elephas*，皆属鹿属（*Cervus*）。黇鹿（fallow deer），即*Dama dama*，属黇鹿属（*Dama*）。狍（roe deer），即*Capreolus capreolus*，又译为"狍鹿""西方狍""野羊"，属狍属（*Capreolus*）。小鹿（muntjac），即*Muntiacus reevesi*，属麂属（*Muntiacus*）。以上各物种皆为鹿科动物。——译者

骆驼

英文俗名：camel

拉丁学名：*Camelus dromedarius*
［单峰驼］、*Camelus bactrianus*［双峰驼］

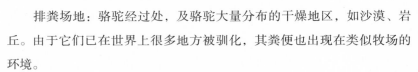

粪便大小：阔3~6厘米。

粪便形态：大型饱满颗粒，卵形，
大小与鸡蛋相似。深褐色或褐色。

排粪场地：骆驼经过处，及骆驼大量分布的干燥地区，如沙漠、岩
丘。由于它们已在世界上很多地方被驯化，其粪便也出现在类似牧场的
环境。

生态学小注：骆驼适应干燥环境，即意味着消化道内含物在被排出
之前，其中的水分会被尽可能地吸收。因此，骆驼的粪便极其干燥，甫
一排出，即已可燃。驼粪在北非、阿拉伯及中亚地区是重要的燃料。此
外，贝都因人[1]认为，食新鲜驼粪可治疗腹泻，这可能是因为由此可改变
人体消化道内的细菌。不过，各位读者，请别在家里尝试！

象

英文俗名：elephant

拉丁学名：*Loxodonta africana*［非
洲象］、*Elephas maximus*［亚洲象］

粪便大小：阔30~35厘米，高20~30
厘米，重1.5~3.5千克。

粪便形态：大型粪堆，组成个体饱

---

① 贝都因人（bedouin），指生活在沙漠地区的阿拉伯游牧民族。——译者

满呈丸状。新鲜粪便亮橄榄黄色，据称带有一种怡人的奇异气味。数日后，随着粪便变干，粪便颜色趋于变浅。

排粪场地：热带草原、平原草地、林地、沙漠。

生态学小注：欲判断象粪的新鲜程度，可将一手插入其中。若余温尚在，便可知它刚排出不久。象粪中的纤维含量很高，有时不过是略微咀嚼过的植物材料。这对别的动物有吸引力，包括其他植食动物，如鹿类，还有猴类和鹦鹉，它们将象粪中的种子挑出来食用。此外，据记载，仅在一堆象粪上聚集的甲虫，便可达到惊人的数量。

兔

英文俗名：rabbit

拉丁学名：*Oryctolagus cuniculus*［穴兔］

粪便别称：crottels、croteys、crotisings等

粪便大小：直径8~9毫米，偶尔达10毫米。

粪便形态：球形，褐色或深褐色，随粪干而渐浅。表面明显可见植物残茎和纤维，形似发潮的卷烟烟丝被揉捏成团的结果。

排粪场地：兔群活动的中心区域附近集中排泄，形成兔粪密集的粪穴。通常为地面的隆起处，如草丛、鼹鼠洞出口、蚁丘或树桩。

生态学小注：对于人类而言，兔粪的气味并非强烈刺鼻。尽管如此，这种气味被认为有标记地盘的作用。粪穴中的粪粒经过尿液浇淋，颜色通常更深。在这里，人们找不到兔第一轮消化形成的"夜便"。因为，它

们在安全的巢穴深处排出"夜便"，且一经排出，便直接送入口中。北美一些林兔物种的粪便与之相似，而近缘类群鼠兔的粪粒仅3~4毫米阔[1]。

野兔

英文俗名：hare

拉丁学名：*Lepus europaeus*［欧洲野兔］

粪便别称：crottels、croteys、crotisings等

粪便大小：直径12~18毫米。

粪便形态：球形，略扁，与较大的穴兔粪非常相似。冬粪色浅，间或呈黄褐色，夏粪深褐色，略带绿色，近黑色。

排粪场地：兔穴（不大亦不深）附近，通常限于取食区域，无特定的排泄地。粪粒非常分散，间或少量聚为一小堆。

生态学小注：气味与发潮的消化饼干相似，略带秸秆刈割后的气味。北美的北极兔、白靴兔和长耳大野兔的粪便与之相似[2]。

---

① 林兔（cottontail），指兔科（Leporidae）棉尾兔属（*Sylvilagus*）动物，分布于北美到南美中部地区，又译作"棉尾兔""美洲白尾灰兔"等。鼠兔（pika），指鼠兔科（Ochotonidae）鼠兔属（*Ochotona*）动物，主要分布于我国青藏高原，在中亚和东北亚亦有分布，另有2种产于北美，1种产于欧洲。本段所述穴兔属兔科穴兔属（*Oryctolagus*）。——译者

② 消化饼干（digestive biscuit），一种英国粗面饼干，并无消化作用。北极兔（arctic hare），即北方兔（*Lepus arcticus*）；白靴兔（snowshoew hare），即美洲兔（*Lepus americanus*），又译作"雪鞋兔"；长耳大野兔（jackrabbits），分布于北美西部的一类体形较大的野兔，后足发达，兔耳特别长，如黑尾兔（*Lepus californicus*）、白尾兔（*Lepus townsendii*）、墨西哥兔（*Lepus alleni*）、墨西哥黑兔（*Lepus insularis*）、白侧兔（*Lepus callotis*）。以上兔种皆属兔科兔属（*Lepus*）。——译者

野猪

英文俗名：wild boar

拉丁学名：*Sus scrofa*

粪便别称：faints、lesses、freyn 等

粪便大小：长 10~15 厘米，直径 5~8 厘米。

粪便形态：大型深色粪便，形状不规则或呈香肠状，由数个长圆形小型粪粒挤压粘合而成，干燥后或散成较短的碎粪。褐色、深灰色或黑色。

排粪场地：林地、树木茂盛的丘陵和山坡。

生态学小注：家猪粪便与之相似，但色泽和质地更加多样，具体特征取决于饲料。按传统饲养方法，家猪围于猪圈之中，喂的是泔水，来自人类的剩饭剩菜。这种杂食使得猪粪无论从外观上，还是从气味上，都与人类粪便相似，使得乡下养猪场附近的居民怨声载道。时隔约700年，通过放归自然或逃逸的途径，野猪重归英国森林。若有人调查其粪便中的蜣螂种类组成，一定会得出令人感兴趣的结果。

狐狸

英文俗名：fox

拉丁学名：*Vulpes vulpes*［赤狐］

粪便别称：fuants、billets、billetings、scumber、waggyings

粪便大小：长 5~10 厘米，直径 2~3 厘米

粪便形态：圆柱状，形似

香肠，粪体螺旋状扭曲，一头尖。颜色黑到浅灰，质地纤维质到黏软质，因食而异。

排粪场地：田野、公园、庭园、道路。通常排于明显可见处，如零星的裸露地块、门垫、矮墙、院子里的家具、忘在室外的玩具之上。这类排粪行为，辅以粪便的浓烈气味，显然是一种标记地盘的展示。

生态学小注：典型的狸粪颜色，是油污一般的灰色，但也可以黑得发亮。随着粪便变干，陈粪变为浅灰色，若含有残骨碎片，可变为白色。夏末，狐狸吃过黑莓之后，狸粪整体呈光亮的黑色，表面有小突起，细处混有显目的红色和紫色元素。狸粪气味非常大，在我看来，是所有粪便中最难闻的。

狗

英文俗名：dog

拉丁学名：*Canis familiaris*[1]［家犬］

粪便大小：长5~35厘米，直径1~8厘米。

粪便形态：圆柱状，形似香肠。从近白的浅灰色，到黄、橙、红、褐直至近黑色，几乎什么颜色都有。

排粪场地：人行道、庭园、公园、道路、路边绿化带，只要狗不嫌弃，任何地方都有可能成为其排粪场地。

生态学小注：狗的驯化品种遗传差异巨大，因此，狗屎的形状和大小多种多样。可供选择的狗罐头本来就林林总总，加上补充喂饲的种种

---

[1] 为已弃用异名，家犬为灰狼（*Canis lupus*）的驯化亚种，拉丁学名应为 *Canis lupus familiaris*。——译者

剩饭菜、零食、牙祭，决定了狗屎的颜色也多种多样。狗屎有浓烈的恶臭气味，非常难闻。狼粪（及郊狼^①粪）的形态与狗屎相似，但纹路更多一些，含有毛皮、羽、骨及其他未被消化的材料；英文别称包括freyn、lesses、faints、fuants等。有一类被称作马勃的生物，主要指马勃属真菌。马勃属的拉丁学名*Lycoperdon*来自古希腊词语λυκος（读作lukos）和περδομαι（读作perdomai），前者意为狼，后者意为放屁。这是因为该类菌（或者按您的传统翻译——松露^②）曾被认为是从狼粪中长出来的。

猫

英文俗名：cat

拉丁学名：*Felis catus*［家猫］

粪便别称：scat

粪便大小：长3~7厘米，直径1~2厘米。

粪便形态：圆柱状，形似香肠，通常一头狭尖，间或卷曲。质地均匀，褐色、灰色或黑色。

排粪场地：庭园内，新近翻、筛、耙毕的待种地块；有时被猫埋进土里。也排于砾石小径、供儿童玩耍的沙坑。

生态学小注：尽管大多数宠物食品是大规模生产的加工产品，但猫主人给猫喂的猫罐头或袋装猫粮仍以肉质为主。因此，猫屎比狗屎还要

---

① 郊狼（coyote），即丛林狼（*Canis latrans*），体形较狼小，原产北美，与狼、狗皆为犬科犬属（*Canis*）动物。——译者

② 文中的马勃（puff-ball fungi）泛指无菌盖的担子菌门（Basidiomycetes）真菌，涉及多个目，不限于伞菌目（Agaricales）马勃科（Lycoperdaceae）。其中，也包括俗名带有"松露"（truffle）字眼的食用菌。但松露主要指隶属子囊菌门（Ascomycota）的块菌属（*Tuber*）真菌的子实体。——译者

臭。大型猫科动物的粪便与猫屎相似。不过，它们的尺寸更大一些，如狮子，粪长10~20厘米；豹、美洲豹、美洲狮，粪长皆约8~15厘米；猎豹，粪长8~15厘米；猞猁，粪长20~25厘米。[1]此外，其中还含有更多的毛皮、羽、骨等残体。由于摄入大量的血和肉，它们排出的粪便颜色十分黑，气味十分臭，生活在北部山区的猞猁会将粪便埋进雪里。

斑鬣狗

英文俗名：spotted hyena

拉丁学名：*Crocuta crocuta*

粪便大小：阔5~7厘米。

粪便形态：个体近丸状，聚为一体。新鲜粪便颜色偏绿，后渐变成纯白。质地或均匀，或呈粗糙的纤维质，并含有大量毛发。

排粪场地：南非热带草原，位于开阔区域明显处的粪穴中。

生态学小注：粪便中的白色物质来自食物中的骨质成分。鬣狗的颌部和牙齿强大有力，极为发达，可以将相当大的骨头碾碎成粉。褐鬣狗[2]体形较小，其粪便与之相似，但更细，阔约4~5厘米。

---

[1]狮子（*Panthera leo*）、豹（*P. pardus*）、美洲豹（*P. onca*）皆为豹亚科（Pantherinae）豹属（*Panthera*）动物；美洲狮（*Puma concolor*）为美洲金猫属（*Puma*）动物、猎豹（*Acinonyx jubatus*）为猎豹属（*Acinonyx*）动物、猞猁（lynx）指猞猁属（*Lynx*）动物，现发现4种，三属皆为猫亚科（Felinae）动物。——译者

[2]褐鬣狗（brown hyena），即*Hyaena brunnea*，属鬣狗属（*Hyaena*），与属斑鬣狗属（*Crocuta*）的斑鬣狗皆为猫型亚目鬣狗科动物。——译者

獾

英文俗名：badger

拉丁学名：*Meles meles*

粪便别称：faints、fuants、werderobe

粪便大小：长5~8厘米，直径1~2厘米。

粪便形态：圆柱状，形似香肠，一头略

尖。黑色、灰色或褐色。表面不平滑或粗糙，

间或有油，呈半液态状。

排粪场地：獾穴入口附近，獾用前爪掘成的一系列长圆形坑洞组成

的粪穴。各坑洞长约10厘米、深约6厘米，可使用多次，每次用完后不

以土掩。

生态学小注：粪穴通常位于獾穴附近十分显眼的位置。这被认为是

一种地盘标记的表现，以示巢穴已有居住者。新鲜粪便气味大，有黏性。

水獭

英文俗名：otter

拉丁学名：*Lutra*［水獭属］及其他属。

粪便别称：spraints、spraits

粪便大小：长3~12厘米，直径10~15

毫米。

粪便形态：新鲜粪便黑色，黏稠，形

似焦油。干燥后变为浅灰色，易碎。带有持久性的精油气味，有时被认

为与紫罗兰的气味相似。含有鱼骨、鱼鳞、甲壳残片，间或含有毛皮或

羽残体。

排粪场地：河岸或湖畔附近隆起处，尤其是向水体延伸的小型半岛

区域。通常排在小沙丘上，或其他水獭堆积的植物材料上。

生态学小注：獭粪的独特气味或许用来标记地盘。若果真如此，就可解释为何水獭将粪便排在明显可见的地方。随獭粪排出的，还有一种叫"肛门凝胶"（anal jelly）的黏稠糊状物质。它们颜色多样，可为白色、黑色、橙色或褐色。獭粪中含有尖锐的鱼刺和鳞片，因此，这种物质被认为充当了润滑剂的角色，有助于粪便的顺利排出。

松貂

英文俗名：pine marten

拉丁学名：*Martes martes*

粪便别称：dirt、faints、fuants

粪便大小：长4~12厘米，直径8~15毫米。

粪便形态：细长，扭曲，一头渐尖，延长成芒状。色深，骨、毛皮、羽、植物等残体可见。被认为带有与麝香、水果相似的怡人之气。

排粪场地：疏林，显眼处如树桩、原木、岩石或木料堆上。

生态学小注：松貂若取食鸟卵，粪便则偏黄；取食浆果，粪便则呈蓝色或红色。松貂的近缘种石貂体形相对较小，生活在乡野。那里的环境相对空阔，它们倾向将巢穴筑在房屋的阁楼和外围建筑里。其排泄物据称有股恶臭之气，但这只是个人之见，未必被公认。鸡貂和水貂也与之情况相似。不过，水貂取食鱼类或蛙类之后，排出的粪便较为松散。[1]

---

[1] 石貂（beech marten），即 *Martes foina*，与松貂同属貂属（*Martes*）。鸡貂（polecat），在此指林鼬（*Mustela putorius*）；水貂（mink），在此指欧洲水貂（*Mustela lutreola*）和北美水貂（*Neovison vison*）。欧洲水貂及下文的伶鼬和白鼬（*Mustela erminea*）同属鼬属（*Mustela*），北美水貂属北美水貂属（*Neovison*）。上述各物种皆为食肉目（Carnivora）鼬科哺乳动物。——译者

鼬

英文俗名：weasel

拉丁学名：*Mustela nivalis*［伶鼬］

粪便大小：长2~3厘米，直径2~5毫米。

粪便形态：细长，扭曲，呈绳状。色深，常为黑色，间或灰色，含有毛皮、羽及骨质残片。有独特的发霉气味。

排粪场地：排在隆起或显眼处，如草丛、蚁丘、岩石或树桩，用作地盘标记。常可见新陈粪便现于同一排泄处。

生态学小注：伶鼬粪便不像貂粪那般恶臭。白鼬和林鼬的粪便形态与之相似，但更大，长6~8厘米，直径8~15毫米。

刺猬

英文俗名：hedgehog

拉丁学名：*Erinaceus europaeus*

［西欧刺猬］

粪便大小：长3~5厘米，厚8~10毫米。

粪便形态：圆柱状，略有凹陷，通常一头尖。黑色，有光泽。

排粪场地：庭园草地、公园、道路、人行道。

生态学小注：粪便中常可见坚硬的昆虫外骨骼残骸，由此大致可推测刺猬所食之物为何一种类。此外，若粪便细长、扭曲，含有毛皮或鸟羽，与白鼬和伶鼬粪便相似，则表明刺猬取食了老鼠或雏鸟。若吞下的是蚯蚓，粪便则为稀软状。

蝙蝠

英文俗名：bat

拉丁学名：*Chitoptera*［翼手目］
（多个物种）

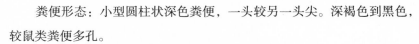

粪便大小：粪体多为小型，最
长6~8毫米，直径2~3毫米。

粪便形态：小型圆柱状深色粪便，一头较另一头尖。深褐色到黑色，
较鼠类粪便多孔。

排粪场地：粪便散落于栖居地入口附近地面。因此，若蝙蝠在屋檐
下安营扎寨，粪便就会遍布天井或门廊。阁楼和地窖也可成为蝙蝠的栖
居地，若不加惊扰，粪便便会累积成堆。有若干种穴居蝙蝠。它们遍布
全球，密集而居，排到洞穴地面上的粪便，可积数米之深。

生态学小注：分布于欧亚和北美地区的蝙蝠，有些以昆虫为食，其
粪便由昆虫残骸构成。这些残骸是坚硬的几丁质外骨骼，虽然已经成为
碎片，但并未被消化。（分布于中美和南美地区、为数不多的3种）吸血
蝙蝠仅以哺乳动物的血液为食，因此，落在栖居地之下的粪便如同焦油，
乌黑、有黏性、气味刺鼻。分布于亚洲热带地区和澳大利亚的果蝠（狐
蝠）以果实汁液和果肉为食，其粪便更大、更稀，含有果实种子，而非
昆虫残骸。狐蝠主要汲取果实汁液（小型物种汲取蜜露），将果核吐出来。
若它们在房屋之上频繁"吐核"，果核不仅会覆满屋顶，还会阻塞排雨管
道，让房屋主人手足无措。①

---

① 吸血蝙蝠（vampire bat），在此指叶口蝠科（Phyllostomidae）吸血蝠属（*Desmodus*）动物。果蝠
（fruit bat）指狐蝠科（Pteropodidae）动物，英文俗名亦称flying fox，即狐蝠。翼手目动物以蝙蝠
为主，大致分为两类，即大蝙蝠亚目（Megachiroptera）和小蝙蝠亚目（Microchiroptera），果蝠
隶属前者，吸血蝙蝠隶属后者。——译者

家鼠

英文俗名：house mouse

拉丁学名：*Mus musculus*［小
家鼠］

粪便大小：长约6毫米，直径
2.0~2.5毫米。

粪便形态：小型深色颗粒，
呈不规则筒状，一头或两头尖。新鲜粪便相对密实，纤维质，略湿。若
以两指捏弄，易残留污垢于指尖。干燥的陈粪质地更硬，且易碎。

排粪场地：农仓和谷仓地面、厨房的橱柜里、壁架上。似乎在觅食
时随机排粪。据记载，每夜可排50~80粒。

生态学小注：这种无臭的干颗粒表面上看似无害，但可传播疾病。
因此，我们不容许它们出现在食品当中。在通常情况下，房屋主人一旦
发现其踪迹，便会迅速采取应对措施。一些人熟悉的家鼠"气味"，实际
上来自其尿液，而非粪便。林姬鼠（*Apodemus sylvaticus*）的粪便与之大
小相似，但颜色较浅，纤维质程度更高。

黑家鼠

英文俗名：black rat

拉丁学名：*Rattus rattus*

粪便大小：长约10毫米，直径
2~3毫米。褐家鼠（*Rattus norvegicus*）
粪便长约17毫米，直径6毫米。

粪便形态：长卵形，略弯曲，一头尖。深褐色。褐家鼠粪便更大，
更粗，更近卵形，形如橄榄核。

排粪场地：觅食处。在室内，若不加以控制，粪便可将地面布满。褐家鼠更倾向选择专门的排粪场地，如房屋角落。据记载，每夜可排40~50粒。

生态学小注：黑家鼠粪便的出现，通常是房屋遭受鼠害的最初征兆，远在动物本身被目击之前，这一点与小家鼠的情形类似。它留下的气味亦来自尿液。此外，尿液和粪便皆可传播疾病。

水田鼠

英文俗名：water vole

拉丁学名：*Arvicola amphibius*

粪便大小：长7~10毫米，直径3~4毫米。

粪便形态：圆柱状，两头饱满，表面平滑，形如短粗的雪茄。深褐色，新鲜粪便偏绿。柔软，质地如油灰，含植物细末。无强烈气味。

排粪场地：河岸、溪畔、塘边。粪便累积成堆，后常在其他活动中被踏平。

生态学小注：水田鼠十分警觉，且生活隐秘，因而难以被观察到。在英国，自20世纪60年代以来，因非本地水貂物种从养殖场逃逸，在水田鼠生活的河溪区域形成大规模野化集落，导致水田鼠数量急剧下降。如今，数积粪堆已成为一种调查水田鼠的标准方法，新招募的调查人员须学习如何识别积粪堆（及动物的取食痕迹）。

鼩鼱

英文俗名：common shrew

拉丁学名：*Sorex araneus*

粪便大小：长 2~4 毫米，直径 1 毫米。

粪便形态：小型圆柱状密实粪便，一头扭曲成尖状。色深，新鲜粪便深灰色或黑色，陈粪褪成褐色。

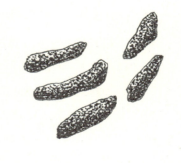

排粪场地：枯草层中、巢穴附近、木石之下，可积成小堆。

生态学小注：鼩鼱粪便中含有昆虫外骨骼，因而脆且易碎。此外，其中还含有明显的浅灰色或白色甲壳质碎片成分。婆罗洲的山树鼩以马来王猪笼草为排便器。[①]这种植物从山树鼩"馈赠"的粪便中汲取营养，并以蜜露"回赠"，"款待"来访的山树鼩。

红松鼠

英文俗名：red squirrel

拉丁学名：*Sciurus vulgaris*［松鼠］

粪便大小：阔 4~6 毫米。

粪便形态：从阔卵形到香肠形，形状多样。较穴兔粪粒小，较黑家鼠粪粒粗短。褐色或灰色。外部质地均匀，内部纤维质。通常一头略扁平，一头尖。

排粪场地：木材、树桩、篱柱上，树枝上侧及其他松鼠可停下取食处。

---

① 婆罗洲（Borneo），指位于赤道的印尼加里曼丹岛（Kalimantan Island）。山树鼩（tree shrew），即 *Tupaia montana*，属树鼩科（Tupaiidae）树鼩属（*Tupaia*），与属鼩鼱科（Soricidae）鼩鼱属（*Sorex*）的鼩鼱皆为鼩鼱目（Soricomorpha）哺乳动物。马来王猪笼草（giant pitcher plant），即 *Nepenthes rajah*，为猪笼草科（Nepenthaceae）猪笼草属（*Nepenthes*）植物。——译者

生态学小注：北美灰松鼠（*Sciurus carolinensis*）的粪便与之相似，不过，由于动物本身体形更大，其粪便可能亦稍大，长可达10毫米。它们有时会在过去选择过的同一制高点筑巢，将粪便排在巢下的地面上。花栗鼠［花鼠属（*Tamias*）及其他一些属类］的粪便也与之相似，但要略小一些。

豪猪

英文俗名：porcupine

拉丁学名：*Erethizon dorsatum*

［北美豪猪］

粪便大小：长15~35毫米，直径10~15毫米。

粪便形态：形状不规则颗粒，质地均匀或粗糙。与鹿粪非常相似，但形状和大小更不规则。粪便较长时略弯曲。褐色到近黑色。含纤维。

排粪场地：道路上或树下。冬季，豪猪常在同一棵树附近的范围之内活动。因此，排在树干基部的粪便可累积成堆。相似的积粪堆还会出现在巢穴内或附近，以及可栖身的岩石凹穴或树洞中。

生态学小注：豪猪粪便的质地和形状取决于取食之物。冬季，豪猪以树皮和小枝为食，粪便形状更不规则，表面更不均匀。夏季，豪猪摄食汁液更多的植物材料，粪便质地则相对均匀一些，更湿。有时，会出现数枚粪粒被植物材料（如茎秆或草柄）一线贯穿的情形，形似项链。

河狸鼠

英文俗名：coypu

拉丁学名：*Myocastor coypus*

粪便大小：长2~4厘米，直径1厘米。

粪便形态：圆柱状，一头钝，一头尖，形似子弹。表面平滑，但有一系列明显的皱状纹，间或形成纵向平行的沟纹或脊纹。深褐到褐色，间或偏绿、黑色。

排粪场地：河岸、溪畔、沼泽地，有时会漂浮在近岸的水面上。

生态学小注：这种大型啮齿动物原产南美。但是，在北美和欧洲，从养殖场逃逸的河狸鼠已形成野化集落。在英国，其挖掘行为对河岸堤坝造成危害，因而于20世纪80年代被成功根除。通过对粪便进行监测，可以确认，河狸鼠至今尚未复现。

河狸

英文俗名：beaver

拉丁学名：*Castor fiber*、*Castor canadensis*［北美河狸］

粪便大小：长2~4厘米，厚2厘米。

粪便形态：卵形，饱满，一头略尖。深褐色，干后变浅。含有非常粗糙的植物材料，常形似锯末。不过，锯末确实可为其成分之一。

排粪场地：河岸、溪畔、沼泽地，多在清晨现于水体边缘。粪便在水中存留时间短，很快就会解体。尽管如此，它们亦常见于水面之上。

生态学小注：和穴兔一样，河狸会再次摄入自己排出的绿褐色柔软"夜便"，以便从这种高纤维的"食物"中汲取更多营养。但是，"夜便"从未被找到过。因为，它们一经排出，便被直接送入口中，而这一过程，也是在安全的巢穴中完成的。

犰狳

英文俗名：armadillo

拉丁学名：*Dasypus*［犰狳属］及其他种

粪便大小：长45毫米，直径10~20毫米。

粪便形态：质地相对均匀的颗粒。单粒
形状不规则，但通常近圆球形；多粒可挤压
合并成更大的香肠形条状粪便。

排粪场地：有时在固定处排粪，尤其是在环境干燥处。可形成小型
的积粪堆，但部分也会被掩埋。

生态学小注：犰狳以昆虫为食。它们用带爪的强壮前足将昆虫从地
中掘出，大量土壤也随着猎物一道被送入口中。因此，黏土通常是犰狳
粪的主要组分。犰狳在美国南方备受推崇，有一种果仁黑巧克力，如今
的商标就叫"得克萨斯犰狳粪粒"[①]——好吃。

土豚

英文俗名：aardvark

拉丁学名：*Orycteropus afer*

粪便大小：长3~4厘米，直径2厘米。

粪便形态：卵状长圆形粪块。粪体平滑
饱满，间或凸凹或不规则。

排粪场地：南非干燥的热带草原。

---

① "得克萨斯犰狳粪粒"（Texas Armadillo Droppings），是美国南部得克萨斯州犰狳糖果公司
（Armadillo Candy Company）的一款扁桃仁巧克力产品。——译者

生态学小注：土豚以白蚁为食，一次可吃进成千头，并几乎可以将之完全消化掉。但是，在"享用大餐"时被意外送入口中的土壤，就只能穿肠而过。所以，土豚粪便几乎完全由沙构成。土豚黄瓜[1]是土豚赖以获取水分的唯一植物果实，其种子通过土豚粪便得以传播，且随粪便一起被土豚埋入土中，静待萌发即可。除了取食白蚁，土豚也掘食土壤中的蝼蛄蛹。

袋鼠、沙袋鼠

英文俗名：kangaroo、wallaby

拉丁学名：*Macropus*［大袋鼠属］

及其他属

粪便大小：直径8~20毫米。

粪便形态：饱满的块状干硬粪便。外部深褐色，内部色浅，纤维质。与穴兔粪便非常相似。

排粪场地：取食区域，通常4~8块一堆。

生态学小注：18世纪，牛、马被引进澳大利亚。当地原产的蝼蛄适应了干燥的有袋动物粪便，因而对水含量高的牛粪和马粪束手无策，导致这些粪便逐渐覆满草场，使得植物窒息死亡，也让这些昆虫声名狼藉。显然，人们若在当地扎营生火，干燥的有袋动物粪即为引火的上佳之选。

---

[1] 土豚黄瓜（aardvark cucumber），即 *Cucumis humifructus*，一种果实多汁的葫芦科（Cucurbitaceae）黄瓜属（*Cucumis*）植物，也是该属唯一果实结于地下的植物，产自非洲大陆南部及马达加斯加。——译者

棕熊

英文俗名：brown bear、grizzly bear

拉丁学名：*Ursus arctos*

粪便大小：长10~25厘米，厚6厘米。美洲黑熊（*Ursus americanus*）粪便长10~20厘米，厚4~5厘米。

粪便形态：排出前，原呈相对较小的颗粒状，但在相互挤压的作用下，合并成条状粪便。因此，粪便在排出时本为圆柱状，但后断落成堆。在正常情形下，粪便呈深褐色。但是，在夏季，粪便因含有大量毛皮、毛发、骨、昆虫及植物残体，颜色较浅。6月，正值鲑鱼洄游时节，熊粪中可见细小的鱼骨，并带有强烈的鱼腥气。秋季的熊粪较稀，呈黑色，若取食过浆果，粪便中会出现紫色或红色的成分。

排粪场地：显然在林间，如森林、高山疏林及其他取食处。

生态学小注：熊不挑食，使得其粪便差异极大。在鲑鱼产卵季节，熊粪中尽是鱼骨，还带有强烈的鱼腥气。通过研究北极熊（*Ursus maritumus*）的粪便，可知其取食之物，有助于研究北极冰盖消退对北极熊猎食种类的影响。结果显示，被猎食的海豹减少，驯鹿、海鸥、鹅、鹅卵增多。

袋熊

英文俗名：wombat

拉丁学名：*Vombatus ursinus*［塔斯马尼亚袋熊］

粪便大小：阔2厘米。

粪便形态：干硬的方块状粪便。虽非如方盒一般棱角分明，但粪体六面还算扁平或仅略有凸起，形似方块面包的微缩模型。褐色到深褐黑色，细处混有绿色或赭色元素。

排粪场地：在固定处排粪，以作标记地盘之用。有报道称，一次排6~8粒，日排量最多可达100粒。

生态学小注：这种六面体粪便的成因，至今仍算是一个谜。袋熊消化食物耗时可谓旷日持久，取食后14~18天才会排粪，确保营养吸收最大化。对于在干旱环境下求存的哺乳动物而言，这是一种对水分再吸收的优化机制。在小肠中，潜在的粪便呈圆球形，丸状。到了大肠，它们逐粒紧密排列，在挤压的作用下，形成扁平的表面，一直保持到最终被排出。

人

英文俗名：human

拉丁学名：*Homo sapiens*

粪便别称：stool

粪便大小：通常长10~30厘米，直径20~50毫米。

粪便形态：形态多样。典型的粪便呈深褐色，管状，偏湿，可弯曲，表面平滑或略有起伏。但也可以是颜色更深甚至近黑色的独立小硬颗粒（发生在便秘时），或者是或黄或橙、多水或带有泡沫的流质粪便（发生在腹泻时）。日排量约500克。

排粪场地：在发达国家，粪便大多从家庭卫生间中冲走，或沉淀在有化学处理设施的厕所或堆粪系统中，只有清理下水道的工人或污水厂的工作人员才会去面对它们。然而，当我们在乡间徒步时，也会遇到无便利公共设施可供"方便"的情况，那就只有"在大自然中排便"。在一些游牧（包括军事）文化中，有将粪便分别掩埋的习俗惯例。

生态学小注：城镇人口密集，产生的粪便量巨大。因此，将粪便及时清除，移至适合的处理场所，便成为重要的卫生和社会考量。此外，人类的食性为杂食，产生的粪便对诸多"收粪"昆虫有吸引力。因此，研究嗜粪动物群的昆虫学家选它作饵。

鲸（多个物种）

英文俗名：whale

粪便大小：难以测量，单次排量可能有几十千克，也有可能是几百千克。

粪便形态：由半液态细颗粒组成，在游动时排泄，排泄时呈云雾状，形同熔岩灯中浮沉的蜡滴。颜色偏褐或偏红。蓝鲸粪便质硬，有鱼腥味。

排粪场地：兴之所至，随处排之。

生态学小注：有观点认为，鲸粪在海洋营养循环中发挥了关键作用。通常的营养传递路径，是沿着水柱，由上而下逐级沉淀，从阳光到近海洋表面的藻类，经由食藻生物、捕食者、腐食者，直到生物死亡，营养物质落入海底深渊。鲸在海底取食，在海面排粪，与上述传递路径的方向正好相反。有些鲸类物种（如抹香鲸等）分泌一种叫"龙涎香"的蜡状物质，可能用以保护消化道免受尖锐的鱿鱼喙骨的伤害。在被排出之后，它可浮于海面，随浪冲到岸上。由于带有麝香的气味，它成了一种昂贵的原料商品，为香水制造业所用。

鹅（多个属种）

英文俗名：goose

粪便别称：gaeces（作者新拟）

粪便大小：长5~10厘米。

粪便形态：圆柱状粗实粪便，盘曲或卷曲。软稠部分的绿灰色来自已消化的草，一头端部有明显的白色斑块，主要成分为尿酸。

排粪场地：常排在公园或观赏园池塘附近的小径和草坪上。鹅群来来往往，粪便被不断践踏，易被踩平。若鹅群在狭小区域内褪毛，粪便中会夹杂大量羽毛，并可积成粪堆。

生态学小注：无论是水体变得浑浊、富营养化，还是其中好氧细菌增多、无脊椎动物多样性下降，鹅粪都被认为是导致这些问题的原因。有些人爱用面包喂鹅玩，但他们没有意识到，这种貌似"行善"的无意举动，实际上是在破坏环境。

鸡

英文俗名：domestic chicken

拉丁学名：*Gallus gallus domesticus*［家鸡］

粪便大小：阔25~35毫米。火鸡粪更大，阔可达50毫米。

粪便形态：粪便主体为疙瘩状，由质地柔软的圆柱状粪便交缠累积而成。中心通常为球

状，下部粪便形成直立的支撑。由中心向外扩展，靠近中心的部分，主要是白色的尿酸，靠外的部分颜色深。粪便整体偏绿到偏黑，因食而异。

排粪场地：农家场院任意处，鸡舍里或栖木下。

生态学小注：母鸡孵蛋时，一般待在巢内，每日仅离巢一或两次，就近迅速排出大量粪便，而非少量多次。当鸡粪中出现泡沫（腹泻时产生）、带血或寄生虫等症状时，这些粪便便可作为鸡病的诊断依据。尽管一般观点认为鸡粪微不足道，这种鸟粪式的肥料却没有被大型肉鸡饲养企业忽视，现已成为蛋禽企业的一大分支业务。

雉鸡

英文俗名：pheasant

拉丁学名：*Phasianus colchicus*

粪便大小：长2厘米，直径4~5毫米。

粪便形态：圆柱形，螺旋状扭曲或有卷曲。深褐灰色，偏黑到偏绿，末端由白色渐变为灰色。

排粪场地：疏林、栅篱、乱草丛生处。在栖息处通常缠结为一体。

生态学小注：雉鸡主要以谷或植物材料为食，其粪便较典型的鸟粪干硬。松鸡、山鹑、孔雀[1]的粪便类型与之相似。

鹭（多个属种）

英文俗名：heron

粪便大小：阔10~20厘米。

---

[1] 松鸡，指作者列出的 grouse 和 capercaillie。后者为松鸡（*Tetrao urogallus*），前者泛指松鸡所属的松鸡亚科（Tetraoninae）鸟类，亦可称作松鸡。山鹑（partridge），主要指隶属鹑亚科（Perdicinae）的某些鸟类。孔雀（peafowl）指孔雀属（*Pavo*）、刚果孔雀属（*Afropavo*）鸟类，与雉鸡同属雉亚科（Phasianinae）。上述各种动物皆属雉科（Phasianidae）。——译者

粪便形态：溅泼形成的大滩粪便，黑、灰、绿三色兼而有之。通常带有强烈的鱼腥气。一位鹭粪受害者如是描述曾经的遭遇——那种感受，就如一大杯温热的鱼味酸奶迎面砸来。

排粪场地：排到栖木、鹭巢（通常筑在水畔或附近的树上）之下，或在河岸、浅水区域取食时排泄。

生态学小注：鹭是典型的捕食性鸟类，猎物的羽、骨、皮、鳞成分大多在捕食者体内形成坚硬的纤维质吐弃块（详见后文"猫头鹰"部分），另经鸟喙呕出。因此，鹭排泄的是水质粪便。鹭粪氮含量高，这是食鱼鸟类的典型特征，也是其安巢之树易死亡的原因——鸬鹚安巢之树亦是如此。

绿啄木鸟

英文俗名：green woodpecker

拉丁学名：*Picus viridis*

粪便大小：长3~5厘米，直径6~8毫米。

粪便形态：短圆柱状密实粪便，表面浅灰色或白色（来自尿酸），形似套层，但也有内部深色组分露出。

排粪场地：草坪等有草生长的区域，冬季主要以蚂蚁为食时尤为如此。

生态学小注：这种鸟以昆虫为食，擅长在草坪和枯草层中（而非垂直的树干上）觅食蚂蚁（及其他昆虫）。蚂蚁的外骨骼无法被消化，特征尚存，足以鉴定到种。

蛇（多个物种）

英文俗名：snake

粪便大小：取决于蛇的大小。

一般而言，长20毫米，直径4~7毫米；我的宠物束带蛇所排出的粪便长60毫米；水蚺粪最长可达30厘米，直径5~8厘米。

粪便形态：圆柱形，糊状，但稠度多样，或为半固态。粪体扭曲，呈螺旋状或不成形的糊团状。杂色，有深褐色、黑色、油绿或油蓝色，有浅灰色和白色（尿酸）斑块。

排粪场地：随机排粪，无固定环境，间或在蛇穴外或沐浴日光处附近。

生态学小注：蛇粪与鸟粪非常相似，因为蛇与鸟都只有一个排泄通道，固体代谢废物（粪便）和经肾过滤的液态代谢废物（尿素/尿酸）先汇集到一个储集腔体（泄殖腔），在其中合并之后，再一道排到体外。一些蛇种储集粪便的时间很长（据称，加蓬咝蝰可达420天），有观点认为，这种保持体重的行为有利于制服猎物。

蜥蜴（多个物种）

英文俗名：lizard

粪便大小：长5~100毫米，直径2~20毫米，因具体种类而异。

粪便形态：圆柱形，质地均匀。通常色深，含有大量昆虫残骸时尤为如此。一端液化，呈白色或浅灰色。

排粪场地：几乎随机排粪，间或在沐浴日光时排在原木或岩石上。

生态学小注：蜥蜴也与鸟类的亲缘关系很近，也是仅有一个排泄通道，粪便和尿液在泄殖腔内合并后被一道排除。所以，蜥蜴粪与鸟粪也非常相似。2009年，蜥蜴粪还上过新闻头条。当时，利兹大学要将一包东西清理掉，却发现那是一个科学家积攒的35千克葛氏巨蜥①粪便，是有关该稀有物种的博士论文研究的一部分。

蠋（毛虫）

英文俗名：caterpillar

粪便别称：frass

粪便大小：长 0.1~5 毫米。

粪便形态：粪体短粗，木桶形或菱形。通常色深，但颜色种类和深浅多样，从亮绿或翠蓝色，到黄、橙、褐、黑，皆有可能。通常有凹凸条纹，具体纹路特征因种而异，取决于昆虫直肠腔体或粪便排泄通道的形状。

排粪场地：落到地面之上，因粪体微小而难以察觉。不过，当行道树遭遇虫害时，产生的大量黑色粪粒随风而动，可将树下路砖的颜色染深。若发生在疏林，会有微小的粪粒不停落下。粪粒触到枯叶和生长在树下的植物时沙沙作响，如同落雨。若您在盆栽植物或店售预包装的烹调香草之中发现大量虫粪颗粒，便表明已有虫子钻食其中。

生态学小注：产生于疏林的虫粪，据称每公顷达半吨之多。不过，

---

① 葛氏巨蜥（butaan lizard），即 *Varanus olivaceus*，属巨蜥科（Varanidae）巨蜥属（*Varanus*），译名取自其英文俗名 Gray's monitor。——译者

这似乎只是凭感觉的估计，并不可靠。在亚洲，有人以茶养虫，将虫粪收集起来，制成昂贵的虫茶。据说，这种茶饮散发出一丝烟熏般的浓烈发酵气息。

蚯蚓

英文俗名：earthworm

拉丁学名：*Lumbricus terrestris*
［陆正蚓（普通蚯蚓）］及其他物种

粪便别称：casts

粪便大小：一般阔35~65毫米，高15~25毫米。

粪便形态：由紧实的精细土壤颗粒构成。粪体圆柱形，细长，或为漩涡状卷曲，或由数条近螺旋状粪便组成。

排粪场地：蚓穴入口处。在修剪得很低的草坪上尤为明显，若掘穴于路砖缝隙之中，或居于碎屑之间，情形亦为如此。

生态学小注：大型蚯蚓以植物材料为食，常将枯叶或草的茎秆拖进蚓穴。不过，小型物种取食的是微小生物，如藻类、地衣、真菌菌丝，或正在腐烂的小颗粒有机物，还有一些土壤被摄入。待蚯蚓将食物消化，排出蚓粪，土壤的非有机质成分也随之上行，被带到枯草层表面，使表层土得以不断循环。类似的情形亦见于浅海滩涂，沙蠋和沙蚕[①]在松软的淤泥中取食。不过，它们的粪便会在潮水退去时被带回大海。

---

① 沙蠋（lugworm），在此指*Arenicola marina*，属沙蠋科（Arenicolidae）沙蠋属（*Arenicola*）；沙蚕（ragworm），指沙蚕科（Nereididae）动物。两者及蚯蚓皆为环节动物。——译者

蜗牛（多个物种）

英文俗名：snail

粪便大小：长 1~50 毫米，直径 0.1~3.0 毫米。

粪便形态：粪体细狭，呈波形曲线状。深褐色或黑色。间或有条纹。

排粪场地：见于蜗牛取食之处，如植物和茎秆表面；亦见于其遮蔽之处，如花盆下、花园棚舍内、围栏上等，且常为打结状。

生态学小注：对于人类而言，蜗牛粪便微小、不显眼。不过，蜗牛拟寄生蝇可以利用它们的气味定位寄主，以便以之为寄主或在附近产卵。负粪蜗牛[1]将土壤颗粒和自身粪便混合到壳上，用以伪装。

猫头鹰

英文俗名：owl

粪便别称：pellets 或 castings[2]

粪便大小：长 3~10 厘米，直径 15~35 毫米。

粪便形态：浅灰到灰色。表面光滑，但并非平整。外部质地似纸，内部纤维质，有缠结的毛、羽成分，另含众多细小的骨片或昆虫外壳碎片。

排粪场地：通常集中在猫头鹰惯常的栖立或栖居处（如篱柱、树桩、断壁或树木较大的垂枝）之下。

---

①负粪蜗牛（lesser bulin snail），即 *Merdigera obscura*，为该属模式种。属名 *Merdigera* 意为"excrement-bearer"，即"背负排泄物者"。——译者

②作者在 castings 后括以附注"falconry term"，意为 castings 是在鹰猎界使用的术语。——译者

生态学小注：确切地讲，此处所述的"吐弃块"（pellet）并非粪便，它们自喙（或口）反刍吐出，而非消化完毕从后排出的产物。许多鸟，尤其是一些猛禽，它们的吐弃块呈香肠状，是一堆压紧的已部分消化的食物，其中还包含有一些相对难以消化的成分，如较大的骨头、毛皮、羽毛，偶尔还会有猎物佩戴的脚环。最为常见的吐弃块可能是猫头鹰留下的，但鹰、隼（包括红隼）、鵟、鸥、鹊、鸦（包括秃鼻乌鸦）[1]产生的与之相似。吐弃块并不十分难闻，解剖起来也容易得多，且易于确定鸟的食性。因此，解剖吐弃块成为大家乐于接受的研究手段。在柴郡，它们似乎被称作"博格特粪秽"[2]。而其中的小骨片，相传来自被博格特吃掉的小仙子。

---

[1] 鹰（hawk），泛指鹰形目鹰科某些中小型猛禽。隼（falcon），即隼形目隼科隼属猛禽，该属一些羽毛为褐色的物种，被称为红隼（kestrel）。鵟（buzzard），主要指鹰科鵟属（*Buteo*）的一些猛禽。鸥（gull），指鸻形目（Charadriiformes）鸥科（Laridae）飞禽。鹊（magpie），主要指雀形目鸦科（Corvidae）喜鹊属（*Pica*）鸟类，也包括蓝鹊属（*Urocissa*）、绿鹊属（*Cissa*）、灰喜鹊属（*Cyanopica*）等物种。鸦（crow），指鸦科鸦属（*Corvus*）飞禽，秃鼻乌鸦（rook）为该属物种，学名为 *Corvus frugilegus*，详见下章第341页内容。——译者
[2] 柴郡（Cheshire），位于英国西北。"博格特粪秽"，即 boggarts' muck，博格特（boggart）是英国民间传说中的坏妖精，或可变形。——译者

第十二章

粪虫种种——惯犯相册

　　本章将罗列与粪便有所关联的昆虫（以及其他一些生物）。但这不是一个百无一漏的清单，而是一个介绍典型种类的指南。因为，仅全球的蜣螂物种，光属于金龟亚科的，便有6000余个。若逐一列出，显然会超出本书的范畴，不仅显得重复，可读性也不会很强。

　　本章罗列的动物，无论属于何科何属，若要鉴定到种的级别，通常需要利用显微镜，对标本进行严谨的观察。然后，将观察到的特征放到复杂的鉴定检索表中逐步比对，得到初步结果。最后，再参考详尽的专论著作，才得以确认。不过，在这里，我提供的是另外一种手段。它与用于指认嫌犯的画像集有相似之处。这里收录的"罪犯"，有的以粪为食（从外或从内），有的以粪食者为食（或自相残杀），有的居于粪内，有的栖于粪上，还有的以粪为饵。

　　我得承认，本章所列动物以英国物种为主，大多分布于欧洲西北部。之所以如此，是因为我扒粪的个人经历主要积累于英国南部的放牧草地。不过，为了增加内容的广度，我也收录了一些产自新大陆和热带地区的物种。总之，除非另加说明，本章所述物种，大多广布于北半球欧亚地区。

双翅目（蝇、蚊、蚋、虻、蠓）

蜂形食虻①

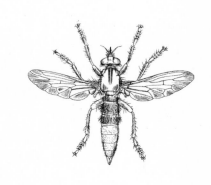

英文俗名：hornet robber fly

拉丁学名：*Asilus crabroniformis*

大小：体长20毫米。

形态：大型深褐色虻虫。腹部近黑色，尾端亮黄。翅烟灰色；足黄色，被鬃；头部有明显的尖突结构②。以胡蜂为拟态，但无蛰刺，不伤人。

生活史：幼虫隐于土层之中，食性不明，但可能以其他小型土壤无脊椎动物为食，至少历期两年方得成熟。成虫捕食性，攻击同目种类、甲虫、蝗虫以及其他类型的昆虫。通常悬停于半空，以螺丝刀般的强大口器杀死猎物。

生态学小注:（秋夏悬飞的）成虫通常立于干牛粪（有时是裸土地块或树枝）之上观望，并以之为起飞平台，升到半空中，截杀粪蝇、蜣螂等前往粪便的过路飞虫。卵被认为产在粪便之中（有记载的包括牛粪和兔屎），进而有意见认为其幼虫的捕食行为可能有专化性，专门以蜣螂幼

---

① 原书各动物条目的标题为"英文俗名，拉丁学名"，例如，蜂形食虻条目的相应标题为"Hornet robber fly, *Asilus crabroniformis*"。为方便读者阅读，译者以动物中文俗名为条目标题，将英文俗名、拉丁学名作为条目属性列出。对于中英文俗名与拉丁学名之间不严格吻合的情形，译者补充中文名，以便读者参考。具体而言，将中文学名列在相应拉丁学名之后的中括号内，将中文参考义列于相应英文俗名之后的括号内，其他说明文字亦列于括号中。例如，对于鼓翅蝇条目，译者将英文俗名处理为"black 'ant' fly（'黑蚁蝇'）"，指该英文俗名也可直译作"黑蚁蝇"；将拉丁学名处理为"*Sepsis*［鼓翅蝇属］（及其他属种）"，其中"鼓翅蝇属"指*Sepsis*的中文学名，而鼓翅蝇不局限于鼓翅蝇属一属。——译者

② 尖突结构：原文为snout（长鼻状结构），但实为硬化的口器结构。——译者

虫为食。不过，与粪便有关联的食虫虻仅此一种（而食虫虻科又是有全球性分布的一大科类）。有关研究仍在进行当中，尚无明确结论。

鹬虻

英文俗名：snipe fly

拉丁学名：*Rhagio scolopaceus*（及其他物种）

大小：体长12毫米，翅长10毫米。

形态：灰色虻虫。足长；腹部锥状，有明显的黄色区域。翅透明，但有褐色和橙色的斑纹。

生活史：幼虫捕食性，灰白色，呈蠕虫状，生活于土壤、落叶堆、木堆，偶尔钻入陈粪。成虫摄食行为未知。

生态学小注：成虫可保持一种独特的警惕姿态——立于树干或其他垂直平面，头朝下。以我们的直觉，这看似一副准备大开杀戒的姿态。不过，这种姿势通常是雄虫摆出的，而"猎捕"的唯一对象，是栖于地面的雌虫。

黄粪蝇

英文俗名：yellow dung fly

拉丁学名：*Scathophaga stercoraria*

大小：体长5~6毫米。

形态：多毛（或多鬃）的蝇虫。雌虫土绿灰色，但雄虫

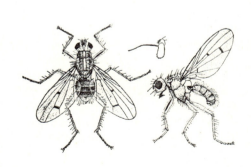

体被亮金色鬃。

生活史：卵产于新鲜粪便（尤其是新鲜牛粪）之上。蛆纤细，呈锥状，浅白灰色，在粪中取食，10~20日后在土中化蛹。蛹的历期因温度而异，从10到80日不等。羽化的成虫为捕食性，以同目物种和其他小型昆虫为食。

生态学小注：黄粪蝇是最显见，也是最重要的粪虫之一。新鲜粪便产生仅数分钟，黄粪蝇雄虫就被吸引来。它们飞来飞去，活跃好斗，急切等待雌虫的出现。交尾持续20~50分钟，但直到同等（或更多）时间过去，雄虫才从雌虫背上下来，为的是防止雌虫多次交配，好让来自自身的精子不被其他雄虫稀释。雌虫产完卵后就会离开，因此，围着粪便转的黄粪蝇通常以雄虫为主，为前来的雌虫而争斗。黄粪蝇偏好松软的粪便，如草地上的牛粪或马粪，不过，也包括城市公园和花园里的猫、狗、狐狸粪便。与本种相似的昆虫还有好几种。

鼓翅蝇

英文俗名：black 'ant' fly（"黑蚁蝇"）

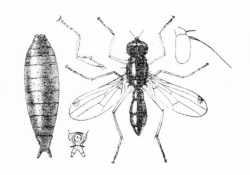

拉丁学名：*Sepsis*［鼓翅蝇属］（及其他属种）

大小：体长2~6毫米。

形态：微小的黑亮蝇虫。足相对较长，且"腰"细头圆，因而有着与蚂蚁相似的外观。翅狭，透明，近端部有一黑色翅斑，虽小，但非常明显。

生活史：在土壤、粪便、腐败的植物及其他已经腐烂的有机质中繁殖。

生态学小注：即便牛粪或其他动物粪便已分解多时，原地的草丛上仍能升起鼓翅蝇的蝇群（由成千上万的个体组成），或爬得到处都是，或在空中乱舞。若是爬到植物上，它们会振动带有斑点的翅膀，或为标记地盘，或为求偶。

蛾蚋

英文俗名：moth fly

拉丁学名：Psychodidae［蛾蚋科］

大小：体长2.5毫米。

形态：略呈毛绒状的微小蚋虫。翅短阔，亦覆绒毛状翅鳞，或形成斑纹。翅自然平展时呈三角形，与蛾相似，故名蛾蚋；颜色因种而异，从黑色、有褐色斑纹到纯白，皆有可能。

生活史：蛆小，浅色，在湿润的碎屑、土壤、腐蕈、落叶、粪肥、堆肥、粪便中取食。

生态学小注：常围绕粪便近距离群飞。蛾蚋体小，意味着可钻入粪粒间的缝隙或粪便的折叠处。在污水处理厂的渗滴处理床里，它们是主要的栖居动物。有一些蛾蚋物种在下水道里繁殖，如家庭厨房或卫生间水池阴沟的水藻污膜中。若下水从水池中溢出，便可见到它们的迹象。不过，蛾蚋并不传播疾病。

大蚊

英文俗名：daddy longlegs、cranefly

拉丁学名：Tipula［大蚊属］

大小：体长35毫米，翅长30毫米，

足展长可达55毫米。

形态：体翅皆狭的长足蚊虫。体灰，深浅不一，翅或为烟灰色，或有显著的深色斑纹。成虫飞行姿态笨拙，摇摆不稳，常以半飞半爬的方式行于高大禾草丛中。

生活史：幼虫[①]粗壮，圆柱形，体短有皱，形似蠕虫，在土壤、落叶、枯草层中取食，以植物活体或死亡材料为食。

生态学小注：大蚊并非专食粪便或专生其中的昆虫，但其幼虫常见于陈粪之下，只是该处是粪是土，难以分辨。

铗蠓

英文俗名：biting midge

拉丁学名：*Forcipomyia*［铗蠓属］

大小：翅长4毫米。

形态：小型到微小型蠓虫，灰色或偏黑。胸背略隆起，翅疏被深色细微鳞片。雄虫有独特的羽状触角。

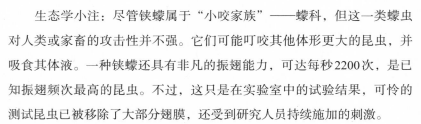

生活史：幼虫浅灰色，有鬃，生活于土壤、粪便、落叶中，以腐败有机质、真菌、藻类为食。

生态学小注：尽管铗蠓属于"小咬家族"——蠓科，但这一类蠓虫对人类或家畜的攻击性并不强。它们可能叮咬其他体形更大的昆虫，并吸食其体液。一种铗蠓还具有非凡的振翅能力，可达每秒2200次，是已知振翅频次最高的昆虫。不过，这只是在实验室中的试验结果，可怜的测试昆虫已被移除了大部分翅膜，还受到研究人员持续施加的刺激。

①作者在幼虫后括以"leatherjacket"附注。该英文词特指大蚊幼虫。——译者

库蠓

英文俗名：biting midge、punky

拉丁学名：*Culicoides*［库蠓属］

大小：翅长6毫米。

形态：小型或微小蠓虫，褐色、黑色或带有黄色。虫体粗壮，胸背隆起，翅有深色斑纹。雄虫触角呈密集的羽毛状。

生活史：幼虫灰白色，体形微小，呈蠕虫状，在粪便、渍水土壤中取食，以真菌、藻类、腐败有机质为食。

生态学小注：成虫叮咬人类和家畜，并吸食其血液。就是这一类蠓虫，使得山地生活在一年中的大部分时间里都让人难以忍受。在北美地区，每当库蠓群飞季节到来时，人们在户外的活动就会大受限制，因而让旅游业蒙受经济损失。残肢库蠓（*Culicoides imicola*）是欧洲绵羊蓝舌病病毒的主要传播介体。

摇蚊

英文俗名：non-biting midge[①]

拉丁学名：Chironomidae［摇蚊科］

大小：体长10毫米，翅长8毫米。

形态：体翅皆狭的长足蚊虫。虫体褐色、黑色或深浅不一的灰色。雄虫触

---

①英文中的midge指蠓科和摇蚊科的群飞昆虫，前者叮咬人畜，后者不然。然而，汉语里的蠓仅指前者。——译者

角呈阔羽毛状。与蚊子近缘，且外观与之极为相似，但口器非刺吸式。

生活史：多数物种为水生。幼虫生活于池塘、沟渠、缓流河溪底部及岸缘的淤泥之中，以腐败有机质为食。在水边密集如云、上下摇曳的蚊群，通常便是来自摇蚊科的物种。

生态学小注：摇蚊科的某些物种因能在低氧淤泥中生活而闻名。其幼虫拥有可以储氧的血红蛋白（与哺乳动物血液中的相同），这种鲜红色的化学物质让虫体显得猩红，因而为之赢得"血虫"之名。有些物种以粪为食，也不足为奇。

窗蚋

英文俗名：window gnat

拉丁学名：*Sylvicola punctata*[1]

大小：翅长6毫米.

形态：小型灰褐色蚊状蚋虫。头呈球状，翅有深色细斑，常形成大致三个深色斑块。

生活史：幼虫纤细，呈蠕虫状，生活于土壤、粪便、落叶中，以真菌、藻类、腐败有机质为食。成虫多在夜间活动。

生态学小注：若本种在土壤或堆肥中化蛹，且随盆栽植物进入室内，羽化后，成虫会出现在窗户内面，其俗名便取自这一现象。不过，它不碰食物，因而不传播疾病。

---

[1] 应为 *Sylvicola punctatus*，作者列出的实为异名。另外，window gnat（窗蚋）一般指另一种林蚋属（*Sylvicola*）昆虫 *Sylvicola fenestralis*。——译者

蕈蚋

英文俗名：fungus midge

拉丁学名：Sciaridae［眼蕈蚊科］

大小：翅长3.5毫米。

形态：小型深色蚋虫。虫体纤细，足、触角、翅皆长。飞行缓慢，但精于短距速移。各足胫节末端生有明显的长（胫节）距[①]。

生活史：幼虫活动缓慢，以土壤和腐败有机质中的真菌为食。

生态学小注：蕈蚋常见于已有蕈菌滋生的陈粪。有时，它们也是菇场害虫之一，不仅可在以粪肥为主要成分的培养基质中繁殖，还能直接为害蘑菇菌丝，或在蘑菇熟透变质之际乘虚而入。

粪蚋

英文俗名：dung midge

拉丁学名：Scatopsidae［伪毛蚋科（邻毛蚊科）］

大小：体长3毫米，翅长2.5毫米。

形态：小型深色蚋虫，或呈黑色。翅显得过长，而虫体显得极短，比例略显失调。腹部卵形，足短。翅偏白，翅脉不含色素。触角短粗。

———————————

①距（spur），指大小昆虫表皮突起的可活动刺状结构。——译者

生活史：幼虫多鬃，活动缓慢，在土壤、落叶、粪便中繁殖。成虫大量聚集于花上。

生态学小注：人们对这一类蚋虫的研究尚浅，对其习性和生活史知之甚少，从它的另一英文俗名"minute black scavenger flies"（腐食小黑飞虫）便可见一斑。在放牧草甸的泥泞区域，它们有时会数千只聚集到一起，在高大禾草或灌木间疾飞急停。

马可毛蚊（及其他物种）

英文俗名：St Mark's fly

拉丁学名：*Bibio marci*

大小：体长15毫米，翅长12毫米。

形态：大型蚊虫，虫体壮实，色黑如炭。翅阔，色浅，但雄虫翅前缘处色深，雌虫尤黑。飞行时，长足垂于体下，显得迟缓。

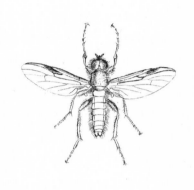

生活史：幼虫灰白色，生活于土壤中，以腐败（或活体）植物材料为食，因而常见于与腐殖土层难以区分的陈粪中。

生态学小注：本种大约在4月25日圣马可节前后羽化群飞，故以"马可"为名。在与之相似的诸多物种中，有一些具亮红色的前足。小型毛蚊常被称作"fever fly"（热蚊或狂热蚊），但并无合理依据。它们可大量发生。有报道称，其幼虫密度可高达每平方米37000只。

丽绿水虻

英文俗名：broad centurion

拉丁学名：*Chloromyia formosa*

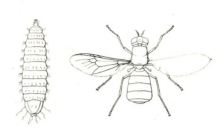

大小：体长9毫米，翅长7毫米。

形态：虫体扁阔、两侧平行的水虻，绿色到紫罗兰色，有金属光泽。雄虫腹部金色或青铜色。翅阔、纤柔，翅脉隐约不明。足与触角皆短。

生活史：幼虫短粗，生活于粪便、潮湿的土壤和落叶中，以腐败有机质为食。

生态学小注：丽绿水虻是田地、林地、园地的常见昆虫。尽管它是不折不扣的湿土生物，但亦常见于腐殖土层和陈粪之间的过渡区域。水虻的英文俗名（soldier fly）中有"士兵"的字眼，那是因为有些物种颜色鲜艳，色彩与军服相似。

光滑小丽水虻

英文俗名：black-horned gem

拉丁学名：*Microchrysa polita*

大小：体长5毫米，翅长4毫米。

形态：带有绿色或偏蓝金属光泽的微小水虻。腹部短粗，两侧平行，但腹体几近呈六边形。足和触角皆为黑色（其他一些物种为黄色）。翅纤柔、透明，翅脉隐约不明。

生活史：幼虫微小短粗，灰色，在新鲜粪便之内或之下及粪肥堆、堆肥桶中繁殖。

生态学小注：以湿润的腐败有机质为食。其他许多水虻物种为水生，在塘边淤泥地、沟渠、缓流河溪中繁衍。

二斑瘦腹水虻

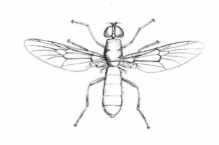

英文俗名：twin-spot centurion

拉丁学名：*Sargus bipunctatus*

大小：长可达10毫米，翅长可达9毫米。

形态：体狭，两侧平行，有金属光泽，胸部为绿色，但雄虫腹部为金铜色，而雌虫腹部大体为蓝色，且腹基为粉橙色。足黄色。

生活史：幼虫生活于湿润草地、沼泽林地、潮湿土壤中，以腐败有机质为食。一些相似物种的习性与之相同。

生态学小注：瘦腹水虻属（*Sargus*）的物种较多，但在欧洲，本种与粪便的关联最密切，通常是唯一见于城镇的该属物种，在猫、狗、狐狸的粪便中繁衍。

黑水虻

英文俗名：black soldier fly

拉丁学名：*Hermetia illucens*

［亮斑扁角水虻］

大小：体长可达16毫米，翅长可达14毫米。

形态：虫整体为深黑色。翅部分区域色深。足有白色或黄色斑。

生活史：原产美国东南部，在堆肥、粪肥、动物粪便和腐尸上繁殖。幼虫（"凤凰虫"[1]）为粪/腐食性。

生态学小注：黑水虻已被北半球大多数地区引进，或是因为幼虫可用以饲喂蜥蜴或鱼，被宠物店当作饲料出售，或是在农场里用以清理粪肥。黑水虻幼虫适于大规模养殖，用以处理鸡粪或猪粪，而幼虫本身可以当作家畜饲料——如此一来，可完美地实现营养循环再利用。黑水虻幼虫也可供人类食用，但成品是经过粉碎加工而成的。

长足虻

英文俗名：long-footed fly

拉丁学名：*Dolichopus*［长足虻属］（及其他相似属）

大小：体长可达6毫米，翅长5毫米。

形态：小型虻虫，偏灰色，常带有绿色金属光泽。足细长，静立时头上尾下，貌似栖息于足上。活跃而敏捷，或碎步疾走，或大步跳跃。

生活史：成虫捕食性，猎杀同目其他小型昆虫。幼虫生活于土壤、淤泥、朽木、静水中，亦多为捕食性，以小型无脊椎动物为食。

生态学小注：长足虻并非真正的粪食昆虫，但也会光顾粪便，以捕食被粪便吸引而来的其他小型同目昆虫。

---

[1] "凤凰虫"，即美国乔治亚大学昆虫学家克雷格·谢泼德（Craig Sheppard）于2006年注册的黑水虻产品商标phoenix worm。——译者

广菲思斑蝇

英文俗名：metallic scavenger fly

拉丁学名：*Physiphora alceae*（原为 *Chrysomyza demandata*）

大小：体长 5 毫米，翅展 9 毫米。

形态：小型短粗蝇虫。虫体黑色，有绿色金属光泽。头红色，复眼有艳丽的红色和橙色条纹。翅灰白色，透明。雌虫腹末尖突，为可伸缩的产卵管。

生活史：在粪肥堆、堆肥及其他（主要是）腐败植物材料中繁殖，但有时也见于粪便之上。

生态学小注：雄虫在求偶时会振翅、摇足，跳一种复杂的求偶舞。

小粪蝇

英文俗名：lesser dung fly

拉丁学名：Sphaeroceridae（原为 Borboridae）[小粪蝇科]

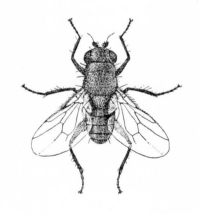

大小：体长可达 4.5 毫米，翅长 4 毫米。

形态：微小到甚小型蝇虫，黑色或暗灰色。虫背略隆起，足粗壮，适于疾行。存在众多形态与之非常相似的其他物种。

生态学小注：成虫通过其他粪虫（主要是蜣螂）挖掘的孔道钻进粪

内产卵。由于翅相对较小，它们偏好爬行，而非飞行，进而便于在粪便孔道和裂缝中探索。

黑缘鼻颜蚜蝇

英文俗名：snouted hover fly

拉丁学名：*Rhingia campestris*

大小：体长12毫米，翅长10毫米。

形态：特征非常明显的食蚜蝇。胸部灰色，有数条深色纵纹。腹部粉橙色，背中纵纹色深，腹末尾尖色黑如炭。复眼大，红色。头灰色，颜①向前延伸，形成细狭的橙色喙状结构，膝状长"舌"便位于其下。

生活史：幼虫粗壮、扁平，在粪便（尤其是牛粪）中取食，间或见于粪肥或堆肥堆，也可能出现在其他腐败有机质中。

生态学小注：在动物粪便周边，本种成虫的发生（若确实存在，也）很少被观察到。它们似乎只是到那儿产卵，完事后便离开。大多时，成虫或在植物上栖息，或访花取食粉、蜜。那些花的花冠很长，本种成虫的长"舌"可探入其中，而其他昆虫不能触及。有段时间，这种昆虫也被称作"喜力蝇"（Heineken fly），正好与20世纪70年代长盛不衰的一则非常成功的广告口号相呼应——该品牌自称，"其他啤酒不能触及之处，喜力让它们清爽起来"（refresh the parts other beers cannot reach）。

---

①颜（face），指昆虫头部复眼之间及口部与头顶之间形成的区域。——译者

黄环粗股蚜蝇

英文俗名：thick-legged hover fly

拉丁学名：*Syritta pipiens*

大小：体长6毫米，翅长6毫米。

形态：细狭的深色食蚜蝇。
雄虫腹部有4个明显的黄色三角
形斑块，雌虫只有2个，但另有
4个白色小斑块。复眼色深，占
据头部大部分区域。颜白色。足
深褐色，有橙色斑。后足腿节
膨大呈球茎状，底面有尖锐的
棘刺。

生活史：幼虫生活在湿润的有机质中，如堆肥和粪肥堆、青贮饲料、
动物粪便。

生态学小注：成虫从未见于粪便，而是常在花间大量聚集，成为最
普遍的昆虫之一。但它们也有非凡之处，那便是雄虫在空中一对一地角
力——猛地冲向对方（或其他种类的昆虫），后退，避开对方进攻，好比
"长矛对刺"——最终，一方败落，另一方继续游斗。至于（后）足为何
粗大，原因尚不明确。

长尾管蚜蝇

英文俗名：drone fly（雄蜂蝇）

拉丁学名：*Eristalis tenax*

大小：体长15毫米，翅长13毫米。

形态：油黑或深褐色食蚜蝇。虫体粗壮，

腹侧有橙褐色三角形斑块或条纹。复眼大，占据头部大部分区域。与蜜蜂（尤其是眼大的雄蜂）极为相似，因而常被（尤其是新闻记者和文字编辑）混淆。

生活史：幼虫为半水生，在湿润的碎屑间生活。它们的呼吸管很长，可撑到水体表面透气。成虫全年活跃于花间。

生态学小注：从严格意义上讲，本种并不是到粪便上取食的昆虫，它们通常生活在沟渠中，汲取流自下水道、粪肥堆、农家场院、沤肥池的营养。古代所谓"牛生蜂"即为本种，古人认为蜜蜂可以自牛尸自然产生，却没意识到管蚜蝇属（*Eristalis*）昆虫不过是把尸体当作自己的家，在半液态的腐质中繁殖。在相似的生境，还有艳毛眼管蚜蝇（*Myathropa florea*）发生，它们黑黄相间，以胡蜂为拟态。

秋家蝇

英文俗名：face fly

拉丁学名：*Musca autumnalis*

大小：体长7~8毫米，翅展13~18毫米。

形态：外形与家蝇相像，但略大，略强壮。胸部灰色，有深色条纹。雌虫腹部花纹呈棋盘状，深浅灰色相间；雄虫腹部橙色，中央有深色条纹，向后渐隐。翅透明，基部偏橙色。复眼深红色。

生活史：蝇蛆黄白色，在粪肥、沤肥和动物粪便中取食。成虫生活于花间，但也会侵扰牲畜，吸食其眼、口周围的液体。

生态学小注：成虫会在秋季进入室内（本种学名即源于此），但只是为了休眠，不会将病菌传播到人类食品中。然而，它们的确可以在牛之间传播眼虫病（病原为一种线虫）和红眼病（即传染性结膜炎）。若您漫步于牛群中，会发现成群的秋家蝇如云朵般迎面袭来，绕头群飞，让人不堪其扰。

丛蝇

英文俗名：bush fly

拉丁学名：*Musca vetustissima*

大小：体长6~7毫米，翅展13~15毫米。

形态：外观与家蝇非常相似的带灰色麻点蝇虫。胸部的两条纵纹颜色较深，腹部的环纹颜色较浅。

生活史：产澳大利亚，在腐败有机质中繁殖。它们对当地原产的有袋动物粪便不是非常热衷，当牛被欧洲定居者引进后，在半液态的牛粪中，它们倒是如鱼得水，迅速增殖。

生态学小注：在当地夏季（每年10月到次年3月），本种蝇群大有遮天盖日之势，危害尤为突出。已有过很多关于旅行者在灌木丛中无法讲话的段子——灌木丛中丛蝇扎堆，人置身其中，好比身陷丛蝇的旋涡，一开口，就会有丛蝇飞入。正因为此，有两件物事才被深深地打上澳大利亚烙印，成为一种刻板印象。一件是澳式阔边帽，有线绳系栓木塞环悬于帽檐之下；一件是"澳式敬礼"，以手指轻弹于面前，皆用以驱避丛蝇。20世纪中晚期，澳大利亚引进了非洲和欧亚地区的蜣螂，其部分原因，也是为了控制丛蝇的数量。

家蝇

英文俗名：house fly

拉丁学名：*Musca domestica*

大小：体长6~7毫米，翅展13~15毫米。

形态：短粗的灰色蝇虫。胸部有4条深色纵纹；腹侧浅黄色，呈半透明状；足深灰到黑色。

生活史：蝇蛆浅灰色，在半液态的腐败有机质中取食，如堆肥、粪肥、动物粪便和腐尸。成虫的取食环境与幼虫相同，但它们也进入人类的居所，造访人类的残食。取食时，它们先将体内腺体生成的汁液吐出来，其中含有消化酶，但也含有之前来自粪便的污物成分。然后，再将消化过的食物吸入。

生态学小注：长久以来，家蝇被认为是传播疾病的元凶之一。一方面，直接缘于它们的取食方式——将前一次摄取的食物从嗉囊[①]中反刍出来；另一方面，将污物带到人类的食品上。人们发现，家蝇可携带不止100种类型的细菌、病毒、原生动物。据一篇文献报道，一只家蝇上的细菌个体，即已超过600万。因此，它们被安上"危险昆虫"的恶名。随着卫生和食物贮藏环境的改善，家蝇的危害已有所减弱。在城镇中，它们已不再像从前那样常见。但是，在农村地区，它们的数量仍然很大，若被称为"农家蝇"，也算得上名副其实。

---

①嗉囊（crop），昆虫前肠的囊状结构，与食道后端相接，可暂时贮藏食物。——译者

夏厕蝇

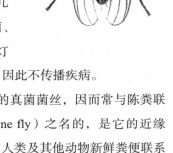

英文俗名：lesser house fly

拉丁学名：*Fannia canicularis*

大小：体长3~4毫米，翅展8~9毫米。

形态：灰色麻点蝇虫。胸部有浅色纵纹，但略模糊；腹侧有黄斑；足深色；翅透明。

生活史：幼虫体皱，生有刺，生活于几乎所有形式的腐败有机质中，如堆肥、真菌、尸体、土中的残叶。成虫进入室内，会在灯下乱飞，但人类的食品对它们没有吸引力，因此不传播疾病。

生态学小注：本种或许能取食陈粪上的真菌菌丝，因而常与陈粪联系到一起。尽管如此，赢得"厕蝇"（latrine fly）之名的，是它的近缘种——瘤胫厕蝇（*Fannia scalaris*），一种与人类及其他动物新鲜粪便联系非常紧密的蝇虫。与粪便和粪肥有联系的相似物种还有很多，关联紧密程度各有不同。

绿蝇

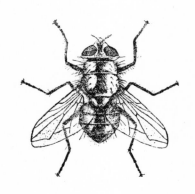

英文俗名：greenbottle

拉丁俗名：*Lucilia*［绿蝇属］

大小：体长可达10毫米，翅展15~20毫米。

形态：体阔粗壮的蝇虫。有绿色金属光泽，间或带有红色、黄铜色或金色等色泽，或略带蓝色。足短，深色；复眼大，深红色；翅透明。在诸多相似的物种中，"死犬蝇"［dead dog fly，即尸蓝蝇（*Cynomya mortuorum*）] 体形大，体长可达15毫米，且颜色更深、更蓝，鬃更密。

生活史：蝇蛆浅灰色，体丰，在腐尸或其他腐败的动物材料（见于商业垃圾场站中，也见于用来堆肥的生活垃圾桶，其中有倾倒的剩肉）上取食。

生态学小注：绿蝇并不在粪便中繁衍，但新鲜的粪便会吸引它们前来取食，在粪便排出几分钟后便达到现场。它们可以大量聚集，在受到惊扰时，会产生巨大的嗡鸣声。绿蝇不常进入室内。但是，它们为人类的（生熟）肉质食品所吸引，因而可在我们室外烧烤、野餐或露天贩卖肉食的过程中传播疾病。

反吐丽蝇

英文俗名：bluebottle

拉丁学名：*Calliphora vomitoria*

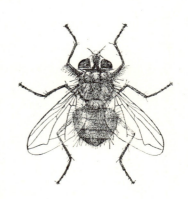

大小：体长可达12毫米，翅展20毫米。

形态：大型粗壮蝇虫。体蓝色，光亮，近金属光泽，多鬃。

生活史：与"近亲"绿蝇一样，本种的幼虫也在腐败的动物材料上取食。

生态学小注：与"近亲"绿蝇相似，本种也不在粪便上繁衍，而只是到新鲜粪便上取食，且常聚成群，发出巨大的嗡鸣声。不过，它们也会飞进室内，不慌不忙地来来回回。（在冰箱发明之前）它们常把卵产在人类贮藏的生肉之上，生肉因而被蝇虫"玷污"（fly-blown）了，反吐丽蝇进而常被称作"污肉蝇"（blow fly）。此处"玷污"（blowing）的英文构词也可能取自腐尸和腐肉的"肿胀"（bloated）。反吐丽蝇在体外消化食物，先将含有消化酶的汁液吐到食物上，再将之吸食回体内，这一行为在本种的拉丁学名中也有所反映。它们可能在取食粪便之后飞到人类的食品上，因此不会给人留下好印象。

西方角蝇

英文俗名：horn fly

拉丁学名：*Haematobia irritans*

大小：体长4毫米，翅展7毫米。

形态：短小精干的灰色蝇虫，让人联想到家蝇。虫体深灰色，有浅色的麻点，并形成模糊的斑纹。翅透明。

生活史：卵产于非常新鲜的动物粪便之中。粪便之新鲜，温度须与排粪者血温相当。据说，有时在动物排粪结束之前，蝇卵即已产下。幼虫浅色，几乎可立即孵出，并迅速取食，约7日后即可化蛹。西方角蝇能不断繁殖，在温带地区可一直持续到晚秋时节。到那时，它们便以蛹的形式休眠，待到翌年春才羽化，成虫破蛹而出。

生态学小注：成虫吸食动物血液（不包括人血），并能在家畜周围大量聚集成害，每头牛的感染虫量可达数千，导致牲畜不适，牛奶减产。与之相似的厩螫蝇（*Stomoxys calcitrans*）还能叮咬人（且致疼痛），它们在温带地区的栏厩废料和粪肥中繁殖（并以发育缓慢的幼虫虫态越冬）。但在更温暖区域的开阔草原，它们直接在动物粪便中繁衍。

麻蝇

英文俗名：flesh fly

拉丁学名：*Sarcophaga*

[麻蝇属]

大小：体长可达20毫米，翅展22毫米。

形态：大型粗壮麻点蝇虫。体色灰白相间，在光线变化下呈棋盘状。复眼亮红色。

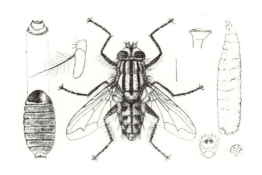

生活史：多数以动物腐尸为食（甚至是像死蜗牛、死昆虫那样的小型尸体），其蝇蛆须以腐败有机质为食。此外，也有一些全球性分布的粪食物种。

生态学小注：即便本种不在粪便中繁衍，成虫也算是粪便的偶访之客，在其上栖息。或许是因为粪便气味中含有与腐败物质相同的成分，才将它们吸引来的。

马胃蝇

英文俗名：horse bot fly

拉丁学名：*Gasterophilus intestinalis*

大小：成虫体长18毫米，翅长15毫米；幼虫体长可达20毫米。

形态：成虫通体被橙褐色和灰褐色毛，有人认为其外观与蜜蜂相似。翅透明，中部有深色斑。雌虫产卵管细长，向下卷缩。幼虫粗壮，圆柱形，浅橙褐色，多数体节交界处生有一圈刺。

生活史：初夏时节，雌虫将卵产于马腹与后肢股部相接的区域[1]，每根马毛上产一粒。虫卵纤细，白色，马在自我刷拭时，不经意地将之吞入口中。幼虫在马口内附着约4周后，便与之脱离，遂进入体内，附着于胃黏膜上，并以之为食。在冬末或早春时节，幼虫发育完全，便随马粪一道排出，并在粪中化蛹。

生态学小注：马胃蝇虽非粪食昆虫，但幼虫（及蛹）见于粪便。成虫并无具备功能的口器，因而不取食（也无法取食）。如今，马成为一种价值甚高的牲畜，须经过系统性的化学药物处理，打掉胃蛆、线虫、皮蝇[2]及其他病原生物。因此，马胃蝇已十分鲜见。

南墨蝇

英文俗名：noon fly（正午蝇）

拉丁学名：*Mesembrina meridiana*

大　小：体长12毫米，翅展23毫米。

形态：大型墨黑色蝇虫。虫体油亮，鬃密。翅透明，基部及前缘呈亮橙色。颜及跗节[3]亦为亮橙色。

生活史：在粪便（主要是牛粪）中繁殖。雌虫一生仅产5粒卵，通常在一两天内完成。卵的孵化时间很短（1小时）。若雌虫未及时寻得合适

---

[1] 马腹与后肢股部相接的区域，指flank，一译为胁部，但胁本意为肋。——译者
[2] 胃蛆、线虫、皮蝇，原文为"bots, worms, warbles"。bots指引起马胃蝇蛆病的马胃蝇。worms本义为蠕虫，但在此指引起多种马线虫病的线虫。warbles即引起马皮蝇蛆病的皮蝇属昆虫。——译者
[3] 跗节（tarsus），原文为feet，昆虫的足的组成部分，位于远端。——译者

的粪便，卵便在产卵管内孵化，届时产下的是幼虫。蝇蛆深黄色（是在北欧粪便中发现的最大蛆虫），具有强大的口器，可吃掉遇上的其他昆虫幼虫。

生态学小注：南墨蝇是一种外观大气精美的昆虫，常见于正午时分，在树桩、树叶、篱柱上沐浴日光，因而得其英文俗名。它也活动于花间，但只要有机会，便露出真实的捕食凶相。不过，它也可以完全依靠粪便生存。

四条直脉蝇

英文俗名：mottled dung fly（麻粪蝇）

拉丁学名：*Polietes lardarius*

大小：体长10毫米，翅展18毫米。

形态：中型体阔粗壮蝇虫。虫体灰色，胸部有深色纵纹，腹部有黑色横纹，在光线角度的变化下，显现出形似小丑服装的美丽纹路。足深灰色。复眼大，深红色。

生活史：幼虫浅色，生活于粪便之中，或许捕食其他蝇蛆，至少在充分发育后如此。成虫栖于树叶和树桩，也会出现在粪便之上。

生态学小注：存在许多相似的物种。毛胫直脉蝇（*Polietes hirticrura*），也是一种凶猛的捕食者，据记载，它们甚至可以挑战体形更大的墨蝇属（*Mesembrina*）捕食性幼虫（即上文所述）。这两种直脉蝇皆仅居于牛粪之中，而其他相似物种则只居于马粪之中。

鞘翅目（甲虫）

步甲

英文俗名：ground beetle

拉丁学名：Carabidae［步甲科］

大小：3~30毫米。

形态：成员非常之多、多样性十分丰富的一大甲虫类群。虫体呈长椭圆状，扁平或圆柱形，油黑色或带有深色金属光泽。足和触角皆长。

生活史：幼虫捕食性，体色深，外观形似身披铠甲。成虫亦为捕食性，十分活跃，爬行迅速。它们有时见于动物粪便之下，无疑会趁机猎食与粪便有关的昆虫。不过，步甲并不是严格意义上的嗜粪动物群的组成部分。

生态学小注：步甲生活于枯草层，特异性强化的后足起到助推的作用，便于在茎根紧密交缠的环境中开路，或追逐猎物，或逃避天敌。它们常以原木和石头为避身之所，利用粪便也有着相似的目的。

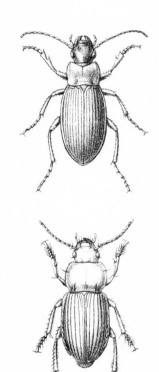

金龟腐水龟虫

英文俗名：swimming dung beetle（泳粪甲）

拉丁学名：*Sphaeridium scarabaeoides*

大小：体长5.5~7.5毫米。

形态：浑圆的光亮甲虫。虫体略呈圆顶状。鞘翅黑色，近基部处有红色斑块。足阔，有刺。有数个物种的形态与之相似。

生活史：幼虫灰色或褐色，有皱，呈蛆状。为捕食性，猎食在土壤和动物粪便中生活的小型昆虫及其幼虫。

生态学小注：扁平、浑圆、光滑的身体轮廓，加上如桨一般的阔足，使本种得以在新鲜的半液态牛粪中"泳动"。不过，初来乍到的成虫飞临稀牛粪之时，首先得朝着粪便的方向一头扎去，好穿过日晒形成的"粪皮"。与本种同科［牙甲科[①]（Hydrophilidae）］的相关物种生活于水体或淤泥中。

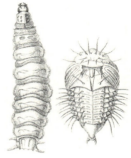

梭腹牙甲

英文俗名：scavenger dung beetle（腐食粪甲）

拉丁学名：*Cercyon*［梭腹牙甲属］（及其他属种）

大小：1.2~4.5毫米。

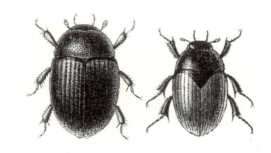

---

①牙甲科，也曾被命名为水龟虫科。——译者

形态：微小到甚小型光亮昆虫。虫体高度拱凸，且呈圆顶状；常为黑色、深褐色或污红色，间或色调更亮的红色或黄色。足与触角皆短。有数个属的昆虫形态与之相似，其中包括隐侧牙甲属（*Cryptopleurum*），借助显微镜可见其略被毛的特征，以及阔胸牙甲属（*Megasternum*），其体甚阔，前足有较深的缺刻。

生活史：不同相关物种的繁殖生境涵括了腐败有机质的所有类型，如堆肥、腐尸、腐蕈、潭边及海滨留有海藻的高潮线[1]区域。也有一些物种的活动范围多少仅限于粪便和粪肥当中。

生态学小注：众多不同的相关物种可以大量共生于同一摊牛粪之中。不过，同科（牙甲科）的许多物种为水生。梭腹牙甲属昆虫具有平滑的体形、短阔的足，便于钻入柔软的粪便内部。

球卵形隐食甲

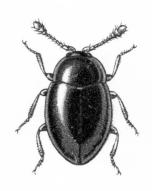

英文俗名：minute dung beetle（粒粪甲）

拉丁学名：*Ootypus globosus*

大小：长1.0~1.5毫米。

形态：十分光亮的微小甲虫。虫体拱凸，呈圆顶状，且几近半球形；黑色到带有深红的栗褐色。足短、纤细。

生活史：在粪便及其他腐臭有机质中繁

---

[1] 高潮线（strandline），即high water mark或high tidal mark，指涨潮时可达到的最高水位。——译者

殖。除此之外，我们对本种习性知之甚少。还有数个物种的形态与之极为相似，如极微隐食甲属（*Atomaria*）昆虫，其命名亦因体形微小。

生态学小注：本种几乎是能在粪便中寻到的最小甲虫。它们或许也取食真菌的结构组织，如菌丝和孢子。

阎甲

英文俗名：clown beetle

拉丁学名：*Hister unicolor*［单色阎甲］（及其他物种）

大小：体长8毫米。

形态："全副武装"的圆阔亮黑甲虫。虫体呈圆顶状，表面平滑。触角短，呈锤状。足阔，扁平，具有发达的齿，且可以缩入虫体腹面的缝隙中。形态与之相似的物种有多个，其中一些带有模糊的红色斑。

生活史：成虫和幼虫皆为捕食性，以其他粪居无脊椎动物的幼虫（主要是蝇蛆）为食。

生态学小注：阎甲并不常见于动物粪便，因而在粪便生态圈中发挥的作用不大。不过，它们外观突出，是一类引人注目的甲虫。在众多的相似种中，有的也带红色斑，有的还带有绿色或青铜色的金属光泽。除了在粪便中发现，它们也见于腐尸、腐蕈、腐败植物材料之中。其中，粪珠背阎甲（*Margarinotus merdarius*）显然以"粪便"为种加词，但可惜的是，它常见于堆肥和粪肥堆，或者树洞中的鸟巢里（而非动物粪便中）。粪底阎甲属（*Hypocaccus*）的物种体形更小，更加黑亮，生活环境通常限于仅有狗屎可供取食的沙丘。阎甲的英文俗名来源不明，或许源

自拉丁词 *hister*，意为"肮脏卑贱的生物"，或拉丁词 *histrio*［也是英语词 histrionics（表演）的词源］，意为演员。

脊阎甲

英文俗名：ridged clown beetle

拉丁学名：*Onthophilus striatus*

大小：体长 1.8~2.4 毫米。

形态：小型球状土黑色甲虫。胸部有六条明显的脊。各鞘翅表面具有三条明显的脊，以及另外三条略为隆起的脊。足和触角皆纤细。

生活史：捕食性。以其他更小的粪食无脊椎动物（特别是双翅目昆虫的幼虫）为食。

生态学小注：本种似乎仅见于马粪，不过，其近缘种点脊阎甲（*Onthophilus punctatus*）见于鼹鼠、狐狸以及獾的洞穴。后者体形更大（体长 2.5~3.5 毫米），胸部只有五条脊。

缨甲

英文俗名：feather-winged beetle

拉丁学名：Ptiliidae［缨甲科］

大小：0.1~1.2 毫米。

形态：微小短椭圆形昆虫，黑色或褐色。鞘翅较短，腹末露出。触角细长，呈环毛状[1]。

---

①环毛状，指触角每（鞭）节上生有一圈细长的毛。——译者

生活史：取食真菌菌丝和孢子。

生态学小注：见于霉菌[1]开始滋生的陈粪，亦见于落叶、朽木、大型真菌、动物巢穴、堆肥、发霉的干草、蚁丘、腐败的海藻。缨甲种类众多，外观极为相似。其中，有一种名为 *Nephanes titan*[2]。这一拉丁学名较为讽刺，因为，它是昆虫学家用诸如"本句末尾句号大小"的字眼来形容体长的几种昆虫之一（而其体长仅 0.55~0.65 毫米）。缨甲可发现于多种粪便之上，但它们是否直接生于粪便之中，有时不易界定。例如，在英国，吉氏广缨甲（*Euryptilium gillmeisteri*）的标本仅有三件，全采自一棵高大橡树下沾有鸟粪的落叶上。

多脊寡节隐翅虫

英文俗名：ridged rove beetle

拉丁学名：*Micropeplus porcatus*

大小：2.5~3.0 毫米。

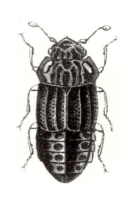

形态：短阔扁平的土褐色隐翅虫。各鞘翅表面具有三条锋锐的脊。鞘翅短，腹部 4~5 节暴露在外。胸部刻纹明显。足和触角皆纤细。行动缓慢。形态与之非常相似的物种有多个。

生态学小注：见于陈粪中，亦见于粪肥堆、腐烂的禾秆、发霉的干草、堆肥、落叶及其他干燥的腐败有机质中。此外，本种还在湖滨溪畔的淤泥中发生。由此可见，它不仅在干燥的真菌腐物质中取食，还在液态腐败物中觅食。

---

① 霉菌，原文为 "powdery mildew fungi and moulds"。其中，powdery mildew fungi 一般指植物白粉病的病原真菌，但并不生于粪便之上。——译者
② *Nephanes titan* 的种加词 *titan* 意为巨人，整体可称作"小巨云缨甲"。——译者

难识隐翅虫

英文俗名：impossible rove beetle

拉丁学名：*Atheta*［"难识隐翅虫属"］

大小：体长 1.1~5.0 毫米。

形态：微小到小型纤细隐翅虫，黑色或褐色。足和触角皆纤细。

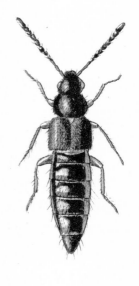

生活史：这类昆虫的生活习性鲜为人知。不过，既然其中有些物种以非寄生性线虫为食，那么，它们似乎都有可能猎食小的生物及其他软体构型无脊椎动物。

生态学小注：在多种类型的腐败有机质中发生，但有些物种专生于粪便之中。由于相似物种的数量甚巨，鉴定者须具备专业的知识，辅以细致的观察，方可得出结论。鉴定主要依据内生殖器的解剖学特征及其着生方式，尤其是雌虫贮精器官——纳精囊的特征，且部分物种的雄虫标本或缺失，或无法鉴定。impossible rove beetle 不是这类隐翅虫本来就有的英文俗名，只是我觉得它们太难鉴定，在沮丧之余给它们起的。

沟胸隐翅虫

英文俗名：flat rove beetle

拉丁学名：*Megarthrus*［沟胸隐翅虫属］

大小：体长 2.5~3.5 毫米。

形态：短阔扁平的隐翅虫，褐色或黑色。胸部后角有小缺刻。鞘翅相对（隐翅虫而言）

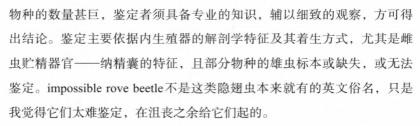

较长，约与虫体后部[①]等长，甚至略长。

生活史：幼虫和成虫皆猎食体形更小的无脊椎动物。

生态学小注：见于动物粪便、粪肥或其他腐败有机质。形态与之非常相似的属种有多个。

刻纹隐翅虫

英文俗名：sculptured rove beetle

拉丁学名：*Platystethus*［离鞘隐翅虫属］、*Anotylus*［脊胸隐翅虫属（盾冠隐翅虫属）］、*Oxytelus*［背筋隐翅虫属］及其他属类

大小：体长1.2~5.5毫米。

形态：来自多个类群的略扁平的隐翅虫，黑色或深褐色，间或有暗红色斑。虫体两侧高度平行。头阔；胸部阔矩形，常有隆起的脊纹，或下凹形成的沟纹，形似雕刻。

生活史：幼虫皆在腐败有机质中取食，包括动物粪便、粪肥、堆肥、腐败海藻、腐蕈、干草堆废料、落叶及苔藓。

生态学小注：在粪便之下生活，行动缓慢。足生有刺，可推测它们在粪便中或其下的土壤中挖掘孔洞。具有相似前足（较阔且为锹形）的近缘类群也有掘土的习性。

---

①虫体后部，原文为hind body，可能指腹部或腹部外露的部分。——译者

金毛熊隐翅虫

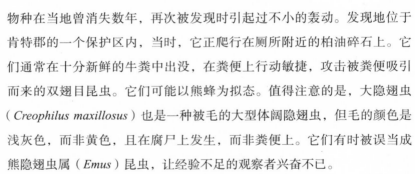

英文俗名：pride of Kent

拉丁学名：*Emus hirtus*

大小：体长18~28毫米。

形态：体阔夺目的大型强壮隐翅虫。虫体黑色，但头部、胸的局部及腹末覆有亮黄色的毛，鞘翅后半部也为灰色的厚毛所覆。足粗短。上颚发达。

生活史：猎食居于牛粪中的其他无脊椎动物。

生态学小注：在英国极为罕见，大多数目击记录来自肯特郡北部的沼泽化的放牧草甸中。该物种在当地曾消失数年，再次被发现时引起过不小的轰动。发现地位于肯特郡的一个保护区内，当时，它正爬行在厕所附近的柏油碎石上。它们通常在十分新鲜的牛粪中出没，在粪便上行动敏捷，攻击被粪便吸引而来的双翅目昆虫。它们可能以熊蜂为拟态。值得注意的是，大隐翅虫（*Creophilus maxillosus*）也是一种被毛的大型体阔隐翅虫，但毛的颜色是浅灰色，而非黄色，且在腐尸上发生，而非粪便上。它们有时被误当成熊隐翅虫属（*Emus*）昆虫，让经验不足的观察者兴奋不已。

骰斑粪匪隐翅虫

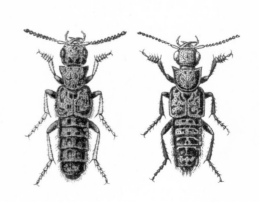

英文俗名：mottled rove beetle

拉丁学名：*Ontholestes tessellatus*

大小：体长14~19毫米。

形态：大型粗壮隐翅

虫。黑色，但虫体前部（头、胸、鞘翅及腹部1~2节）体表被有金黑相间呈棋盘状的毛。此外，胸部和鞘翅连接处生有黑色且无光泽的毛；腹部有灰色的斑块；足金色偏红。同属的鼠灰粪匪隐翅虫（*Ontholestes murinus*，如图中右侧所示）体形相对较小（体长10~15毫米）、更狭，体色的金黄淡一些，且足为黑色。

生活史：猎食双翅目昆虫及其幼虫，也在腐尸上发生。

生态学小注：行动非常敏捷活跃。尽管本种在外观上如丝般光洁，但在应对黏稠的粪便时毫不含糊，还能以前足清洁头部、触角，用中足清洁胸部和鞘翅，用后足清洁腹部。

粪普拉隐翅虫

英文俗名：red-girdled rove beetle

拉丁学名：*Platydracus stercorarius*

大小：体长12~13毫米。

形态：虫体黑色，光泽不强，但鞘翅为亮丽的橙红色，与之形成强烈反差。腹部各节生有呈带状的银色毛，在昆虫爬行时格外夺目。足和触角皆为红色。与之形态相似的物种有数个，其中一些的鞘翅为黑色，或通体疏被不甚显著的银灰色柔毛，形同麻点。

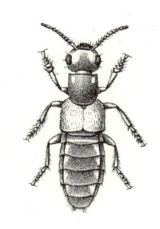

生活史：幼虫和成虫皆为捕食性。

生态学小注：发生于粪便之下，亦生于腐尸之下、粪肥及堆肥堆中。行动非常敏捷活跃。

前角隐翅虫

英文俗名：parasitoid rove beetle

拉丁学名：*Aleochara* [前角隐翅虫属]

大小：体长 1.5~10 毫米。

形态：体形相对较阔粗壮的隐翅虫，黑色、褐色或暗红色，通常带有光泽。鞘翅间或带有红色斑点，与较长的虫体后部相比，显得非常之短。

生活史：成员非常之多，多样性非常丰富的类群。专门捕食双翅目昆虫围蛹。由于它们完全在蛹内取食，或许可被认为是拟寄生昆虫。

生态学小注：见于所有类型的粪便，亦见于腐尸及其他腐质。当幼虫在双翅目昆虫的围蛹中发育充分之后，便在其内部化蛹。此时，寄主的围蛹已几近空壳，隐翅虫成虫羽化后，会在壳上咬出之字形的洞眼，并由此钻出。这与（拟）寄生蜂羽化的情形构成反差，后者在寄主蛹壳上钻出的孔洞为完美的圆形。

大赤隐翅虫

英文俗名：Japanese rove beetle

拉丁学名：*Philonthus spinipes*

大小：体长 13~17 毫米。

形态：头、胸亮黑色；鞘翅橙红色，被红色柔毛；虫体后部黑色，有虹色光泽。触角黑色；足生有鬃，基部（腿节）黑色，余下为橙色。

生活史：幼虫和成虫皆为捕食性。行动非常敏捷活跃。

生态学小注：主要见于马粪。本种最初在日本被报道（1874年），但在20世纪晚期传遍亚洲和欧洲大陆，并于1997年到达英国，而扩散途径至今未明。

丽菲隐翅虫

英文俗名：splendid rove beetle

拉丁学名：*Philonthus splendens*

大小：体长12~14毫米。

形态：两侧平行的亮黑隐翅虫。头和胸部略带几分青铜般的金属光泽，鞘翅则带有黄铜般强烈的绿色金属光泽。

生活史：幼虫和成虫皆为捕食性，主要猎食双翅目昆虫及其幼虫。

生态学小注：行动非常敏捷活跃的捕食者，猎食出现在动物粪便、粪肥堆、腐尸、腐蕈上的其他小型无脊椎动物。形态与之相似的物种非常多，鉴定者需要具备专家级的知识，才能得出结论。善飞行，着陆也十分流畅，可立即收好虫翅，匆匆消失于粪便下。

腐迅隐翅虫

英文俗名：devil's coach-horse

拉丁学名：*Ocypus olens*

大小：体长20~28毫米。

形态："巨型"体阔隐翅虫，土黑色。通体表面质地非常细腻，并被有黑色的短柔毛，因而有光泽。

生活史：幼虫和成虫皆为捕食性。通常见于石块、原木、土块下，以及堆肥或粪肥堆之中。本种并非专生于粪便之中，但常将陈粪当作合适的遮蔽之所。

生态学小注：常可见在小径上迅速爬行，不仅园艺者，就连许多非昆虫学专业的外行也熟悉其形态。如果受到威胁，它会翘起头，展示巨大的上颚（可钳），其尾部尖端可分泌气味刺鼻的液滴。

圆胸隐翅虫

英文俗名：smooth rove beetle

拉丁学名：*Tachinus*［圆胸隐翅虫属］

大小：体长3~10毫米。

形态：平滑亮黑的精致隐翅虫，黑色、褐色或偏红色。虫体后部向后渐狭，末节形成深凹的缺刻，或两侧延伸呈牙齿状。值得注意的是，成员非常之多的近缘属——尖腹隐翅虫属（*Tachyporus*）昆虫体形更小（2~4毫米），在枯草层发生。

生活史：幼虫和成虫皆为捕食性。

生态学小注：见于腐臭的腐败有机质中，如腐尸、粪肥、腐蕈、堆肥堆、动物粪便。

埋葬甲

英文俗名：burying beetle

拉丁学名：*Nicrophorus*（原为 *Necrophorus*）［食尸虫属］

大小：体长10~30毫米。

形态：两侧平行的大型粗壮甲虫。一般为黑色，鞘翅上有亮橙色横纹（连续或不连续），但有些物种通体全黑，也有一些胸部为橙色。

生活史：主要以田鼠或鸟类等小型动物的腐尸为食。雌虫通常与雄虫合作，先将腐尸之下的土壤掘空，使腐尸落入其中，再取食产卵。这一空间最终被腐化成的汁液充满。

生态学小注：埋葬甲并非真的以粪便为食，但肉食动物的粪便中若含有足够的腐肉材料，散发出对路的气味，它们也会在其下现身。不过，它们不会将这种粪便埋起来，也不会在其上产卵、繁殖。

粗皮金龟

英文俗名：hide beetle

拉丁学名：*Trox scaber*

大小：体长5~7毫米。

形态：虫体粗壮、轮廓钝平的椭圆形甲

虫，呈圆顶状。体表粗糙，有瘤状突起，形如雕纹，并覆有直立短鳞片或硬粗毛。这一特征不仅赋予本种略似带鬃的外观，有时还导致尘土和碎屑积于其上，形成遮蔽。

生活史：主要以腐尸为食，出现在尸体腐败过程结束之后、仅余肌腱和毛皮的干燥阶段。

生态学小注：本种并非真正的粪食昆虫，但有时会出现在肉食动物的粪便之下，尤其是其中富含羽、毛、皮之时。

粪金龟

英文俗名：dumbledor或dor beetle

拉丁学名：*Geotrupes stercorarius*（及其
他物种）

大小：体长16~26毫米。

形态：壮实的黑亮甲虫，带有偏紫色或
蓝色色泽。虫体拱凸，呈阔圆顶状。足生有
齿状结构，触角锤状。

生活史：成虫掘入土壤深处，将粪球
推入坑道侧面的孔穴，并产卵于其中。蛴螬型幼虫，灰白色，体形饱满，
形似字母C。它们在粪室中取食，数周到数月（时长依温度而定）之后羽
化为成虫，遂破土而出。其他某些相关物种的该发育阶段不在粪便中完
成，而是在腐败的落叶之中。

生态学小注：这类昆虫体形较大，因而成为重要的"收粪"昆虫。
虽说它们拥有笨重的体形，却也善于飞行。在暖和的夜晚，它们飞过草
甸，发出巨大的嗡嗡声响，因而凭借拟声得其英文俗名。同时，它们
在英文中也被称作lousy watchman（"大携虱甲"）[此处的lousy取自虱
子（louse），是因为其体表常有虱子般的螨虫附着，而watchman在此指
"clock"，是对任何大型甲虫的古老称谓]。相关的物种有数个，它们之间
的区别在于大小、色泽、足部齿状结构的形状、鞘翅的光滑程度或脊纹
的数目。

提丰粪金龟

英文俗名：minotaur beetle

拉丁学名：*Typhaeus typhoeus*

大小：体长14~22毫米。

形态：粗壮的黑亮甲虫。虫体拱凸，呈阔圆顶状。足生有齿状结构，触角锤状。雄虫前胸背板有三枚朝前的棘状尖突，两侧的尖突通常较长，但长出的幅度并不固定。雌虫前胸的相同部位仅有略微突起。

生活史：和粪金龟一样，本种也是在土壤中掘好孔穴，埋入粪球，并在其上产卵。

生态学小注：本种喜好砂质土壤，挖掘的虫穴长度可达2米；主要寻埋兔或羊的小型粪粒，拉拽而非推粪；以成虫虫态在穴内越冬，若遇暖冬，它们有时也会变得活跃。它们会被灯光吸引，出现在映亮的屋窗和门廊，也常见于利用灯光诱蛾的捕集装置中，甚至是在2月初。

厚角金龟

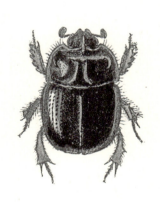

英文俗名：lesser scarab

拉丁学名：*Odonteus armiger*（原为 *Odontaeus mobilicornis*）

大小：体长6~8毫米。

形态：虫体短小浑圆，近球状。体表平滑光亮，黑色，略带深褐色。足偏红色。雄虫头部生有向后弯曲且可活动的棘状结构；

雌虫在相同部位仅有小的突起。

生活史：它们常在温暖的夏夜飞行，也可掘入土中，深达40厘米，被认为以地下真菌为食。

生态学小注：本种与粪便的关联，源自一些老书的记载，或许是因为它们以地下的蕈菌为食，而那些埋入土中的粪便生有真菌。另有观点认为，本种与兔巢有密切联系，但证据尚不足信。

蜉金龟

英文俗名：common dwelling dung beetle（普通粪居甲）

拉丁学名：*Aphodius*［蜉金龟属］

大小：体长2.5~15毫米。

形态：粗壮的长椭圆形甲虫。虫体呈半圆柱状，鞘翅末端浑圆，胸部阔圆顶形，头部呈钝锹状；头部或胸部皆无角状或其他突起。本属甲虫种类繁多，形态差别较大。例

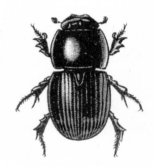

掘粪蜉金龟

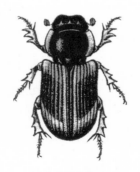

争先蜉金龟

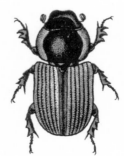

亮色蜉金龟
（*Aphodius nitidulus*）

异色蜉金龟
（*Aphodius varians*）

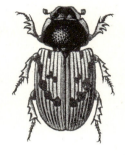

血斑蜉金龟　　　　　　麻斑蜉金龟　　　　　　佩氏蜉金龟
（*Aphodius paykulli*）

如，粪堆蜉金龟（*Aphodius fimetarius*），体长6~8毫米，虫体乌黑，但鞘翅和胸部前角处为亮红色；粪污蜉金龟（*Aphodius contaminatus*），体长5~6毫米，鞘翅底色为枯草黄色，上有黑色的麻斑，呈模糊的V形，麻斑蜉金龟（*Aphodius sticticus*）形态与之相似，但颜色更光亮，麻斑特征更明晰；赤足蜉金龟（*Aphodius rufipes*），体长11~13毫米，两侧平行，深栗红褐色；掘粪蜉金龟（*Aphodius fossor*），体长9~12毫米，虫体粗壮黑亮；争先蜉金龟（*Aphodius prodromus*），体长4~7毫米，鞘翅污黄色，两侧和末缘有深色斑；游荡蜉金龟（*Aphodius erraticus*），体长6~9毫米，鞘翅甚阔，灰米色；血斑蜉金龟（*Aphodius haemorrhoidalis*），体长3~4毫米，通体黑色，鞘翅后部为红色。

　　生活史：只要有动物粪便，蜉金龟便会欣然飞至，掘入其中或其下，以便产卵，下一代幼虫遂定居于此。大量蜉金龟可共生于一摊粪便之中，它们可为同种，亦可为不同种。

　　生态学小注：蜉金龟是温带地区最重要的粪甲属类，物种数量众多。尽管它们无处不在，却没有被广泛接受的英文俗名。既然它们大多居于粪便之中，而非推粪或掘穴埋粪，于是我在此草拟一个，意为"普通粪居甲"。其中有些物种可能与某一类动物的粪便有专一性的关联。有证据显示，粪便湿度是一个重要因素。有些物种遇湿牛粪如鱼得水，有些安居于干得多的羊粪和兔粪中，但绝大多数的"口味"很广。因此，居于鹿粪的物种选择粪便，不在于粪便来自何种动物，而是因为它们被排在疏林荫蔽处。

嗡蜣螂

英文俗名：common tunnelling dung beetle

拉丁学名：*Onthophagus*〔嗡蜣螂属〕

大小：体长3~14毫米。

形态：短小精干的椭圆形甲虫。虫体拱凸，头部与胸部之和与覆于鞘翅之下的腹部等长。足扁阔，生有大型齿状结构。虫体黑色，但色泽多样，可为黄、褐、红等。鞘翅上或生有麻点状或块状斑纹，翅表黑色，可无光泽，亦可光亮，并带

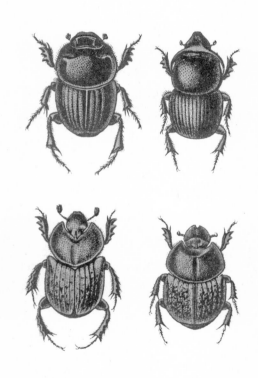

有绿色或褐色的金属光泽。雄虫头部或前胸常生有特征鲜明（时而古怪）的角状或棘状结构。分布广泛（但从未常见）的欧洲物种包括：乔安嗡蜣螂（*Onthophagus joannae*），体长4~6毫米，通体土黑色；牛角嗡蜣螂（*Onthophagus taurus*），体长8~12毫米，通体亮黑或深褐色，雄虫头部

生有一对角状结构，向后弯曲，及至前胸侧缘，见右上图；龟缩嗡蜣螂（*Onthophagus coenobita*），体长6~10毫米，头部和胸部带有灰暗的绿色金属光泽，鞘翅灰褐色，常有深色的模糊斑块；似然嗡蜣螂（*Onthophagus similis*），体长4~7毫米，胸部黑色，鞘翅深米色，有黑色棋盘状斑。

生活史：在动物粪便之下掘穴，粒状或团状粪便坠入穴底，嗡蜣螂遂产卵于上。

生态学小注：嗡蜣螂是形态差异极大的重要甲虫属类，也是世界上大多数地区的主要掘穴属类，两头相顶、你推我搡的雄虫角力可能就发生在坑道之中。其中有些物种的角状结构蔚为可观，其特征也是人们尝试理解该结构进化和发育成因的依据。有三个澳大利亚物种，可通过适于缠卷的爪长期紧附于沙袋鼠肛门附近的皮毛之上。直到寄主排出粪便时，它们才松开，并将粪粒整体埋入土中。

粪蜣螂

英文俗名：English scarab（英国蜣螂）

拉丁学名：*Copris lunaris*

大小：体长17~23毫米。

形态：粗壮黑亮甲

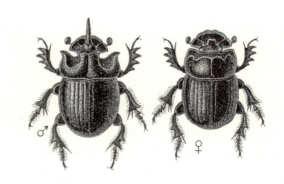

虫。虫体呈圆顶状，但前胸前部凹陷，边缘处形成锐脊。头部阔圆，生有或长（雄虫）或短（雌虫）的棘状突起结构。

生活史：与粪金龟类似，本种也在土中掘穴，将粪球埋入其中，并在上边产卵。

生态学小注：通常见于牛粪，据称喜好砂质或石灰质土壤。本种在英国极为罕见，仅在东南部几处地方有过记载，但自20世纪50年代以来已无报道，可能已经灭绝。带有"英国"字眼的俗名是在20世纪90年代才加上去的，全因自然保护的需要。这也意味着，优先保护的物种都被冠以有"英国"字眼的俗名。实际上，本种在欧洲有广泛分布，在有些地方甚至常见。

球驴螂

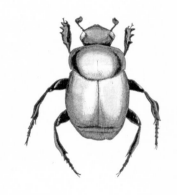

英文俗名：tumblebug

拉丁学名：*Canthon pilularius*（原为 *Canthon laevis*）

大小：体长10~20毫米。

形态：分布于北美地区的体阔甲虫。体表平滑，土黑色，带有铜色色泽，或亮蓝色（西南集落）或绿色光泽。头阔，极为扁圆。前足扁阔，生有3枚凹陷较深的齿状结构，相比之下，中足和后足更长、更细。

生活史：成虫朝新鲜粪便的方向迎风低飞，轨迹曲折。甫一到达，便切下一小块，将之修塑成直径约30毫米的粪球，前后耗时约20分钟。有时，本种会在干燥的地面上推滚粪球，为之增添一层砂质外壳。之后，粪球被推离粪堆，以便掩埋。

生态学小注：本种推粪时，头朝下，以前足撑地，用中足和后足将粪球推走。但普遍观点认为，这是一个略显笨拙的物种。在推粪过程中，粪球常因滚得太快而失控，任其滚走。这时，它不得不伸展触角，寻找遗失的粪球。因此，将粪球推离粪堆的轨迹并非笔直，经常是折来折去的。

碧驴蜣

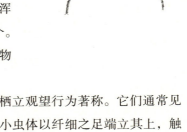

英文俗名：perching dung beetle

拉丁学名：*Canthon viridis*

大小：体长2~5毫米。

形态：分布于北美和中美地区的小型粗壮甲虫。虫体浑圆，呈球状，可为带有金属光泽的紫色、青铜色（北方集落）或有光泽的亮绿色（南方集落）。头部扁阔浑圆。足纤细。形态与之相似的物种有多个。

生活史：在鹿、猴、西貒等疏林动物的粪便中繁殖，也见于腐蕈和腐尸。

生态学小注：本种生活于疏林，以栖立观望行为著称。它们通常见于密林透光处的树叶或茎秆，浑圆的微小虫体以纤细之足端立其上，触角外伸，末端3节扁平的锤节如开扇般展开，可能是在静待新鲜粪便气味传来，或是在等待危险的捕食性隐翅虫从粪便离开。

卡州蜣螂

英文俗名：Carolina scarab

拉丁学名：*Dichotomius carolinus*

大小：体长20~30毫米。

形态：分布于北美地区的大型体阔粗壮重质甲虫。虫体亮黑，腹面边缘生有褐色或橙色的毛。鞘翅沟纹较深；前胸有显著的横贯突起；头部大且圆阔，但边缘近乎扁平。

生活史：在马、牛、鹿的粪便中繁殖。成虫掘入土中30~40厘米（洞穴入口处常有大堆被翻出的土壤），将碎粪积到洞穴尽头，作为"储粮"，或作为育幼粪球的材料。每团育幼材料中仅产有一粒卵，约2个月完成一代。

生态学小注：本种为夜行性昆虫，夏夜里常被吸引到灯光明亮的门廊或走廊。该种可能原生活于林中空地，但也常见于与疏林毗邻的放牧草地。该种是北美地区最大、最重实的粪甲之一，力量甚大，我们即便以单拳紧握，也难以将之把住。

虹蜣螂

英文俗名：rainbow scarab

拉丁学名：*Phanaeus vindex*

大小：体长11~12毫米。

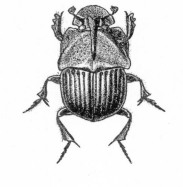

形态：分布于北美地区的外观亮丽的甲虫，带有金属光泽，多为绿色和金色，间或有蓝色或黑色。体阔，几近方形。胸部扁平，向后延伸，形成两片形如牙齿的瓣状斜面。雄虫头部生有向后弯曲的大型角状结构；足阔而粗壮；通体被有或皱或凹的刻纹。形态与之相似的物种有多个。

生活史：本种为掘穴甲虫，掘入动物粪便下方，将掘出的土堆在粪边，将大致为梨状的粪球推入洞穴尽头。可能掘建侧穴，以便放置更多育幼材料。每粒粪球中仅产有1粒卵。

生态学小注：在产地分布广泛，十分常见，见于不同动物的粪便中，如猪、负鼠、狗、牛、马，以及人类的粪便。

巨蜣螂

英文俗名：giant African dung beetle

拉丁学名：*Heliocopris gigas*

大小：体长37~60毫米。

形态：分布于非洲的大型粗壮甲虫。虫体阔，几为方形，呈圆顶状；黑色，略有光泽；腹面边缘生有褐色的毛。足阔，尤以前足为甚。前足扁平，有大型齿状结构。头部甚大，圆阔。雌虫头型呈锹状，雄虫则生有一对朝后的扭曲阔角状结构。雄虫胸部前部垂直，形如悬崖，后部延伸，在两侧各形成一个尖锐的棘状结构，中央形成一个大型尖角状突起，长及头部上方。通体被有或皱或凹的刻纹，外观形如粗糙的皮革。

生活史：在象及其他一些动物的粪便中繁殖。成虫掘入粪便下方，将育幼粪球推入洞穴尽头。每粒粪球半径约为5厘米，其中仅产有1粒卵。

生态学小注：本种曾被认为仅在象粪中繁殖，但在象迹全无的阿拉伯半岛也有广泛发生。在那里，它们利用的是当地野生动物的粪便，以及骆驼、牛、马的粪便。

圣蜣螂

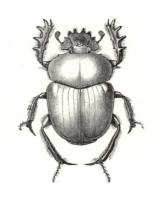

英文俗名：sacred scarab

拉丁学名：*Scarabaeus sacer*

大小：体长26~40毫米。

形态：分布于欧洲南部地中海地区、北非地区及印度河流域的大型体阔粗壮甲虫。虫体扁平，短椭圆形；黑色，光泽适中。头部扁平，生有6数齿状尖突。足相对较长，中足和前足纤细，前足各生有4数较阔的齿状结构。形态与之相似的物种有多个。

生活史：成虫先用宽阔的头部和耙状的前足铲得粪球，再头下脚（后足）上将之推离粪堆。推行一段距离之后（通常为数米），遂将之埋入土中。每粒育幼粪球中仅产有1粒卵。

生态学小注：在推粪的过程中，本种利用太阳（或月亮、银河）的方位导航。因此，在这一过程中，即便终点看似不明，推粪轨迹也是笔直的，即使地势有所起伏，前方有坎、巨石或原木等障碍挡路，也不改方向。

埃及蜣螂

英文俗名：Egyptian scarab

拉丁学名：*Kheper aegyptiorum*（及其他物种）

大小：体长25~40毫米。

形态：分布于东北非地区的大型扁阔甲虫。虫体短椭圆形，黑色，光泽适中，常略带青铜色金属光泽。头部扁平，生有6数尖突；前足亦生有相似的刃状扁平齿突。

生活史：本种的推粪行为与金龟属甲虫（分类学家有时也将本种归入该属之下）相似，成虫将粪球推离粪堆中心，将之埋入一段距离之外的土中。

生态学小注：本种活跃于日间，这与一些分布于非洲的半夜行性粪甲有所不同。雄虫一旦修塑好粪球，并将之推离粪便中心一小段距离之后，便登上粪球顶部，以45度角倒立其上，自腹部腹面释放求偶信息素，同时伸缩后足，将信息素散入空气中，以期吸引一只雌虫前来，合力将粪球埋入土中，并产卵于其中。

长足纤蜣螂

英文俗名：gracile dung beetle

拉丁学名：*Sisyphus mirabilis*（如今有时亦作 *Neosisyphus mirabilis*）

大小：体长可达12毫米。

形态：分布于南非的小型土黑色甲虫。虫体椭圆形，足甚长。后足最长，生有不同形态的刺状或桩状结构；中足生有强壮的弧形刺；前足最短，粗壮，生有小型齿状结构。形态与之相似的物种，在全球范围内有数种，但并非都具有长足特征。

生活史：本种为推粪甲虫。成虫先从动物粪便掘下一粒弹珠大小的粪球，然后将之快速推离，移至安全处掩埋产卵（1粒）。

生态学小注：本种推粪时，头朝下，前足着地行走，以带钩的中足和长长的后足控制粪球。本种属名来源于希腊神话中的西西弗斯（Sisyphus）。西西弗斯足智多谋，本是埃费拉（即科林斯）的国王，但后被判罚推巨石上山，但每当接近山顶之时，巨石便失控滚走。因此，他不得不一次次从头再来，永无休止。

树懒蜣螂

英文俗名：sloth dung beetle

拉丁学名：*Pedaridium bradyporum*（原为 *Trichillum bradyporum*）

大小：体长3毫米。

形态：分布于南美及中美地区的小型甲虫。虫体短椭圆形，呈圆顶状，且高度拱凸；黑色或黑褐色，并带有红褐色色泽，几乎呈金属光泽；背面布满间隔较大的直立短毛。足短。

生活史：与三趾树懒［即树懒属（*Bradypus*）物种］有关联，成虫寄生于其毛皮之上（据记载，一个寄主个体上附有近千只）。每当寄主下树排便（并将粪便掩埋，以防捕食天敌觅得踪迹），本种便离开寄主，到其粪便上产卵。

生态学小注：在牛粪和人类粪便中，也曾发现过数个相似的物种。不过，它们是否寄生于某一特定寄主之上，目前还不得而知，至少未有相关记载。

三带花金龟

英文俗名：three-striped chafer

拉丁学名：*Macroma trivittata*（有时亦为 *Campsiura trivittata*）

大小：体长20~23毫米。

形态：分布于非洲的大型体阔甲虫。体表平滑，体色以枯草黄和黑色为主，但也可为从黄到红等多种颜色；斑纹颜色亦多样，但前胸背板常有三条纵向的褐色带纹。鞘翅前部两角各有一条黑色短斜纹，近末缘有参差不齐的锯齿状黑色横纹。

生活史：蛴螬型幼虫，体形饱满，形似字母C，生活在落叶和土壤之中，以腐败植物材料为食。成虫飞行活跃。

生态学小注：本种发现于科特迪瓦，在象粪中繁殖。那里邻近热带雨林，粪虫对动物粪便的争夺不像在开阔的热带草原上那般激烈，因而剩有大量的象粪留给后来者。

肉食皮蠹

英文俗名：cave larder beetle

拉丁学名：*Dermestes carnivorus*

大小：体长 6.5~7.5 毫米。

形态：小型甲虫，长椭圆形。体表黑色，背面稀被褐色鳞片，腹面密被银白色鳞状毛。足长中等，触角褐色，呈锥状。

生活史：幼虫体表被鬃，行动活跃，营腐生。它们可能原产于新热带，本在仅余骨、肌腱、毛皮和羽的干燥腐尸上生活。但自侵入人类居所，并成为一种储藏食品害虫以来，它们已通过交通工具被传播到全球各地。

生态学小注：本种是洞穴中蝙蝠粪便的主要分解者，也可能以蝙蝠尸体为食。在转居人类环境之后，它们以人类遗食为食，但也曾在弃置房屋内的蝙蝠粪便中被发现过。

拟裸蛛甲

英文俗名：shining spider beetle

拉丁学名：*Gibbium aequinoctiale*

大小：体长 1.5~3.5 毫米。

形态：小型光亮甲虫。虫体球状，褐色到米色，鞘翅带有栗色光泽。

腹部隆起，近球形；胸部细狭，头部隐于
其下。足相对较长，赋予本种形似蜘蛛的
外观。

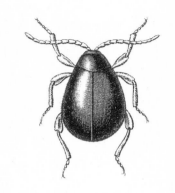

生活史：本种营腐生。它同与之相似
的物种构成一大类群，以房屋仓库中的人
类遗食为食，也取食野生动物贮藏或落入
其巢穴的植物种子和坚果。

生态学小注：十分诡异的是，本种曾
出现在英国约克郡地下800米的矿井中，
以矿工的粪便为食。矿井中没有厕所，矿工们便以废弃的矿道代之。由
于该处本无"原生"的嗜粪动物群对粪便进行掩埋或再利用，这些粪便
一直留在原处，变干后，质地均一呈糕状。本种无后翅（膜翅），且左右
鞘翅（前翅）合为一体，因而无飞行能力。它们是如何下到（此地及达
勒姆郡和斯塔福德郡的）矿井里的，至今仍是一个谜。

锥尾叩甲

英文俗名：click beetle

拉丁学名：*Agriotes*［锥尾叩甲属］

大小：体长4~9毫米。

形态：小型甲虫。虫体轮廓平滑，长
椭圆形，两侧平行，近圆柱状；褐色、灰
黑到土栗色。足纤细；触角长。形态与之
相似的物种有多个。

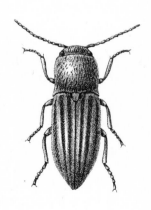

生活史：幼虫（园艺者称之为金针虫）
虫体圆柱形，体较长，浅黄橙色；头部亮

橙色、褐色或黑色。它们是土居昆虫，在土壤之中取食。尽管它们有一定的捕食性，但也取食植物根部，因此时而被视为园艺害虫或农业害虫。

生态学小注：本种并非真正的粪食昆虫，但其幼虫的确时常钻入陈粪之下土粪难辨的土层之中，成虫也是如此，但并不那么频繁。成虫被攻击或扰动时，可以身体蓦地屈弯的方式弹入空中或跳离险境，并发出咔嗒的声响。

小粉虫

英文俗名：lesser mealworm

拉丁学名：*Alphitobius diaperinus*

大小：体长 5~6 毫米。

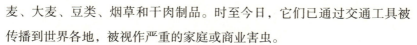

形态：体表平滑有光泽的长椭圆形甲虫，黑色或深褐色，间或带有偏红的色泽。足和触角的颜色与体色相同。

生活史：本种以干腐材料为食，包括被真菌侵蚀的腐木、贮藏的农产品，如小麦、大麦、豆类、烟草和干肉制品。时至今日，它们已通过交通工具被传播到世界各地，被视作严重的家庭或商业害虫。

生态学小注：本种常见于洞穴中，主要以蝙蝠干粪为食；同时也见于鸡舍，以鸡粪为食。

粪象虫

英文俗名：dung weevil

拉丁学名：*Tentegia ingrata* ［臭粪象］

大小：体长 8~12 毫米。

形态：分布于澳大利亚的驼背状短粗象甲。胸部呈球茎状；鞘翅有隆起的脊纹或瘤状突起，颜色偏深，间或为黑色，稀被浅色小鳞片。喙长而细狭。足相对较长。

生活史：成虫将沙袋鼠和袋鼠留在干燥草地上的粪粒收集到小型原木之下，其间路程长达数米，它们把控粪粒的姿态也不是那么优雅。它们通常会在土中钻一个小洞，或者利用现成的洞穴，将粪粒贮于其中，并在每一粪粒上产1粒卵。二纹粪象（*Tentegia bisignata*）的情形与之相似，在相似洞穴里的袋貂粪粒中繁殖。另有一种，被冠以此等不幸的种名——愚粪象（*Tentegia stupida*），但原因不得而知。

生态学小注：这是以粪便为食的唯一象甲属类。澳大利亚有袋动物的粪便干燥，因此，对于这些象甲来说，它们不过是仅经过预处理的植物材料。在一般情形下，雌虫先利用位于头部的长喙及之下的口器在粪粒中的叶、茎、种子等材料上钻得一孔。然后，转过身去，以可伸缩的产卵器将卵产于孔内深处。因此，这一过程似乎就是往粪块中钻孔产卵。

鳞翅目（蝴蝶和蛾类）

蝴蝶（多个物种）

英文俗名：butterfly

大小：翅展25~105毫米不等。

形态：特征明晰无误、独一无二的多彩昼行性昆虫，但大小、形

状、颜色和体翅纹理十分多样。

生活史：蠋型幼虫（具有咀嚼式口器），主要以植物为食，孵出数周或数月之后，虫体增长到足够大，便会化蛹，并最终羽化为成虫。成虫具有长舌状的虹吸式口器，可汲取花的蜜露。

生态学小注：蝴蝶并非真正的粪食昆虫，不过（成虫）确为新鲜粪便的常客，在粪便湿润的表面上停驻、汲取粪汁。热带地区野外的溪塘淤岸，不仅是动物的饮水处，也是其排泄处，因此可吸引数十只到上百只（通常为）不同种类的蝴蝶前来。这种"趋泥行为"可能是为了补充矿物质、盐分以及其他微量营养素。

树懒螟

英文俗名：sloth moth

拉丁学名：*Cryptoses choloepi*（及其他物种）

大小：翅长8~11毫米。

形态：分布于南美及中美地区的小型灰褐色飞蛾。翅细狭，栖息时折叠收起，紧贴虫体。前翅褐灰色或紫灰色，有污米色条纹；后翅浅灰色，颜色均一，无条纹。

生活史：生活于树懒（主要是三趾树懒，即隶属于树懒属的动物）的毛皮之中。树懒每周下树一次，用仅余残迹的尾部结构在地面刨出一个小坑，将粪便排入其中，完成后以落叶掩盖。在这一过程中，雌蛾飞离树懒，将卵产于懒粪之中。幼虫在粪便中取食，数周后化蛹并羽化为成虫，随后飞入树冠，寻找可寄生的树懒。

生态学小注：本种与树懒的关系，并非共栖的单向偏利共生（对寄主仅无害），而是互利共生，对双方都有利。蟑蛾幼虫轻易地从懒粪中获得食物，树懒也从蟑蛾成虫获得好处，即它们带来的大量绿藻。树懒在树冠上行动缓慢，这些绿藻可以作为它们的伪装。当它们清理自身毛皮时，还可从这些绿藻的藻华中汲取相当多的营养物质。

毛毡衣蛾

英文俗名：owl pellet moth（即 tapestry moth）

拉丁学名：*Trichophaga tapetzella*

大小：体长 5~9 毫米，翅展 13~22 毫米。

形态：小型飞蛾。

虫体以灰色和白色为主，大致呈麻点状，但翅基部 1/3 为更深的褐灰色或紫灰色。栖息时翅折叠收起，紧贴虫体。以鸟粪为拟态。

生活史：幼虫体小，蠋型，灰色，吐丝形成袜形袋状网巢，取食和爬行时皆不离其身。在鸟类和动物巢穴中生活，以它们褪下的毛皮和羽毛为食。

生态学小注：本种可啃噬羊毛织品（包括羊毛挂毯在内）、地毯、家具的马毛填充材料、枕头羽芯，时而被视作一种次要家居害虫。它们通常在猫头鹰的吐弃块中繁殖，幼虫以吐弃块中未被消化的羽毛和毛皮残余为食。从严格意义上讲，吐弃块并非动物粪便，但也属于广义的动物排泄物。

网翅总目（白蚁、蟑螂）^①

白蚁

英文俗名：termite

拉丁学名：*Microtermes*［蛮白蚁属］、*Odontotermes*［土白蚁属］、*Macrotermes*［大白蚁属］、*Synacanthotermes*［聚刺白蚁属］（及其他属种）

大小：体长1~15毫米。

形态：小型灰米色或黄褐色昆虫。头部相对较大；虫体柔软、细狭；足短。因外观和巢穴结构与蚂蚁略有相似之处，且蚁群个体数量亦巨，常被称为"白蚂蚁"，但两者为分属不同类群的昆虫。

生活史：繁殖型的雌虫和雄虫，以及成千上万无繁殖能力的工蚁及兵蚁聚居在一起，形成复杂的集落。非繁殖型成虫身形和大小多样，以适应觅食、育幼、筑巢、战斗等不同任务。巢穴大，由土壤混以唾液筑成，坚固且不失精巧，便于通风和贮存食物（收集的植物材料）。白蚁拥有可消化纤维素的肠道微生物。有些物种还利用贮积的碎叶片，

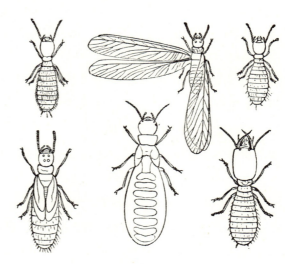

---

①网翅总目（Dictyoptera）包括两目，即蜚蠊目和螳螂目，白蚁和蟑螂皆属于前者。——译者

在巢穴中培养真菌，以取食其子实体。

生态学小注：在非洲的旱季，由于粪甲不甚活跃，白蚁是主要的粪便循环再利用者。这一现象直到20世纪70年代才为人所知，也是从那时起，白蚁才被视作一种粪食昆虫。它们移除的粪便类型多样，来自大象、牛、骆驼及其他动物。这些粪便干得很快，对于白蚁而言，就如处理仅部分消化的植物颗粒。

洞穴蟑螂

英文俗名：cave cockroach、guanobie

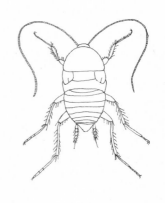

拉丁学名：*Trogoblatella*［窟小蠊属］、*Spelaeoblatta*［穴小蠊属］、*Eublaberus*［优硕蠊属］

大小：体长可达50毫米。

形态：扁阔的长椭圆形昆虫。足和触角皆长，后者甚之，分多节。一些物种具翅，翅革质化，翅间相互层叠，但间或甚短。实际上，很多不具飞行能力的物种完全无翅。腹部末端有较短的尾须，它们是类似触角的感受器。

生活史：大致为腐食昆虫，随遇而食。产卵前，雌虫腹内可分泌硬化的蛋白材料，形成坚硬的卵鞘，将卵包于其中。

生态学小注：蟑螂是全球洞穴动物群的主要构成部分。洞穴的地面上累积有大量蝙蝠粪便，蟑螂即以这些粪便为食。它们也取食霉菌、昆虫和蝙蝠的死尸等几乎任何可食之物。尽管有些种类已成为全球性的家庭害虫，但它们最初不过是取食落叶碎屑的热带多食性昆虫，只因被人类的厕所和生活污水所吸引，形成了造访厨房的行为，才变得不卫生乃至有害。

膜翅目（蜂、蚁）

黄胡蜂

英文俗名：social wasp、yellowjacket

拉丁学名：*Vespula vulgaris*［常见黄胡蜂］（及其他物种）

大小：体长20毫米，翅展40毫米。

形态：昆虫特征明晰，体长而细狭，有醒目的黑色和黄色斑。胸部和腹部之间呈显著的细"腰"状。头部生有较大的肾形复眼、粗壮的触角、黄色的颜以及尖锐的颚。翅（一对大，一对小）透明，膜质，栖息时如沿褶皱折起。

生活史：由一只（负责产卵的）繁殖型雌蜂（蜂后）以及多至数千只（负责觅食和筑巢）的非繁殖型雌蜂（工蜂）组成复杂的集落。新的雄蜂和蜂后在繁殖季节末期形成并进行交配。它们大多猎捕小型昆虫，并将之咀嚼成小块，以便饲喂蜂巢中的幼虫，但也有些物种访花觅食。

生态学小注：黄胡蜂不是真正意义上的粪食昆虫。它们会在腐尸和其他腐败物上取食，但有时也会在粪便上驻留，静待被粪便吸引前来的粪蝇和粪甲以击之。

蚬寄蜂

英文俗名：scarab wasp

拉丁学名：*Tiphia femorata*［粗股臀钩土蜂］、*Tiphia minuta*［小臀钩土蜂］（及其他物种）

大小：体长可达12毫米，翅长可达9毫米。

形态：虫体细狭、黑亮，有细"腰"，形似胡峰。足红色或黑色。

生活史：成虫掘入土中（多为砂质土），寻找粪甲的幼虫或蛹以产卵。卵孵化后，幼虫以寄主为食，最终将之噬食殆尽。

生态学小注：蚬寄峰也不是真正意义上的粪食昆虫，但绝对是嗜粪动物群落中的一员。它们通常不选择新鲜粪便，而是待粪便被部分或完全"清理"之后，才姗姗来迟。

掘地节柄泥蜂

英文俗名：digger wasp

拉丁学名：*Mellinus arvensis*（及其他物种）

大小：体长15毫米。

形态：细狭黑亮的蜂虫。头和胸部有亮黄色细条斑；腹部略呈球茎状，有黄色粗条斑。足黄色；翅略偏褐色。

生活史：成虫通常在砂质土中掘一小型巢穴，将捕杀的昆虫猎物贮于其中。卵产于贮穴，孵化后，幼虫以贮虫为食，并于翌年羽化。每只雌虫单独实施各自的准备工作，不过，在适合掘穴的空地上，多只雌虫也会聚集到一起，形成松散的"蜂屯"。

生态学小注：本种亦非真正意义上的粪食昆虫，但常见立于新鲜粪便之上，以待突袭被吸引前来的反吐丽蝇、绿蝇、粪蝇等体形通常较自身大的猎物。突袭场面混乱，其间，捕食者会利用强有力的口器和螫针制服猎物。

拟寄生蜂

英文俗名：parasitoid wasp

拉丁学名：Pteromalidae［金小蜂科］、Braconidae［茧蜂科］、Ichneumonidae［姬蜂科］等。

大小：体长0.5~35毫米。

形态：小型到大型昆虫，大小差异极大。虫体纤细，通常为褐色，间或带有金属光泽，形如胡蜂。翅通常为膜质，且前翅较后翅大。较小的物种跃行，较大的物种低翔，皆为搜寻地面上可拟寄生的猎物。

生活史：此类昆虫拟寄生于其他昆虫内部。成虫将卵直接产于寄主的卵、幼虫或蛹内。孵化后，幼虫在寄主活体内取食，最终致其死亡。它们通常具有寄主专一性，每一种拟寄生蜂攻击的寄主仅限于一个物种、一个属种或关系非常紧密的一类近缘生物。

生态学小注：这是一个独特的昆虫类群，尽管包括许多颜色艳丽的大型物种，但总的来说，目前对它们的研究还不够全面。世界上几乎每一种昆虫都有各自的拟寄生天敌，众多以粪便为食的甲虫、蝇蚊及其他昆虫自然也有，但遗憾的是，目前有关它们繁殖饲养的记载少得可怜。

蚂蚁

英文俗名：ant

拉丁学名：Formicidae［蚁科］

大小：2.5~25毫米。

形态：特征明晰无误的蚁形昆虫，头大而阔，胸部细狭，腹部球茎形，腹基部一节（或两节）缢缩成"腰状"的（隆起）腹柄。足相对较长。触角长，正中屈折呈膝状。虫体黑色、褐色、红色或黄色，或带有多种颜色的块斑。

生活史：由（负责产卵的）蚁后①和多达数千（负责觅食、筑巢、育幼）的非繁殖型雌蚁组成复杂的集落，通常在土壤中筑巢。巢偶尔隆起，形成大型或小型蚁丘。大多温带蚁种会在植物叶片、茎秆甚至根部表面取食蚜虫的蜜露。对于蚜虫而言，这些蜜露不过是过量摄入的植物汁液，它们穿肠而过，性质几

---

① 繁殖蚁还有未受精的可育雌蚁（"公主"），以及专司交配的短命雄蚁（"父蚁"）。——译者

乎没有发生改变。

生态学小注：蚂蚁不是粪食昆虫，但可以陈粪为遮蔽，甚至在其下筑巢。有一些捕食性蚁种可能会猎捕粪便内外的小型生物。此外，新鲜粪便湿度高，蚂蚁可能也会因此被吸引。

其他无脊椎动物

跳蝽

英文俗名：shorebug

拉丁学名：*Saldula orthochila*［欧旱跳蝽］（及其他物种）

大小：体长3~5毫米。

形态：小型椭圆形扁平蝽虫。虫体黑色或深褐色，布浅色麻斑。前翅翅缘有明显的白色斑。足灰白色，形态与之相似的物种有多个。

生活史：跳蝽是一类行动活跃敏捷、能飞善跳的捕食性蝽虫。大多数物种在植物或塘溪淤岸寻觅猎物，英文俗名即来源于此，意为"畔蝽"。

生态学小注：在北欧地区，本种是唯一在荒地、沙丘、田野等干燥生境活动的跳蝽物种，常意外地见于马、牛、羊的新鲜粪便之下，或许是被其中富含的水分所吸引。

小蠼螋

英文俗名：lesser earwig

拉丁学名：*Labia minor*

大小：体长4~7毫米。

形态：虫体两侧平行、略扁平的小型昆虫。体色均匀一致，大致为浅褐色，头部与触角颜色较虫体深。其形态与特征更显著、更为人熟知的欧洲球螋（*Forficula auricularia*）相似，但体形更小，虫体结构更加工整、紧凑，不那么光亮，且尾钳短，弯曲程度低。

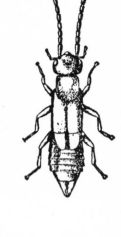

生活史：本种营腐生，以落叶、枯草层、堆肥堆中的腐败植物材料为食。在卵孵化期间，雌虫守护在旁（清除霉菌）。待卵孵化之后，雌虫还会以反刍的食物喂饲初孵幼虫。

生态学小注：小蠼螋不是真正意义上的粪食昆虫，且飞行自如，但也常见于粪肥堆下。在马力交通盛行的时代，它们是非常常见的城市昆虫。那时，人们将马粪从道路上清走，堆成堆，小蠼螋就生活在马粪堆之下。此外，球螋属（*Forficula*）昆虫有时也以陈粪为遮蔽之所。

洞穴蟋蟀

英文俗名：cave cricket

拉丁学名：*Ceuthophilus*［基灶螽属］、*Caconemobius*［粪针蟋属］、*Hadenoecus*［角灶螽属］（及其他属种）[1]

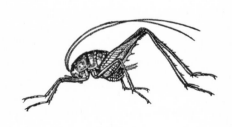

---

[1] 所列三属，仅粪针蟋属隶属蟋蟀科（Gryllidae），其他两属皆为驼螽科（Rhaphidophoridae）灶马。——译者

大小：体长 15~20 毫米。

形态：具有典型的蟋蟀特征，体短粗、足长（后足尤为如此）。它们是典型的洞穴物种，无翅，虫体浅褐色到近白色。

生活史：这些昆虫大致营腐生，以混合的腐败植物材料为食。

生态学小注：很多种蟋蟀已适应了洞穴生活。它们以蝙蝠粪便为食，但也以昆虫尸体及所遇其他任意腐败有机质为食。在北美地区的洞穴内，蝙蝠并不多见，洞穴蟋蟀虫粪因而成为另一营养层次生物的专化性微生境。地面上的蟋蟀物种求偶时，会通过双翅相互摩擦的方式而"歌"。地下的物种不能飞行，也丧失了这种"歌唱"技能。有些物种长长的后足虽然尚在，但可能因肌肉萎缩，甚至失去了跳跃的能力。

蜈蚣

英文俗名：centipede

拉丁学名：*Lithobius*［石蜈蚣属］、*Haplophilus*［独蜈蚣属］（及其他属种）

大小：体长 18~80 毫米。

形态：长而细狭的蠕虫状多足动物，通常偏黄色、橙色或粉褐色。触角长。足的数目因种类而异，30 到 200 不等，不过每体节仅生有一对。

生活史：蜈蚣捕食生活在土壤、落叶、枯草层中的小型无脊椎动物。身短体阔的物种足少且长，行动敏捷；身长体纤的物种足多且短，适于掘入土壤或枯枝落叶层。蜈蚣体前部有一对尖锐的

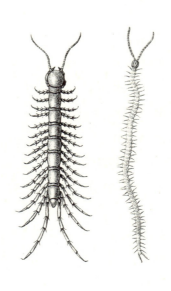

钳状结构[①]，它们由足特化而来，向前延伸可达头部。

生态学小注：常到陈粪寻找猎物，或以之为遮蔽之所。

马陆

英文俗名：millipede

拉丁学名：*Polydesmus*［带马陆属］，*Tachypodoiulus*
［蛇马陆属］（及其他属种）

大小：15~60毫米。

形态：蛇形属种（如敏足马陆属等）体圆筒形，亮
黑（间或有红色或黄色块斑）；背部扁平的马陆属种（如
马陆属等）扭曲呈节状，各体节边缘外延呈翼状，因而
显得扁平。前者足多可达250数，后者约80数，不过各
体节皆生有两对。

生活史：以落叶、枯草层或原木下的腐败植物材料为食。

生态学小注：常见于陈粪之下，可能取食其中残留的腐败植物材料。
但从生态学的角度看，好比造化弄人，一些马陆会分泌吸引某些蜣螂的
物质，进而使一些甲虫进化成专食马陆死尸的腐食性昆虫。屈足凸蜣螂
（*Deltochilum valgum*）便是其中之一，现已成为捕食马陆的专性天敌。

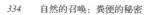

①尖锐的钳状结构，原文为sharp jaws，指第一对足特化而成的类似颚足（maxilliped）的钳状结构
（forcipule）。——译者

螨类

英文俗名：mite

拉丁学名：Acari［蜱螨目①］

大小：体长0.1~5.0毫米。

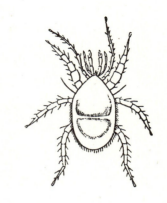

形态：体微型到微小型，圆形或阔卵圆形，颜色多样，从土黄色到褐色渐深，可为近乌黑色。螨体形似仅1节，足8数。

生活史：食性十分多样，但见于动物粪便的物种或以腐败植物材料为食，或汲取其他粪居动物身体的汁液。

生态学小注：甲螨②是一类体形微小（体长0.5毫米）、虫体拱凸的亮黑螨虫，以腐败植物材料为食，常见于腐木之下的土壤和落叶层。一类体形略大（体长1~2毫米）的灰白色螨虫常附于大型粪甲虫体，"搭乘"成虫的"顺风车"，前往他处粪便。有时，这些螨虫会从甲虫坚硬体表之间的缝隙汲取其体液。不过，在到达目的地后，其中许多个体会离开甲虫，攻击虫体更加柔软的双翅目幼虫。

鼠妇/潮虫

英文俗名：woodlouse

拉丁学名：*Oniscus asellus*［壁潮虫］、*Porcellio scaber*［鼠妇］（或其他物种）

大小：体长2~20毫米。

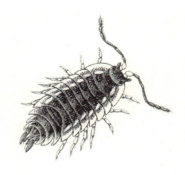

①现为蜱螨亚纲。——译者
②甲螨，原文为oribatid，应指甲螨目（Oribatida）类群。——译者

形态：为人熟知的一类圆顶形动物。体阔，分为多节；触角相对较长；足14数。多为灰色，但亦有粉色、黄色或橙色等鲜艳的亮色斑。

生活史：营腐生，以腐败植物材料为食，常见于落叶中、岩石下、原木或槁木松散的树皮之下。

生态学小注：常见于陈粪之下，可能取食腐烂的碎屑。它们是唯一的陆生甲壳动物类群，在炎热的环境下易脱水。因此，它们也可能只是把陈粪当作一个荫蔽潮湿的遮蔽处。

蛞蝓（多个物种）

英文俗名：slug

大小：体长可达20厘米。

形态：细长形黏滑软体动

物。前部生有一对可伸缩的短触角，其上生有亦可伸缩的长眼柄。周身覆有黏液，所经之处遗有银色的润滑轨迹。

生活史：多营腐生，生活在土壤和落叶中，以腐败有机质为食。不过，另有一些物种捕食其他蛞蝓和蜗牛。与蜗牛不同，蛞蝓的壳不大，可供其缩入的空间极为局限。因此，它们大多为掘入土壤之中的地下动物，在夜晚和天气潮湿时才到地面上取食。

生态学小注：常见于陈粪之下，或以之为食，或以之为遮蔽之所。但是，它们也为新鲜粪便所吸引，尤其是诸如猫、狐狸、獾等肉食动物的粪便。

线虫（多个物种）

英文俗名：nematode worm

大小：体长0.1~2.0毫米。

形态：微型到微小型、形似无分节的线形蠕虫。截面圆环形。体色多样，有白有黑，也有其他颜色。

生活史：大多寄生于动物体内，寄主类型相当多样，包括昆虫在内。

生态学小注：见于动物粪便之中的线虫物种，通常是那些动物肠道或体内其他部位的寄生虫。它们通常处于幼虫（或卵）阶段，只有随粘有粪便的草被新寄主再次摄入，才可继续发育。否则，随着粪便变陈、被移除或再次利用，它们只能停滞于该发育阶段。在有些情形下，还存在一种中间寄主。例如，某种筒线虫属（*Gongylonema*）物种寄生于牛的消化道。不过，它们的卵先被粪甲摄食。接下来，必须有牛意外地将该粪甲食入腹中，线虫才能到达目的地。

蚯蚓

英文俗名：earthworm、lobworm[1]［沙蠋］

拉丁学名：*Lumbricus terrestris*［陆正蚓（即普通蚯蚓）］（及其他物种）

大小：体长可达30厘米。

形态：大型多节体柔蠕虫，体色似瘀伤形成的带有紫色或蓝色色泽的粉红色。蚓体呈圆筒形，前端1/4处有膨大的鞍状结构[2]（内含生殖器

---

[1] 作者将lobworm括于*Lumbricus terrestris*之后，但lobworm一般指lugworm，即*Arenicola marina*（沙蠋）。——译者

[2] 鞍状结构（saddle），即环带（clitellum），又译作生殖带。——译者

官），尾钝，末端扁平。

生活史：在土壤中掘有临时的孔穴，并以黏液涂布穴壁。夜间觅食时身体半伸出地面，口衔碎叶，将之拖入穴中摄食。蚯蚓为雌雄同体，夜间在地面上交配。交配时，双方鞍状结构互接，交换精子。

生态学小注：蚯蚓是土居动物（有时也被称作夜行动物），以植物为食。不过，它们也常见于粪便之下，以其为遮蔽，并取食粪便颗粒。在温带地区，它们虽是访粪动物中的后来者，但却是残粪的主要消耗者。

赤子爱胜蚓

英文俗名：brandling［红纹蚯蚓］、tiger worm［虎纹蚯蚓］

拉丁学名：*Eisenia fetida*

大小：体长可达20厘米。

形态：长且细狭的亮红色多节蠕虫，常似有红色、粉色或橙色的环状带纹。鞍状结构略隆起，远不如沙蠋那般显著。

生活史：非掘土蠕虫。生活于落叶层中，以腐败植物材料为食。

生态学小注：本种并非粪食动物，但常见于粪肥堆、堆肥桶、割草堆中。这种蠕虫已成为一种商品，用于蚯蚓堆肥箱——一种独立的分层式花园堆肥系统装置。

其他动物

狗

英文俗名：dog

拉丁学名：*Canis familiaris*[①]

［家犬］

大小：肩高差异极大，可矮仅6厘米，如形似玩具的小型犬，亦可高至1米，如马士提夫獒犬。

形态：体型多样，可为形似未发育完全的矮壮型，亦可身形精干，肌肉硬实，还可骨瘦如柴。体色为黑、褐、白的混合色，深浅程度多种多样。毛短或长而蓬松。耳或小而挺立，或长而下垂。

生活史：狗是为人熟知的家庭宠物，由灰狼（*Canis lupus*）驯化而来。它们仍保留一定的肉食性，在群居的人类家庭环境中，其行为仍为狼群的群体意识左右。

生态学小注：在室外遛狗时，狗遇到马及其他动物的粪便，便会欣然食之，这让狗主人十分倒胃。狗之所以如此，可能是因为喜欢其中的某种气味。而且，它们吃狗罐头的习惯已根深蒂固，见到那般形状不规则的软糊块物体就想吃。但据有关肉食性动物食粪行为的文献记载，某些肉食动物的这种行为是为了掩盖自身的气味，让潜在的猎物不易察觉。为了达到同一目的，它们还会在其他动物粪便中打滚，故意把毛弄脏。

---

① 当前的拉丁学名见前文第242页脚注。——译者

獾

英文俗名：badger

拉丁学名：*Meles meles*

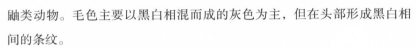

大小：体长可达90厘米，高可达30厘米，体重15~17千克。

形态：足短肩阔吻狭的矮壮鼬类动物。毛色主要以黑白相混而成的灰色为主，但在头部形成黑白相间的条纹。

生活史：在土中掘穴，大且深，全年隐于其中。在夜间觅食，食物包括植物果实及根部材料、昆虫、其他小型动物、胡峰和蜜蜂的蜂巢等。春季是繁殖的高峰期，但全年各月都可有幼獾出生。

生态学小注：獾非食粪动物，但要取食蚯蚓，就意味着须翻弄干燥的陈牛粪，或掘入其中。尤其是在潮湿草甸，它们要取食粪便中的昆虫幼虫。

泽羚

英文俗名：sitatunga、marshbuck

拉丁学名：*Tragelaphus spekii*

大小：体长115~170厘米，肩高75~125厘米。

形态：毛略长、面部略瘦的羚羊，栗红色到棕色。雄羚头部生有螺旋状角，颈部生有粗糙的鬣鬃，背顶生有灰色的条纹。眼下方的位置生有白色条斑。蹄外张。

生活史：分布于中非地区的刚果、喀麦隆等国境内，生活在沼泽水道流经的密林中，行踪隐秘。它们适生于沼地，拥有防水的毛皮和外张的蹄，使其能自如地行走于淤泥和芦苇、纸莎草及其他水生植物形成的浮岛之上。

生态学小注：尽管泽羚和其他羚羊一样，也啃食植物的叶、茎秆和嫩枝，但在大部分时间里，它们在象粪中觅食，取食其中的叶片材料和种子。这些材料在穿过大象肠道的过程中几乎未被消化。

秃鼻乌鸦

英文俗名：rook

拉丁学名：*Corvus frugilegus*

大小：体长40~70厘米，翅展可达90厘米。

形态：外观俊美的大型黑色飞禽，羽带有蓝色色泽。面部裸露，灰色；喙细狭，亦为灰色。腿基部的垂羽松散，好似穿着一条残破的裤子。

生活史：在树高处筑巢，通常大量群栖（形成鸦群）。在3~4月间产卵，每巢3~9枚，雏鸟5~6周即可始飞离巢。杂食性，食物可为昆虫、蠕虫、腐尸、植物果实和种子，随遇而食。

生态学小注：常可见本种啄陈牛粪的情形，那可能是在搜寻南墨蝇的幼蛆。它们也可能取食遇到的其他粪居昆虫。包括寒鸦（jackdaw）、山鸦（chough）在内的其他鸦属飞禽及雀也有相似的行为。

白兀鹫

英文俗名：Egyptian vulture

拉丁学名：*Neophron percnopterus*

大小：体长可达65厘米，翅展可达165厘米，体重可达2.8千克。

形态：体大，浅灰色或尘褐色到亮白色；翅羽黑色；面部黄色，无羽。分布于欧洲西南部、北非、阿拉伯半岛及印度。

生活史：腐食性，以动物尸肉为食，也取食植物材料、昆虫及动物粪便。

生态学小注：常可见本种啄牛或山羊粪便的情形，因此，在有些地方被称为churretero或者moniguero，即西班牙语"食粪者"。它们从粪便中获取类胡萝卜素，其面部的亮黄色即来自这种黄色色素。

宽吻盲鮰

英文俗名：Alabama cave fish［阿拉巴马洞穴鱼］

拉丁学名：*Speoplatyrhinus poulsoni*

大小：长可达6厘米。

形态：体形修长的鱼种，无色素，体透明，或略带粉色。无眼，因而无视觉。头钝，吻部扁平。无分枝的鳍条，鳍膜深裂。

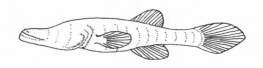

生活史：仅发生于美国亚拉巴马州劳德代尔的基氏岩洞①内，1974年才首次被发现。我们对它知之甚少，其数量可能还不及100尾。

生态学小注：可能以灰鼠耳蝠（*Myotis grisescens*）粪便为食。该粪便是唯一来自洞穴之外的生物源物质，富含营养，其他洞穴动物如螯虾、等足类、桡足类等甲壳动物也以之为食。这些动物也可能成为宽吻盲鮰的口中之食。

奥扎克盲螈

英文俗名：grotto salamander

［洞穴蝾螈］

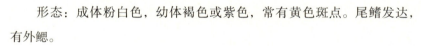

拉丁学名：*Eurycea spelaea*

大小：体长可达13.5厘米。

形态：成体粉白色，幼体褐色或紫色，常有黄色斑点。尾鳍发达，有外鳃。

生活史：仅发现于美国中部奥沙克山脉（Ozark Mountains）的岩洞之中。（蝌蚪状）幼体在岩洞入口附近的水潭、溪泉中活动，不仅含色素，还有具备功能的眼。2~3年后，它们变为成体，失去原有的体色，眼睑融合或只能部分张开。

生态学小注：尽管本种取食能在洞穴中发现的任何可食之物，包括无脊椎动物以及随雨水冲入的零碎有机质，但也曾被观察到直接摄食蝙蝠粪便。而且，经过检测，人们发现其体内的确含有来自粪便的营养物质。食粪现象也曾见于其他一些两栖动物，但被认为只是从中获取肠道细菌及其他微生物。

---

① 基氏岩洞（Key Cave），位于亚拉巴马西北部劳德代尔县（Lauderdale）境内，以所在地原地权人威廉姆·基（William Key）命名。——译者

第十三章

粪即秽语——粪学字典

billet（或 **billeting**）[狸粪]^①：词源高度存疑，但在古书中指"狐狸粪便"。或许只有中世纪的猎人们曾如此用过。^②

bullshit["牛屎"]：取其显而易见的直白派生义，是一种略微粗俗的评价语，意为"扯淡"，但暗指"有意误导"。另见词条 **chickshit**、**poppycock**。

cack[屎^③]：源于拉丁语 *cacare* 及希腊语 κακκη（*kakkh*），指"排泄粪便"或"粪便"本身。意大利幼童口中的儿语 caca（或 cacca，即"屙屄屄"）发音与之相似。它还与希腊语 κακος（*kakos*）有联系，该词有"坏的"或"邪恶的"之义，

Caccobius（凯蜣螂），活在 cack（粪便）下

---

① 本章各英文词条的汉语参考义列于词条后的中括号内，词条解释文字中出现的相关词语以加黑形式强调，其汉语参考义列于其后的括号之中，希腊语词源后括号内的内容为参考读音。——译者

② 按《牛津英语词典》（第二版）（OED2，下同），billet 与粪便有关的词源见于 billeting，引用的来源为爱德华·菲利普斯（Edward Phillips，1630—约 1696）原著词典 1706 年第六版中的解释，引文为"Billiting,（among Hunters），the Ordure, or Dung of a Fox"。billet 最接近"狸粪"的现代词义，可能指"条状金属坯料"。——译者

③ 按 OED2，cack 作名词时为"粪便"的恶俗俚语。——译者

进而派生出 **cacophonous**（不和谐的，刺耳的）之类的英语词。它还赋以 **cack-handed**（笨拙）讥讽之意，形容他人行事不利落。**caccagogue** 为一种成分以明矾和蜂蜜为主的药膏，被当作缓泻剂使用。*Caccobius*（凯蜣螂属）是隶属于金龟科的一个蜣螂属种，另有一个来自阎甲科的属种，名为 *Hypocaccus*（粪底阎甲属）。

caecotrophy［盲肠营养再摄入］：源自拉丁语 *caecum*，原义为"盲的"，以及希腊语 τροφιψος（*trophicos*），与食物和营养有关。在解剖学中，**caecum** 指盲肠，是位于大肠起始部位的一个囊状结构。在人体内，它已退化为阑尾，但在许多植食动物体内，它是一个大型消化器官。"盲肠营养再摄入"，即将已排出的外覆黏液的粪便［盲肠便（**caecotropes**）］再次摄入的现象。这种现象在兔中尤为常见，它们在食物第二次通过肠道时从中获取更多营养。

call of nature［内急］：对产生排尿或排便需求的一种约定俗成的表达。就内急而言，这是我允许自己使用的唯一委婉之辞，且仅当身处自然环境之时。而且，我会响应自然的召唤，在自然中满足自己的这一自然需求。另见 *stercore humano*。

cast［蚓粪］：源自中古英语[①]casten，意为"抛"，或"抛出的物体"。蚯蚓的粪便为摄入物的消化残余。和字面义十分相似，蚓粪就是被蚯蚓从孔穴入口抛到土壤表面上的。这种管状粪便质地均匀，扭曲地缠结在一起。可以说，它就是土壤，至少属于腐殖层，在世界上植被覆盖的地方大都存在。查尔斯·达尔文就曾花费一年的时间，愉快地测量了被蚯蚓抛起土壤的准确体量。

---

① 中古英语（Middle English），指诺曼征服之后，使用于12世纪到16世纪初的英语，时值中世纪中晚期。——译者

casting［禽吐物］：与蚓粪的英语词 cast 形似，但在此指猫头鹰、隼及其他猛禽吐出的"吐弃块"。它经口吐出，而非经鸟类的泄殖腔排出。所以，按严格的定义，它不算粪便（尽管形状相似）。其成分包括未被消化的皮、毛、羽、硬骨、软骨、肌腱等材料。

（遗憾的是，在为本书写作进行的研究准备过程中，我没能找到一个可以指代鸡粪的专门术语）

cesspit（或 **cesspool**）［积污池］：来源不明，但或许是 sus-pool 的讹变形式。**sus-pool** 指清洗猪的地方，*sus* 即拉丁语里的"猪"。积污池接纳生活污水，使固态废物得以在细菌的作用下生物降解，让水渗入周边的土壤中。它可以是深坑，也可以是带盖的大型容器。

chickshit［"鸡屎"］：与"bullshit"的派生义相似，但暗指欺诈、名不副实，形容某种物事微不足道，本无关紧要。另见词条 **poppycock**。

commode［坐便椅］：源于拉丁语 *commodus*，即"方便的"。它是一张带有便壶的椅子或其他家具，便壶可见，也可藏于其中。如今，它仅在医院中使用，或作为一个精心掩饰的马桶，就近满足排便不能自理的人士及时"方便"之需。

coprology［粪便学］：源于希腊语 κοπρος（*kopros*）及 λογος（*logos*），前者意为"粪便"，后者为"学科"，组合在一起，就是"粪便研究"。不过，有些字典声称，该词指在演说、文学或艺术中使用淫秽元素的行为。同源的词如 **coprophagous**（食粪的）、**coprovore**（粪食者）、**coprophilous**（嗜粪的）、**coprolite**（粪化石）。又如 *Copris lunaris*（粪蜣螂），一种外观俊美的英国蜣螂，可惜如今在英国已绝迹；**Coprinus**（鬼伞属），一个菌盖会变成墨色的蘑菇属种，常生于陈粪之上，不过十分可口。

crap［"屎"］：源自中古英语及荷兰语 krappe，原指"废弃物""边角料""筛掉"或"抛弃"，还曾用来指代多种谷物的糠、啤酒渣或酒桶里的沉渣（另见词条 **feces**）。人们很容易把本词与 scrap 联系到一起，两者都有"剩下的东西"或"被抛弃的垃圾"的含义。如今，本词已沦为"粪便"及"排便"的恶俗俚语。不过，**crappy** 仍保留着原义，即"不是很好的"。在英国，若使用本词咒骂，意境不会有"shit"那么恶毒。此外，它也与托马斯·克拉普尔①无关，尽管他曾声称自己是抽水马桶的发明人。

crottels（及 **croteys**、**crotisings** 等）［兔粪］：貌似源于古法语②crotte，指绵羊或山羊的较大粒状粪便，但加了小称的后缀以后，便指穴兔或野兔的小粪粒。还有许多其他的古代拼写形式，如 **croteys**、**crotisings**。该词主要在有关猎兔和兔养殖的古书中出现，不过我希望它能再次被人们广泛使用。**crottin**（山羊奶酪）是一种法国奶酪，尽管直译为"动物粪便"，但仍然非常受欢迎。这种圆团状的奶酪形似羊粪蛋子，或许只能说这是一种反讽的表达。

dags［羊尾悬粪］：源自中古英语，本指"悬挂物"，与 tags（标签）近似，在这里指缠挂于羊尾毛间的小粪粒。它们是在绵羊排粪时附上去

---

① 托马斯·克拉普尔（Thomas Crapper，1836—1910），英国管道工，对抽水马桶进行了多项重要改进，后成立相关公司，对现代卫生设施有重大贡献，crapper 一度成为厕所的俚语。克拉普尔是否曾自称为抽水马桶发明人，译者未考。此外，抽水马桶是由伊丽莎白一世的教子约翰·哈灵顿（John Harrington，1561—1612）发明的。——译者
② 古法语（Old French），指使用于 8 世纪到 14 世纪的法语。——译者

的，若长久不清洗，便一直悬在其上。主要在澳大利亚和新西兰使用。

defecate［排便］：指排泄粪便（**feces**，另见相应词条）的举动，主要见于医学、动物学、粪便学教科书及其他科学文献，用于正式表述。

diarrhoea［腹泻］：源自希腊语 δια（*dia*）和 ρεω（*rheo*），前者意为"穿"，后者为"流"，合在一起，字面义就是"穿流而过"，有时会被"文雅"的人称作 flux。就这一话题，无须多言。

dirt［粪便］：源于古北欧语 drit、古荷兰语 driet 及现代荷兰语 drijten，指排泄粪便。如今，其含义已完全发生改变，指生长植物的土层，及其产生的污渍。只有当说到狗粪时，偶尔有人故作扭捏，或哗众取宠又故作文雅地惊呼，称之为 **dog dirt**，岂知 dirt 才带有粪便的原义。soil 一词也经历了类似的词义转变。

doll［鸽粪］：源于苏格兰，其义之一竟为"粪便"，尤指"鸽粪"。我对其词源有所怀疑。

dreck（及 **dregs**）［粪便］：可能源于古北欧语 dregg，或瑞典语 drägs，意为"排干"或"汲空"，暗指液体被排干或汲空后的残余物质或沉淀。[1] 饮茶和喝啤酒的朋友对此不会陌生，因为它们常见于杯底或酒桶底部。如今，其"粪便"义项已不再为人所用。

dropping［粪便］：源于古英语 dropian 或 droppian，指"弃落之物"。若其"粪便"之意是一种委婉之辞（进而成为一种假正经的病态表达），农夫和猎人可能会觉得恶心。尽管如此，他们使用 dropping 一词已经有很长的历史，对其理解也十分切合实际——"落地之粪"。《牛津英语词典》认为，如今应仅保留复数形式。不过，至少昆虫学家用到该词时，

---

① 实际上，据 OED2，可知 dreck（又为 drek）源自依地语 drek（粪便），指无用的废弃物。作者列出的解释仅适合 dregs。——译者

一般指粪便个体，而非散落的群体，因此，用单数没有问题。

dung［粪便］：若您是从头开始阅读本书的，到这里，目睹本词，词义可谓不言自明。在指代粪便的词汇中，它没有丝毫咒骂的意味，也是我的最佳之选。该词源自古英语 dung 或 dyngian，有关该词源的信息，另见词条 **midden**。《牛津英语词典》建议将 **dung beetle**（粪甲、蜣螂）和 **dung fly**（粪蝇）各自含有的空格以连字符代之。但是，一直以来，昆虫学家的处理原则是：名副其实（如 dung fly 的确是 fly）则分开，名不副实［如 butterfly（蝴蝶）并非 fly[①]］则不分。然而，这一原则常被误解，甚至被藐视。不过，从历史沿革的角度审视，该原则也未必滴水不漏。

easement［解手］：源自古法语 aisement，其本身取自 aisier，即"缓解"。本词字面义即为"缓解之计"，若不是因为年代久远、略带喜感，它或许会被轻易地贬损为毫无必要的委婉语。这本应是个更受欢迎的用法，如若留意，便可在写实感强的历史小说中发现它。

earth closet［土厕］：一种非常简单的坐便器，落到穴中的粪便事后被土掩埋，只比单纯的 latrine［落粪之穴（蹲坑）］进了一步。

egesta［排泄物］：源于拉丁语 *egestus* 及其同语词源 *egerere*，后者意为"排出"。指身体排出的废弃物。这是一种极为隐晦的古老用法，现已非常少见，甚至在医学表述中亦是如此。

excrement［排泄物］：源自古法语 excrément 或拉丁语 *excrementum*。这是一个非常专业的生理学术语，指食物经身体筛滤所剩，后被排出体外的残余成分。使用之时，常带有冷冰冰的生物学或医学意味，效果与 **excretion**（分泌）相似。此外，后者也有听似 **excreta**（排泄物）的发音，显得非常正式。

---

① fly 指双翅目昆虫的成虫，蝴蝶属鳞翅目，故 butterfly 名不副实。——译者

faeces（或美国写法 **feces**）［粪便］：源于拉丁语 *faex* 的复数 *faeces*，指"沉淀"或"残渣"。**faecula** 或 **fecula** 也源于前者，直到19世纪，其意仍指"葡萄酒的酒石酸盐沉淀"[①]。和使用 excrement（排泄物）时的效果相似，本词也带有高冷的生物学或法医学意味。

fewmets（及 **fumets**、**fumes**、**fumeshings**）［鹿粪］：源于英国法语[②] fumets 或 fumez，以及拉丁语 *fimare*（粪便）。见于非常古老的狩猎书籍，用以描述各种目标猎物的粪便，但主要指鹿粪。请不要将之与 fumet 相混淆，那是烹调用词，指一种浓羹，通常为野味的肉羹或鱼羹。

fiants（或 **friants**、**fyants**、**fuants**）［狸粪］：源于古法语 fient，也有可能来自拉丁语 *fimus*（粪便）。这是一个有喜感的古代术语，见于有关狩猎的古书，指狐狸粪便，有时也指獾的粪便。我们可以努力让本词再次为人所用。

fime［粪便］：源自拉丁语 *fimus*，即粪便。现已完全弃用。

fimicolous［粪生的］：源于拉丁语 *fimus*（粪便）及 *colere*（居住），即"在粪便中生长"。本词原由植物学家所创，用以描述在粪便上生长的植物，不过被昆虫学家轻易地借鉴，为己所用。也作 **fimetarious**，［外观夺目、（鞘翅）红（头胸）黑二色、在英国有分布的蜣螂物种］"粪堆蜉金龟"的拉丁学名 *Aphodius fimetarius* 以之为种加词，可谓恰如其分。

frass［虫粪］：源于德语 frass 及其同语词源 frassen，即"吞噬"（现仅指动物行为）。本词特指昆虫幼虫（尤其是蠋型幼虫）的粪便，以及钻蛀性昆虫留下的末状残屑，是昆虫学家在跟人对话时可以亮出炫耀的诸多深奥术语之一。

---

①"葡萄酒的酒石酸盐沉淀"，作者原文为"crust of wine, sediment or lees"，所列内容皆指此物。——译者
②英国法语（Anglo-French），指使用于中世纪时期英格兰地区的法语变种。——译者

garderobe［方便间］：源于中古英语及古法语 garder（观）及 robe（衣），本与 toilet（马桶、厕所，另见相应词条）的原义相近，指穿衣室（衣橱）。如今，参观过古代城堡和庄园遗迹的游客对它最为熟悉。那里的方便间只剩下一个马桶座，其下有一孔，秽物可经之直接落入护城河。

gong（或 **gonge**、**goonge**）［"茅厕"］：源自盎格鲁–撒克逊语[1]gang，即"离开""旅行""室外厕所"。现已完全过时，且已弃用，但偶尔见于一个非常古老的术语——**goon-farmer**（粪夫），指清理积污池或室外厕所的人。

guano［鸟粪、蝠粪］：源自西班牙语 guano 和 huano 及其南美克丘亚语词源 wanu 或 huanu，即"粪便"，原指南美西缘（历时数个世纪或千年）长期积累的鸟粪，尤其指南美鸬鹚的粪便。该地气候极度干燥，使得这些粪便免受雨淋或被可以利用粪便的动物清除。这些粪便富含磷、钾，因而有很高的土壤肥料价值。如今，本词也用于指代洞穴内长期累积成堆的蝙蝠粪便，其情形与原义所指相似。

honeydew［蜜露］：由 honey（蜜，味似）和 dew（露，形似）二词组合而成。蜜露是蚜虫排泄的浅茶色透明液体。蚜虫汲取大量植物汁液，但只截留其中少得可怜的蛋白成分。所以，从植物茎叶的水质液体到蚜虫的排泄物，成分没发生多少变化。蚂蚁如同"挤奶"一般从蚜虫那里获取蜜露，作为回报，蚂蚁为蚜虫提供保护。一些熊蜂和蝴蝶也会吸食滴落到叶面上的蜜露。

jakes［室外厕棚］：词源不明。指一种室外的厕所，莎士比亚曾加以妙用，将之作为双关语，恶搞法语人名 Jaques［故意错读为 jay-quees］[2]。

---

① 盎格鲁–撒克逊语，即古英语。——译者

② Jaques（杰奎斯）指莎士比亚喜剧《皆大欢喜》（*As You Like It*）中一个为求抑郁强说愁的人物，有著名台词 "All the world's a stage, and all the men and women merely players"（世界浑然一舞台，男女无非众演员）。该人名依法语读音，与汉译"雅克"相近，但经莎士比亚恶搞，在剧中变得同 jakes（厕所）的发音 jay-ks 相近甚至相同。——译者

另有 **jacksie**，是"屁股"的一种非常不正式的英式说法，或许与本词有关联。不过，既然 jack 号称是义项最多的英语单词，上述关联可能纯属巧合。

latrine［蹲厕、粪穴］：源于法语及拉丁语 *latrina*，自 **lavatrina** 简化而来，后者词源为 *lavare*，即"洗"（另见词条 **lavatory**）。传统的蹲厕，是在地面上临时挖的一个洞或一条沟槽，纯粹为接纳落粪之用，通常是建在露营地或军事基地的公用设施。此外，獾掘成的一系列小型浅粪穴，也被贴切地以本词冠名。

lavatory［洗手间］：中古英语单词，源于拉丁语 *lavatorium*（及同语词源 lavare，即"洗"），意为"清洗之处"。本词最初指一处清洗房，可洗浴或洗衣，或兼而为之，但自 19 世纪起指厕所[1]，有时被简化为 **lavy**、**lavvy** 或 **lavvie**。在成长的过程中，我曾以为，漂亮的粉花植物花葵之所以属名为 *Lavatera*，是因为在过去，人们将它们栽种于各种厕所附近，如此一来，可以拿其质软的叶片当作厕纸使用。如今，我发现自己被无情地误导了。实际上，这类植物以 17 世纪著名瑞士医生、博物学家拉瓦特尔（Lavater）兄弟命名。[2]

laystall（亦作 **laye-stowe**、**ley-stall**、**loi-stal**）［粪厩］：由 stall（即"畜

---

[1] 译者认为此处存疑。原文为 "Originally a wash house, with baths and/or laundry, but a toilet since the 19th century"。首先，作为 bath，lavatory 指用于洗浴的容器或浴盆，并不暗含 lavatory 所指代场所的设施。其次，作为 laundry，lavatory 指洗衣场所本身，亦非 lavatory 所指代场所的配套设施。再次，作为 toilet，lavatory 兼容其包括"抽水马桶""卫生间""公共厕所"在内的多种含义，这些皆非 19 世纪之前 lavatory 所指。此外，lavatorium 指中世纪修道院的公共洗手区域，常与饭厅相邻。——译者

[2] 花葵（tree mallow），指锦葵科（Malvaceae）花葵属（*Lavatera*）植物，由法国植物学家约瑟夫·皮顿·德·图内福尔（Joseph Pitton de Tournefort，1656—1708）命名，模式种为三月花葵（*Lavatera trimestris*）。拉瓦特尔兄弟（Lavater brothers），指约翰·海因里希·拉瓦特尔（Johann Heinrich Lavater，1611—1691）和约翰·雅各布·拉瓦特尔（Johann Jacob Lavater，1594—1636）。——译者

厕"）和 lay（即"摊"）组合而成。摊在厕内地面上的是粪便，或已积

成粪堆。这是个生僻的方言词（因而存在多种拼法，不统一）。另见词

条 **stallage**。

lesses［猛兽粪］：源于法语 laisées，即"余留物"。似与 lees（葡萄酒渣）

有关联，但指野猪粪便。[1]

loo［洗手间］：词源不明，但最早出现在1940年前后。可能简化自

Waterloo（滑铁卢），后者曾被头脑灵活的抽水马桶生产商拿来当作商

标，一语双关。这是一个地道的英式词语，既有着自以为高尚的假正

经，同时也流露出社会平等的气质。

make water［"放水"］："排尿"的委婉语，现已让人不胜其烦，听起来

就像是出现在《护士出更》[2]及类似电影中的台词。那些电影语言空洞，

曾在20世纪50年代大行其道。

manure［粪肥］：源自英国法语 mainoverer 及古法语 manouvrer［与

manoeuvre（机动灵活）有关联］。指"肥田"，主要用其动词义。名词

意为用动物粪便制成的堆肥，其中混有干草、禾秆或锯末，用于增加

土壤肥力。

merde［"屎"］：法语国骂，源于拉丁语 *merda*，即"粪便"，地位和词义

大致与英语 shit 相同。既然是外语，我们便可心照不宣，幽默地借用。

其效果没有 shit 或 crap 那么粗俗伤人，用起来十分安全。英语中唯一可

以与它沾边的词是有些生僻的 **merdigerous**，意为"负粪"，指像龟甲

和负泥虫幼虫那样，以自身排泄物覆盖体表。此外，在德法交界的阿

尔萨斯地区，人们以德法夹杂的词 **Pferde merde** 来称呼马粪。这是我

---

①按 OED2，除了指野猪粪，至少还包括狼、熊等捕食性猛兽的粪便。——译者

②《护士出更》（*Carry on Nurse*，1959），英国系列喜剧片 *Carry On* 的第二部，也是系列中影响较大

的一部。——译者

从一本书中读来的，白纸黑字，应该没错。*merdarius*还是有些粪甲的拉丁学名的种加词。

micturation［排尿］：源于拉丁语*micturire*，即"排尿"。如今已显得生僻，基本上限于技术、医学或法医文本。

midden（及**mixhill**、**mixen**、**myxen**、**myxene**）［粪污堆］：即中古英语myddyng，源自斯堪的纳维亚语myk-dyngja，字面义为"粪堆"。堆积之物是广义的有机废弃物——厨房垃圾、养殖垃圾、人类排泄物，可为分别堆积，亦可为混合堆积。如今，它主要见于历史或考古研究，指出土的古代垃圾堆。通过研究它们，可以了解我们祖先的生活方式和饮食的具体情况。

muck［粪］：即中古英语muk，可能有与midden（粪污堆）相似的渊源，可追溯到斯堪的纳维亚语myk-dyngja（粪堆），一个可能与古北欧语myki（粪便）有关联的词。它源自"古日耳曼语"[1]词根muks，即"柔软"，可引申为"温顺"。我的母亲来自肯特郡的一个第二代务农家庭。在写作本书之始，我曾向她咨询，以了解当地是否有对某种动物粪便的特定称谓，或任何方言说法。她的回答是："我们管它叫muck，仅此而已。"——不错，谢谢妈妈。

mute(s)［鸟粪］：借自古法语esmeutir和esmeltir的词首母音脱落形式mutir，以及古荷兰语smelten、smilten，即"熔提""排尿"。古荷兰语词源中的"熔提"带有释放的意味——熔炼矿石，使金属液化，进而从矿石中释放出来。在这里，指隼或鹰的排泄物，但在历史上曾指代

---

① "古日耳曼语"，作者原文为Old German。但后者原指古高地德语（Old High German），属原始日耳曼语西支（West Germanic）。但相关词源作为"柔软"，实源于原始日耳曼语北支（North Germanic）。因此，译者在此将原始日耳曼语（Proto-Germanic）处理为"古日耳曼语"。此外，译者认为作者所列词根muks值得商榷，可能应为muk-或meuk-。——译者

许多不同飞禽的粪便。在现代有关猛禽的书籍中常使用复数，但在过去，单数也是可以被接受的。

night soil［"夜香"］：词源见词条 **soil**。指人类排泄物。据说，它们是在夜色的掩护下被小心翼翼地收走的，为的是不让居民为臭所扰。在过去，收集的"夜香"或被倒弃于粪污堆或粪堆，或用作粪肥，或用于鞣革。

number twos［"大号"］："解大便"的委婉儿语，类似的还有 **plop-plops**（"便便"）、**big jobs**（"大手"），与之相对的是 **number ones**（"小号"），即"解小便"。我的父亲给我讲过他小时候因患白喉住院期间的情形。那是20世纪30年代，每天上午，护士来到病房，耐心地协助困于病榻的患儿"方便"。每到一床，就会问："今天我们要 ones（"大号"），还是要 twos（"小号"）?"回答也常如儿语一般，连着说两次："two-two !"，进而可能讹变成"doo-doos"。我想起自己刚上学时和其他5岁小朋友玩乐高积木的情形。那时，我总搞不明白，为何拿一块两凸点的积木（显然大家叫它 a'two'）玩没事，而玩两块——two'tows'，就会让有些同学情不自禁地笑出来。

ordure［秽物］：源于古法语 ord，即"恶臭的"，讹变自拉丁语 *horridus*，即"可恶的"。指广义的粪便，也用于任何令人不快或有害的物事。

pat［牛粪］：即中古英语 patte（扁平物）。指扁平的圆形牛粪，有时也作 **pie**（粪饼）、**pad**（粪板）、**chip**（粪片，北美"特产"）。

pee［嘘尿］：自略显粗俗的 **piss**（屙尿）简化而来，仅保留首字母读音，使之儿语化，或者说多了一分持重。与 wee-wee（嘘嘘）相似。

po［夜壶］：源自法语 pot de chambre（英语直译为 chamber pot），即 **potty**（夜壶）。这种壶状器具的材质通常为陶瓷或搪瓷，便于使用者在卧室里解决，不必去室外上厕所。

poo（或 **pooh**）［屁屁］：原为表达厌恶感的儿语化惊叹语，但如今与粪便（有时作 **pooh**）及排便行为挂钩。应仅限于孩童的稚语或小报记者的措辞。

poppycock［"软屎"］：扯淡、蠢话或完完全全的胡说八道。源自荷兰语 pappekak，意为软质（pap）的粪便（kak），或许来自一个玩偶（pop）。寓意与 chickenshit 或 bullshit 相同，但语气要缓和一些。

privy［室外厕所］：源自法语 privé，即"私密的"。在此指厕所，通常是在室外庭园里的一个独立小间。原义指任何隐私、秘密、藏匿之物事，或只在关系很紧密的熟人之间分享的东西。因此，指对某机密的信息知情（**be privy to**）。为英国君主提供咨询服务的枢密院，即名为 **Privy Council**。

public convenience［"公共便所"］：即公共厕所，通常为市政部门为方便过往行人而建设的福利设施。另见词条 **spend a penny**。

restroom［"休息间"、洗手间］：北美对厕所的委婉称呼，尤指公共建筑如办公楼、宾馆、餐馆或加油站内的公共洗手间。在第一次去美国之前，我对它一直有着模糊的想象，幻想在如此富裕的国度，"休息间"肯定十分堂皇，装修奢华，有舒适的沙发和座椅供人休憩。无须多言，我后来肯定是失望而归。

road apple［"马路苹果"、马粪］：北美俚语，即马粪。其意暗指马粪排出后，触到坚硬的路面可散落成数个近圆形的粪团，形状和大小与苹果相似。

rypophagous［食秽的］：源自希腊语 ρυπος（*rypos*），即"污秽物"，以及 φαγειν（*phagein*），即"取食"。意为取食污秽之物或以之维持生存，现已不是日常用词。我怀疑，自 19 世纪起，就没人把它当真了，而彼时正是粪甲研究蒸蒸日上之时。

scarn（或包括**sharn**）[粪便]：源自盎格鲁－撒克逊语scearn，与古北欧语及丹麦语skarn（粪便）相似。据一些老字典记载，它是生僻的方言词，主要在19世纪末期苏格兰地区使用。另有一部在线字典声称，**scarn-bee**是一种粪甲。是真是假，谁知道呢？

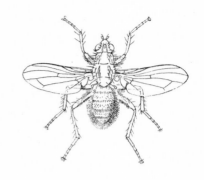

无处不在的黄粪蝇
（*Scathophaga stercoraria*）

scat[粪便]：源自希腊语σκατ（scat），即"动物粪便"，尤其是肉食性哺乳动物如獭、熊、狼、狐狸的粪便，主要为猎人和博物学家们所用。同一词根为我们贡献了单词**scatology**（粪学）——对粪便的研究，并永远地融入黄粪蝇的拉丁学名——***Scathophaga stercoraria***，其中属名意为"粪食的"，种加词为"粪居者"。另有**skatole**，即"粪臭素"，是粪便中的挥发性化学物质之一。就是它，给予了粪便独特的气味。

scumber[狸粪]：简化自**discumber**或**disencumber**，即"排除妨碍"（**encumbrance**）。"避开粪便"是一古老术语，也表示粪便本身，尤其是狐狸粪便。

scybala[硬块粪]：源自希腊语σκυβαλον（*skubalon*），即"粪便"。指硬化的粪块，如仅见于冷僻医学书籍，是专业性非常强的术语，用来描述极为严重的便秘所导致的后果。一种稀有的英国蜣螂物种（硬粪蜉金龟）的拉丁学名就曾为*Aphodius scybalarius*，可惜如今已改名为*Aphodius foetidus*。

sewage（或**sewerage**）[污水]：民居和公共建筑排放的综合废水，包括粪便、尿液、冲厕水及一般清洗水，通常还汇合了收集自檐沟、路面及其他形式硬质地面的雨水。

sewer［下水道］：借自中世纪拉丁语*seware*，源于古罗马时期的拉丁文*exaquare*，其中*ex*即"去除"，*aqua*即"水"。指排放污水的排水系统，在发达国家，下水道通常是埋在地下的管道，但在历史上，它们可能是河道，或特意开凿的排水渠。孩提时代，我在萨塞克斯刘易斯的乡野采集水生甲虫，常挥着捞虫网在较宽的沟渠里探索。当发现其中一条叫Celery Sewer（芹菜污水渠）时，我非常紧张，花了好长时间，才让自己确信，刘易斯地区的污水不流经该渠。

shard［粪？］：粪便的莎翁专用词？听起来有点古怪。莎士比亚在《麦克白》中用**shard-born**一词描述粪金龟——"the shard-borne beetle with his drowsy hums"（"身披鞘翅的粪金龟，振翅嗡嗡作响，好似催眠一般"，第3幕第2场第42行）。一些字典认为，shard-born意为born in dung（生于粪便）。不过，就我看来，它指carry on shards（如生有碎片般的结构），意为甲虫的坚硬鞘翅如同破壶碎片。相似的情形还出现在《安东尼与克莉奥佩特拉》中——"They are his shards, and he their beetle"（"好比甲虫的情形，他们是他的鞘翅，而他是鞘翅的虫身"，第3幕第2场第20行），句中暗示的，是一种相互依存的关系，而非排泄主体和排泄物之

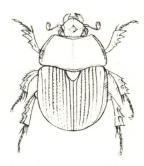

粪金龟属（*Geotrupes*）蜣螂，生有鞘翅（shard-borne），而非生于粪便（shard-born）

间的关系[①]。

shit［“屎”］：即古英语scitte（腹泻），与荷兰语schijten及德语scheissen相似。指粪便及排便，现极为常用，但作为粗俗的咒骂，且语气略重于crap。不过，**shitty**的语义与crappy一样，常指的也是“不是很好的”，而非“沾满屎的”。

soil［粪便］：可能源于古法语soiller以及拉丁语*sucula*。*sucula*派生自*sus*（猪），或许**scurrilous**（污言秽语地诽谤或辱骂）暗喻在自己粪便里打滚的猪。泛指废水、污水、排泄物。如今，它已显得古老，鲜见于现代语言。不过，**soil pipe**是个例外，它指与厕所便盆相通的大口径排水管。**sullage**也与本词有关联，原指广义的污水，但近来越来越局限于废水。soil在此的含义与植物赖以生长的土壤截然不同。但说到**being soiled**（或dirtied）时，这种区别就会变得模糊。在我看来，与之意义更接近的，是“沾上粪便”的意味，而非园艺范畴之内的土壤。见词条 **night soil**。

spend a penny［上厕所］：古雅的委婉语，指“上厕所”。以前，使用公共厕所的小隔间，须往投币口投入1便士维护费。或许是因为1便士不多——一丁点小钱，所以“花1便士”在当时通常指小便。不过，如果我没记错的话，在男厕所，使用小便器是免费的。所以，只有解决点“大的”，才产生实质性的费用。在英国，尽管如今使用的便士（100便士=1英镑）简写为p，但本词和与其读音相同的pee（嘘尿）无关。在花钱上公厕的年代，流通的1便士（240便士=1英镑）是个头更大的老币型，简写为d，取自罗马硬币*denarius*。

[①]《麦克白》（*Macbeth*）和《安东尼与克莉奥佩特拉》（*Antony and Cleopatra*）皆为莎士比亚著名悲剧。——译者

spoor［兽粪］：取自南非语①spoor，本为荷兰语（有时作spor），原义为"轨迹"。过去是狩猎用语，指在打猎或远足时，可用于追踪猎物的动物迹象、气味、足印或粪便。不过，若您碰巧用谷歌以spoor为关键词搜索图片，返回的结果不是足迹或粪便，您会看到数百张铁轨图片，全都来自荷兰的交通和工程网站。

spraints［獭粪］，源自古法语espreintes、espraindre，即"挤出"，拉丁语形式为 *exprimere*。水獭的粪便即是"挤出"来的，其中有大量起润滑作用的"肛门凝胶"分泌物，便于将尖锐的鱼刺顺利排出。主要为猎人和博物学家所用。

stallage［畜粪］：源于法语estallage，词源本身来自estal，即stall（厩）。指设立、保有、使用、租赁一个栏厩用于安置牲畜的权利或因此缴纳的费用，继而也指使用栏厩期间牲畜排出的粪便②。或许与spillage（溢液）和sewage（污水）之类的词相呼应。

stercore［粪便］："粪便"的拉丁文，现已鲜用。不过，一些昆虫学家仍把它当作一种既定的特有形式，在记录粪甲采集处时使用，如标本发现于 *stercore equino*（马粪）、*stercore ovino*（羊粪）、*stercore bovino*（牛粪）中。在过去的描述和叙述文字中，曾出现拉丁文和英文混用的形式。不过，进入20世纪，仍有人以此为借口，在以英语行文时迂腐地不使用dung（粪便）一词，偶尔还会见到更富有冒险精神的昆虫学家在 *stercore humano*（人类粪便）里发现甲虫的有关说辞。该词另为我们贡献了 **stercovorous**（食粪的）、**stercorate**（粪便或粪肥）、**stercorary**

---

①南非语（Afrikaans），在荷兰殖民非洲南部时期形成的以荷兰语为基础的语言，现为南非官方语言之一。——译者
②实际上，此处的stall本指市场内摊位的设置许可权和租赁费（税），似与该词的"牛马粪便"的义项无直接联系。——译者

（粪便或贮粪场所）、**stercoricolous**（粪生的）、**stercorite**（磷钠铵石[①]，一种在鸟粪中发现的矿物质），以及 **Sterculius**（斯忒耳库利乌斯），司掌粪肥的古罗马神祇。黄粪蝇拉丁学名 *Scathophaga stercoraria* 的种加词来源于此，一种大型贼鸥的属加词 *Stercorarius*（大贼鸥属）亦来源于此，取其腐食的食性，以及迫使其他飞鸟呕出入口的食物并将之占为己有的行为。

stool［粪样、大便］：源自荷兰语 stoel 以及德语 stuhl，即"凳子"。在此指采样待检的人类粪便。原指座部中空的椅凳，可供人坐下排便，下有壶状容器接纳排泄物，而后来仅指排便过程本身。现在，它仅作为医学用语，如用于学术研究和医疗诊断的粪便质地图解指南——**Bristol Stool Chart**（布里斯托大便分级表）。

tath（及 **tad**、**taith**、**teathe**）［粪］：源自古北欧语 tath（粪便）及 tatha（施过粪肥的田地），极为冷僻的方言，可能仍用于苏格兰，且未见于 1850 年之前的农业教科书[②]。除了指粪便或粪肥，还指在解体的牛粪间长出的质地坚韧的草。此外，有词 **tadfall**，其意不言自明。[③]

toilet［厕所、抽水马桶/蹲便器/小便器］：源自法语 tolie 的派生形式 toilette，原指清洗更衣之处、铺在梳妆台上的布，或者毛巾。现在，它指方便人们出恭的房间，或抽水便器本身。另见词条 **lavatory**。小时候，我的学校里有这样一位女老师。若我们请求上厕所（toilet），她从不批准，按她要求的说法，必须是去洗手间（lavatory），好像"洗手间"一词更文雅似的。我从未对她抱有过好感。

---

① 磷钠铵石，即四水磷酸氢铵钠［Na（NH₄）HPO₄·4H₂O］。——译者
② "未见于 1850 年之前的农业教科书"，原文为 not used in any agricultural textbook this side of 1850，作者的原意可能指 1850 年之后，但 this side of 一般指之前。——译者
③ tadfall，译者查阅字典未果，可能为"牲口排便落粪"之义。——译者

treddles（及 **trottles**）[羊粪、兔粪]：形似 treddle，源自盎格鲁－撒克逊语 tredel，即"踩踏"。它本为羊粪或兔粪的古称，难道与粪便被踩上有关？我不禁联想到 the trot（本义为"疾步"），或许它与本词有关联。**the trot** 是"腹泻"的一种非正式的委婉说法，可能暗含"快速"之义，或指排泄的速度，或是患者冲往厕所的速度。

turd["屎"]：源于古英语 tord，即"排泄物"，现仅用作粗俗的俚语。在古英语中，粪甲叫 tordwifel（字面义为"粪象甲"），在现代挪威语里，它仍为相似的 tordivel。据说，它是伦敦东区市井土腔中 **"Richard（the Third）"**（理查三世）的同韵俚语。我也叫 Richard（理查德），若这个名字有（鸟）的意思，我乐意之至。这与 Richard 的其他传统昵称——从 Ricky（里基）到 Dicky（迪基）——都十分相称，而且还有更为人熟悉的词组 **dicky bird**（字），例句如 Don't say a dicky bird about this faecal association（有关它跟粪便的这层关系，一个字也不准说），领会了吗？ ①

urine[尿]：源自拉丁语 urina。尿指从膀胱内排出的液体，含有尿素。尿素 [$CO(NH_2)_2$] 是一种安全无毒的代谢废物，使蛋白质代谢中生成的氨（NH_3）得以清除。对于鸟类和其他非哺乳类动物而言，它们的氨以杂环化合物尿酸 [$C_5H_4N_4O_3$] 的形式排出。

waggyings[狸粪]：词源不明。据古代有关农村经济、野生生物和狩猎的一些方志记载，它指狐狸的粪便。

wee[尿尿]：排尿的儿语说法。也作 **wee-wee**（嘘嘘），另见词条 **pee**。

werdrobe（或 **werderobe**）[獾粪]：迄今为止，我尚未找到任何有关本词

---

①译者的领会是——dicky bird 本身是 Richard 的伦敦东区同韵俚语（cockney rhyming slang），含 bird（鸟），Dicky 又是 Richard 的昵称，加之 dicky bird 本身可作为固定组合（字或小鸟），所以作者觉得自己有理由希望 Richard 有 bird（鸟）的意思。——译者

的词源信息。据有些非常古老的冷僻书籍记载，它指獾粪。不过，这些书籍所载信息的真实性高度存疑。如今，如果以本词上网搜索，常会发现它被当作wardrobe（衣橱）的拼写错误。

water closet［冲水厕所］：有冲水管道的厕所，比土厕（earth closet）又进步了一些。如今，更为人熟悉的，是其首字缩写**WC**。

致　谢

与往常的项目一样，本书得益于很多人的贡献。他们献计献策、提供信息、睿智建言。莉莲·尤尔－琼斯（Lillian Ure-Jones）为我编辑书稿，及时把意见反馈给我。她通读全稿，不仅帮我挑出愚蠢的笔误，指出冗长的赘句，还在用词方面向我提供了重要的语言学建议。维里蒂·尤尔－琼斯（Verity Ure-Jones）用她精湛的绘画技艺完成了多幅插图。这些图都是我无法从其他地方找到的，尤其是那些出现在第十一章中的配图，以及一些非常罕见的粪甲的图绘。

其他朋友，有的把图书借给我，供我参考，有的把论文的单行本或复印件寄给我，在我完成本书的过程中给予鼓励和鞭策。我要衷心地感谢你们——罗伯特·安格斯（Robert Angus）、拉耳夫·阿瑟顿（Ralph Atherton）、马克斯·巴克利（Max Barclay）、大卫·白金汉（David Buckingham）、罗杰·布思（Roger Booth）、乔·卡特梅尔（Jo Cartmell）、安迪·奇克（Andy Chick）、马修·科布（Matthew Cobb）、约翰·科尔（John Cole）、马丁·科利尔（Martin Collier）、迈克尔·达比（Michael Darby）、马尔科姆·戴维森（Malcolm Davidson）、琼提·登顿（Jonty Denton）、马克·德皮耶纳（Mark Depienne）、约翰·德鲁伊特（John Drewett）、罗茜·埃厄克（Rosie Earwaker）、加思·福斯特（Garth Foster）、玛丽亚·弗雷姆林（Maria Fremlin）、杰夫·汉考克（Geoff Hancock）、彼得·霍奇（Peter Hodge）、延斯·霍佩斯塔德（Jens Horpestad）、萨莉·休班德（Sally Huband）、斯蒂芬·赫顿（Stephen Hutton）、特雷弗·詹姆斯（Trevor James）、A. 姚斯利奇（A. Jaszlics）、马丁·詹纳（Martin Jenner）、吉姆·乔布（Jim Jobe）、凯特·朗（Kate Long）、达伦·曼（Darren Mann）、保罗·曼宁（Paul Manning）、伊恩·麦克莱纳根（Ian McClenaghan）、斯蒂芬·麦科马克（Stephen McCormack）、迈克·莫里斯（Mike Morris）、尼克·翁斯洛（Nick Onslow）、艾伦·奥滕（Alan Outen）、休·皮尔森（Hugh Pearson）、布鲁斯·菲尔普（Bruce Philp）、伊丽莎白·普拉特（Elizabeth Platt）、南希·里德（Nancy Reed）、马特·史密斯（Matt Smith）、萨莉–安·斯彭斯（Sally-Ann Spence）、唐·斯滕豪斯（Don Stenhouse）、马尔科姆·斯托里（Malcolm Storey）、梅拉妮·沃伦（Melanie Warren）、克里夫·华盛顿（Clive Washington）、尼克拉·怀特豪斯（Nichola Whitehouse）、理查德·赖特（Richard Wright）。

参考文献

Anderson, J.M and Coe, M.J. (1974) Deposition of elephant dung in an arid tropical environment. *Oecologia* 14: 111–125.

Arillo, A. and Ortuno, V.M. (2008) Did dinosaurs have any relation with dung-beetles? (The origin of coprophagy). *Journal of Natural History* 42:1405–1408.

Barwise, S. (1904) *The Purification of Sewage, being a Brief Account of the Scientific Principles of Sewage Purification and their Practical Application.* London: Crosby Lockwood.

Bates, W.H. (1886–1890) *Biologia Centrali-Americana. Insecta. Coleoptera. Pectinicornia and Lamellicornia.* Vol. 2, part 2. London: R.H. Porter.

Beaune, D., Bollache, L., Bretagnolle, F and Fruth, B. (2012) Dung beetles are critical in preventing post-dispersal seed removal by rodents in Congo rain forest. *Journal of Tropical Ecology* 28: 507–510.

Berry, P. (1993) From cow pat to frying pan: Australian herring (*Arripes georgianus*) feed on an introduced dung beetle (Scarabaeidae). *Western*

Australian Naturalist 19: 241–242.

Bewick, T. (1790) *A General History of Quadrupeds*. Newcastle upon Tyne: Hodgson, Beilby and Bewick.

Beynon, S.A. (2012) Potential environmental consequences of administration of antihelminthics to sheep. *Veterinary Parasitology* 189: 113–124.

Bowie, G.G.S. (1987) New sheep for old – changes in sheep farming in Hampshire, 1792–1879. *Agricultural History Review* 35: 15–24.

Bradley, J.D. (1982) Two new species of moths (Lepidoptera, Pyralidae, Chrysauginae) associated with the three-toed sloth (*Bradypus* spp.) in South America. *Acta Amazonica* 12: 649–656.

Bragg, A.N. (1957) Use of carrion by the beetle *Canthon laevis* (Coleoptera, Scarabaeidae). *Southwestern Naturalist* 2: 173.

Brussaard, L. (1983) Reproductive behaviour and development of the dung beetle *Typhaeus typhoeus* (Coleoptera: Geotrupidae). *Tijdschrift voor Entomologie* 126: 203–231.

Buckton, G.B. (1895) *The Natural History of Eristalis tenax or the Drone-fly*. London: Macmillan.

Cambefort, Y. and Walter, P. (1985) Description du nid et de la larve de *Paraphytus aphodioides* Boucomont et notes sur l'origine de la coprophagie et l'évolution des Coléoptères Scarabaeidae s. str. *Annales de la Société Entomologique de France (NS)* 21: 351–356.

Carpaneto, G.M., Mazziotta, A. and Valerio, L. (2007) Inferring species decline from collection records: roller dung beetles in Italy (Coleoptera, Scarabaeidae). *Diversity and Distributions* 13: 903–919.

Chapman, T.A. (1869) *Aphodius porcus*, a cuckoo parasite on *Geotrupes stercorarius*. *Entomologist's Monthly Magazine* 5: 273–276.

Cheyne, G. (1715) *Philosophical Principles of Religion, Natural and Revealed, in Two Parts. Part 1, Containing the Elements of Natural Philosophy and the Proofs of Natural Religion.* London: George Strahan.

Coe, M. (1977) The role of termites in the removal of elephant dung in the Tsavo (East) National Park Kenya. *East African Journal of Wildlife* 49: 49–55.

Coggan, N. (2012) Are native dung beetle species following mammals in the critical weight range towards extinction? *Proceedings of the Linnean Society of New South Wales* 134: A5–A9.

Constantine, B. (1994) A new ecological niche for *Gibbium aequinoctiale* Boieldieu (Ptinidae) in Britain, and a reconsideration of literature references to *Gibbium* spp. *The Coleopterist* 3: 25–28.

Coope, G.R. (1973) Tibetan species of dung beetle from late Pleistocene deposits in England. *Nature* 245: 335–336.

Cullen, P and Jones, R. (2012) Manure and middens in English place-names. In R. Jones (ed.) *Manure Matters: Historical, Archaeology and Ethnographic Perspectives.* Leicester: Ashgate.

Cummings, J.H. (1984) Constipation, dietary fibre and the control of large bowel function. *Postgraduate Medical Journal* 60: 811–819.

Curtis, J. (1823–1840) *British Entomology: Being Illustrations and Descriptions of the Genera of Insects found in Great Britain and Ireland... etc.* London: Printed for the author.

Curtis, V., Aunger, R. and Rabie, T. (2004) Evidence that disgust evolved to protect from risk of disease. *Proceedings of the Royal Society B (Suppl.)* 271: S131–S133.

Dacke, M., Baird, E., Byrne, M., Scholtz, C.H. and Warrant, E.J. (2013) Dung beetles use the Milky Way for orientation. *Current Biology* 23: 298–300.

Dalgleish, E.A. and Elgar, M.A. (2005) Breeding ecology of the rainforest dung beetle *Cephalodesmius armiger* (Scarabaeidae) in Tooloom National Park. *Australian Journal of Zoology* 53: 95–102.

Darby, M. (2014) Pitfall trap surveys of beetles in Langley Wood National Nature Reserve, Wiltshire. *British Journal of Entomology and Natural History* 27: 27–43.

Darwin, C. (1839) *Journal of Researches into the Geology and Natural History of the Various Countries Visited by HMS Beagle under the Command of Captain Fitzroy, RN from 1832 to 1836.* London: Henry Colburn.

Darwin, C. (1871) *The Descent of Man, and Selection in Relation to Sex.* London: John Murray.

Darwin, C. (1881) *The Formation of Vegetable Mould through the Action of Worms with Observations on their Habits.* London: John Murray.

Dennis, R.W.G. (1960) *British Cup Fungi and their Allies: an Introduction to the Ascomycetes.* London: Ray Society.

Disney, R.H.L. (1974) Speculations regarding the mode of evolution of some remarkable associations between Diptera (Cuterebridae, Simuliidae and Sphaeroceridae) and other arthropods. *Entomologist's Monthly Magazine* 110: 67–74.

Dortel, E., Thuiller, W., Lobo, J.M., Bohbot, H., Lumaret, J.P. and Jay-Robert, P. (2013) Potential effects of climate change on the distribution of Scarabaeidae dung beetles in Western Europe. *Journal of Insect Conservation* 17: 1059–1070.

Doube, B.M., Macqueen, A., Ridsill-Smith, T.J. and Weir, T.A. (1991) Native and introduced dung beetles in Australia. In I. Hanski and Y.Cambefort (eds)

Dung Beetle Ecology. Princeton: Princeton University Press. pp. 255–278.

Edwards, P.B. (2007) *Introduced Dung Beetles in Australia 1967–2007 – Current Status and Future Directions*. Maleny, Queensland: Dung Beetles for Landcare Farming Community.

Eisner, T. and Eisner, M. (2000) Defensive use of a fecal thatch by a beetle larva (*Hemisphaerota cyanea*). *Proceedings of the National Academy of Science of the United States of America* 97: 2632–2636.

el Jundi, B., Foster, J.J., Khaldy, L., Byrne, M.J., Dacke, M. and Baird, E. (in press) A snapshot-based mechanism for celestial orientation. *Current Biology*.

Fabre, J.-H. (1897) *Souvenirs entomologiques*. Paris: Delagrave.

Fabre, J.H. (1921) *Fabre's Book of Insects. Retold by Mrs Rodolph Stawall, illustrated by E.J. Detmold*. London: Hodder & Stoughton.

Farnworth, E.R., Modler, H.W. and Mackie, D.A. (1995) Adding Jerusalem artichoke (*Helianthus tuberosus* L.) to weanling pig diets and the effect on manure composition and characteristics. *Animal Feed Science and Technology* 55: 153–160.

Fenolio, D.B., Graening, G.O., Collier, B.A. and Stout, J.F. (2006) Coprophagy in a cave-adapted salamander; the importance of bat guano examined through nutritional and stable isotope analyses. *Proceedings of the Royal Society B* 273: 439–443.

Fijen, T.P.M., Kamp, J., Lameris, T.K., Pulikova, G., Urazaliev, R., Kleijn, D. and Donald, P.F. (2015) Functions of extensive animal dung 'pavements' around the nests of the black lark (*Melanocorphya yeltoniensis*). *The Auk* 132: 878–892.

Floate, K.D. (2011) Arthropods in cattle dung on Canada's grasslands. In D.J.

Floate (ed.) *Anthropods of Canadian grasslands*, Vol. 2: *Inhabitants of a Changing Landscape*. Biological Survey of Canada. pp. 71–88.

Fowler, W.W. (1890) *The Coleoptera of the British Islands. A Descriptive Account of the Families, genera and Species...etc. etc.* London: L. Reeve. Vol. 4.

Freymann, B., Buitenwerf, R., Desouza, O. and Olff, H. (2008) The importance of termites (Isoptera) for the recycling of herbivore dung in tropical ecosystems: a review. *European Journal of Entomology* 105: 165–173.

Galloway, J.M., Adamczewski, J., Schock, D.M., Andrews, T.D., MacKay, G., Bowyer, V.E., Meulendyk, T., Moorman, B.J. and Kutz, S.J. (2012) Diet and habitat of mountain woodland caribou inferred from dung preserved in 5000-year-old alpine ice in Swleyn Mountains, Northwest Territories, Canada. *Arctic* 65 (Suppl. 1): 59–79.

Goodhart, J.F. (1902) Round about constipation. *Lancet* ii: 1241.

Grebennikof, V.V. and Scholtz, C.H. (2004) The basal phylogeny of Scarabaeoidea (Insecta: Coleoptera) inferred from larval morphology. *Invertebrate Systematics* 18: 321–348.

Grimaldi, D. and Engel, M.S. (2005) *Evolution of the Insects*. Cambridge: Cambridge University Press.

Gunter, N.L., Weir, T.A., Slipinksi, A., Bocak, L. and Cameron, S.L. (2016) If dung beetles (Scarabaeidae: Scarabaeinae) arose in association with dinosaurs, did they also suffer a mass co-extinction at the K–Pg boundary? *PLoS ONE* 11(5): e0153570.

Halffter, G., Halffter, V and Favila, M.E. (2011) Food relocation and the nesting behavior in *Scarabaeus* and *Kheper* (Coleoptera: Scarabaeinae). *Acta Zoológica Mexicana* (*NS*) 27: 305–324.

Hanski, I. and Cambefort, Y. (eds) (1991) *Dung Beetle Ecology*. Princeton: Princeton University Press.

Harvey, P.H. and Godfray, C.J. (2001) A horn for an eye. *Science* 291: 1505–1506.

Heinrich, B. and Bartholomew, G.A. (1979a) Roles of endothermy and size in inter- and infra-specific competition for elephant dung in an African dung beetle, *Scarabaeus laevistriatus*. *Physiological Zoology* 52: 484–496.

Heinrich, B. and Bartholomew, G.A. (1979b) The ecology of the African dung beetle. *Scientific American* 241(5): 146–156.

Hertel, F. and Colli, G.R. (1998) The use of leaf-cutter ants, *Atta laevigata* (Smith) (Hymenoptera: Formicidae), as a substrate for oviposition by the dung beetle *Canthon virens* Mannerheim (Coleoptera: Scarabaeidae) in central Brazil. *Coleopterists Bulletin* 52: 105–108.

Hewitt, C.G. (1914) *The house fly*, Musca domestica, *Linnaeus. A Study of its Structure, Development, Bionomics and Economy*. Manchester: University of Manchester Press.

Hodge, P.J. (1995) *Copris lunaris* (L.) (Scarabaeidae) in Sussex. *The Coleopterist* 3: 82–83.

Hogue, C.L. (1983) An entomological explanation of Ezekial's wheels? *Entomological News* 94: 73–80.

Holloway, B.A. (1976) A new bat-fly family from New Zealand (Diptera: Mystacinobiidae). *New Zealand Journal of Zoology* 3: 279–301.

Holter, P. and Scholtz, C.H. (2007) What do dung beetles eat? *Ecological Entomology* 32: 690–697.

Howard, L.O. (1900) A contribution to the study of the insect fauna of human excrement (with especial reference to the spread of typhoid fever by flies).

Proceedings of the Washington Academy of Sciences 2: 541–604.

Howden, H. (1952) A new name for Geotrupes (Peltotrupes) chalybaeus LeConte with a description of the larvae and its biology. Coleopterists Bulletin 6: 41–48.

Janzen, D.H. (1986) Mice, big mammals, and seeds: it matters who defecates where. In A. Estrada and T.E. Fleming (eds) Frugivores and Seed Dispersal. Dordrecht: Junk. pp. 251–272.

Jones, A.W. (1961) The vegetation of the South Norwood or Elmers End Sewage Works. London Naturalist 40: 102–114.

Jones, R.A. (1984) Vespula germanica (F.) wasps hunting dung beetles Aphodius contaminatus (L.). Proceedings and Transactions of the British Entomological and Natural History Society 17: 36–37.

Jones, R.A. (1986) Some novel collecting methods for the coleopterist. Bulletin of the Amateur Entomologists' Society 45: 21–24.

King, F.H. (1911) Farmers of Forty Centuries, or Permanent Agriculture in China, Korea and Japan. Madison, WI: Mrs F.H. King.

Kirk-Spriggs, A.H., Kotrba, M and Copeland, R.S. (2011) Further details of the morphology of the enigmatic African fly Mormotomyia hirsuta Austen (Diptera: Mormotomyiidae). African Invertebrates 52: 145–165.

Klausnitzer, B. (1981) Beetles. New York: Exeter Books.

Knell, R. (2011) Male contest competition and the evolution of weapons. In L.W Simmons and T.J. Ridsdill-Smith (eds) Ecology and Evolution of Dung Beetles. Oxford: Wiley-Blackwell. pp. 47–65.

Koskela, H. and Hanski, I. (1977). Structure and succession in a beetle community inhabiting cow dung. Annales Zoologici Fennici 14: 204–223.

Larsen, T.H., Lopera, A., Forsyth, A. and Génier, F. (2009) From coprophagy to predation: a dung beetle that kills millipedes. *Biology Letters* 5: 152–155.

Lavoie, K.H., Helf, K.L and Poulson, T.L. (2007) The biology and ecology of North American cave crickets. *Journal of Cave and Karst Studies* 69: 114–134.

Lobo, J.M. (2001) Decline of roller dung beetle (Scarabaeinae) populations in the Iberian peninsula during the 20th century. *Biological Conservation* 97: 43–50.

Lumaret, J.-P. (1986) Toxicité de certains helminthicides vis-a-vis des insectes coprophages et conséquences sur la disparition des excréments de la surface du sol. *Acta Oecologica Oecologia Applicata* 7: 313–324.

Martin, A.J. (1935) *The Work of the Sanitary Engineer. A Handbook for Engineers, Students and Others Concerned with Public Health*. London: MacDonald and Evans.

Maruyama, M. (2012) A new genus and species of flightless, microphthalmic Corythoderini (Coleoptera: Scarabaeidae: Aphodiinae) from Cambodia, associated with *Macrotermes* termites. *Zootaxa* 3555: 83–88.

Matthews, E.G. (1963) Observations on the ball-rolling behaviour of *Canthon pilularius* (L.) (Coleoptera: Scarabaeidae). *Psyche* 70: 75–93.

McConnell, P. (1883) *Note-book of Agricultural Facts and Figures for Farmers and Farm Students*. London: MacDonald and Martin.

Medina, C.A., Molano, F. and Scholtz, C.H. (2013) Morphology and terminology of dung beetles (Coleoptera: Scarabaeidae: Scarabaeinae) male genitalia. *Zootaxa* 3626: 455–476.

Michelet, J. (1875) *The Insect*. London: Nelson & Sons.

Midgley, J.J., White, J.D.M., Johnson, S.D. and Bronner, G.N. (2015) Faecal mimicry by seeds ensures dispersal by dung beetles. *Nature Plants* 1:15141.

Moczec, A.P. (2006) Integrating micro- and macro-evolution of development through the study of horned beetles. *Heredity* 97: 168–178.

Moczec, A.P. and Nijhout, H.F. (2004) Trade-offs during the development of primary and secondary sexual traits in a horned beetle. *American Naturalist* 163: 184–191.

Negro, J.J., Grande, J.M., Tella, J.L., Garrido, J., Hornero, D., Donazar, J.A., Sanchez-Zapata, J.A., Benitez, J.R. and Barcell, M. (2002) An unusual source of essential carotenoids. A yellow-faced vulture includes ungulate faeces in its diet for cosmetic purposes. *Nature* 416: 807.

Nichols, E. and Gómez, A. (2014) Dung beetles and fecal helminth transmission: patterns, mechanisms and questions. *Parasitology* 141: 614–623.

Nichols, E., Gardner, T.A., Peres, C.A., Spector, S. and the Scarabaeinae Research Network (2009) Co-declining mammals and dung beetles: an impending ecological cascade. *Oikos* 118: 481–487.

Nilssen, A.C., Åsbakk, K., Haugerus, R.E., Hemmingsen, W and Oksanen, A. (1999) Treatment of reindeer with ivermectin – effects on dung insect fauna. *Rangifer* 19: 61–69.

Parker, G.A. (1970) Sperm competition and its evolutionary effect on copula duration in the fly *Scatophaga stercoraria*. *Journal of Insect Physiology* 16: 1301–1328.

Pauli, J.N., Mendoza, J.E., Steffan, S.A., Carey, C.C., Weimer, P.J. and Peery, M.Z. (2014) A syndrome of mutualism reinforces the lifestyle of a sloth. *Proceedings of the Royal Society B* 281: 20133006.

Peck, S.B. and Kukalova-Peck, J. (1989) Beetles (Coleoptera) of an oil-bird cave: Cueva del Guacharo, Venezuela. *Coleopterists Bulletin* 43: 151–156.

Péréz-Ramos, I.M., Marañon, T., Lobo, J.M. and Verdu, J.R. (2007) Acorn removal and dispersal by the dung beetle *Thorectes lusitanicus*: ecological implications. *Ecological Entomology* 32: 349–356.

Philips, T.K. (2011) The evolutionary history and diversification of dung beetles. In L.W Simmons and T.J. Ridsdill-Smith (eds), *Ecology and Evolution of Dung Beetles*. Oxford: Wiley-Blackwell. pp. 21–46.

Pizo, M.A., Guimarães, P.R. and Oliviera, P.S. (2005) Seed removal by ants produced by different vertebrate species. *Ecoscience* 12: 136–140.

Popp, J.W. (1988) Selection of horse dung pats by foraging house sparrows. *Field Journal of Ornithology* 59: 385–388.

Pratt, T.K. (1988). *Dictionary of Prince Edward Island English*. Toronto: University of Toronto Press.

Putman, R.J. (1983) *Carrion and Dung. The Decomposition of Animal Wastes*. Studies in Biology No. 156. London: Edward Arnold.

Ratcliffe, B.C. (1980) A new species of Coprini (Coleoptera: Scarabaeidae: Scarabaeinae) taken from the pelage of three toed sloths (*Bradypus tridactylus* L.) (Edentata: Bradypodidae) in central Amazonia with a brief commentary on scarab–sloth relationships. *Coleopterists Bulletin* 34: 337–350.

Reitter, E. 1908–1916. *Fauna Germanica. Die Käfer des Deutschen Reiches*. Stuttgart: Lutz, 5 vols.

Richardson, M.J. and Watling, R. (1997) *Keys to Fungi on Dung*. Stourbridge: British Mycological Society.

Rideal, S. (1900) *Sewage and the Bacterial Purification of Sewage*. London: Robert Ingram.

Ridsdill-Smith, T.J. and Edwards, P.B. (2011) Biological control: ecosystem functions provided by dung beetles. In L.W Simmons and T.J. Ridsdill-Smith (eds) *Ecology and Evolution of Dung Beetles*. Oxford: Wiley-Blackwell. pp. 245–266.

Sajo, K. (1910) *Aus dem Leben der Käfer*. Leipzig: Thomas.

Salgado, S.S., Motta, P.C., de Souza Aguiar, L.M. and Nardoto, G.B. (2014) Tracking dietary habits of cave arthropods associated with deposits of hematophagous bat guano: a study from a neotropical savanna. *Austral Ecology* 39: 560–566.

Salmon, W. (1693) *Seplasium. The Compleat English Physician: or the Druggist's Shop Opened, Explicating all the Particulars of which Medicines at this Day are Composed and Made, Shewing their Various Names and Natures*. London: Gilliflower and Sawbridge.

Sánchez, M.V. and Genise, G.F. (2009) Cleptoparasitism and detritivory in dung beetle fossil brood balls from Pategonia, Argentina. *Palaeontology* 52: 837–848.

Scholtz, C.H., Davis, A. and Kryger, U. (eds) (2009) *Evolutionary Biology and Conservation of Dung Beetles*. Sofia: Pensoft Publishers.

Scholtz, C.H., Harrison, J.du G. and Grebennikov, V.V. (2004) Dung beetle (*Scarabaeus* (*Pachysoma*)) biology and immature stages: reversal to ancestral states under desert conditions Coleoptera: Scarabaeidae)? *Biological Journal of the Linnean Society* 83: 453–460.

Shaw, G. (1806) *General Zoology or Systematic Natural History*. Vol. VI, Part II, Insects. London: Kearsley.

Shepherd, V.A. and Chapman, C.A. (1998) Dung beetles as secondary seed dispersers: impact on seed predation and germination. *Journal of Tropical Ecology* 14: 199–215.

Simmons, L.W. and Emlen, D.J. (2006) Evolutionary trade-off between weapons and testes. *Proceedings of the National Academy of Sciences of the United States of America* 103: 16346–16351.

Simmons, L.W. and Ridsdill-Smith, T.J. (eds) (2011a) *Ecology and Evolution of Dung Beetles*. Oxford: Wiley-Blackwell.

Simmons, L.W. and Ridsdill-Smith, T.J. (2011b) Reproductive competition and its impact on the evolution and ecology of dung beetles. In L.W Simmons and T.J. Ridsdill-Smith (eds) *Ecology and Evolution of Dung Beetles*. Oxford: Wiley-Blackwell. pp. 1–20.

Skidmore, P. (1991) *Insects of the British Cow-dung Community*. Occasional Publication No. 21. Preston Montford: Field Studies Council.

Smith, A.B.T., Hawks, D.C. and Heraty, J.M. (2006) An overview of the classification and evolution of the major scarab beetle clades (Coleoptera: Scarabaeoidea) based on preliminary molecular analyses. *Coleopterists Society Monographs* 5: 35–46.

Stavert, J.R., Gaskett, A.C., Scott, D.J. and Beggs, J.R. 2014. Dung beetles in an avian-dominated island ecosystem: feeding and trophic ecology. *Oecologia* 176: 259–271.

Sutton, G., Bennett, J. and Bateman, M. (2013) Effects of ivermectin residues on dung invertebrate communities in a UK farmland habitat. *Insect Conservation and Diversity* 7: 64–72.

Swammerdam, J. (1669) *Historia Insectorum Generalis, etc.* Utrecht: Meinardus van Drevnen.

Sykes, W.H. (1835) Observations upon the habits of *Copris midas. Transactions of the Entomological Society of London* 1: 130–132.

Telfer, M.G., Lee, P. and Lyons, G. (2004) The pride of Kent *Emus hirtus*

(L.1758) at Elmley Marshes RSPB reserve. *Bulletin of the Amateur Entomologists'Society* 63: 44–46.

Tribe, G.D and Burger, B.V. (2011) Olfactory ecology. In L.W Simmons and T.J. Ridsdill-Smith (eds) *Ecology and Evolution of Dung Beetles*. Oxford: Wiley-Blackwell. pp. 87–106.

Vaz-de-Mello, F.Z. (2007) Revision and phylogeny of the dung beetle genus *Zonocopris* Arrow 1932 (Coleoptera: Scarabaeidae: Scarabaeinae), a phoretic of land snails. *Annales de la Société Entomologique de France* (*NS*) 43: 231–239.

Wall, R. and Strong, L. (1987) Environmental consequences of treating cattle with the antiparasitic drug ivermectin. *Nature* 327: 418–421.

Wallace, A.R. (1853) *Narrative of Travels on the Amazon and Rio Negro, with an Account of the Native Tribes, and Observations on the Climate, Geology, and Natural History of the Amazon Valley*. London: Reeve & Co.

Wassell, J.L.H. (1966) Coprophagous weevils (Coleoptera: Curculionidae). *Australian Journal of Entomology* 5: 73–74.

Young, O.P. (1978) *Resource Partitioning in a Neotropical Necophagous Scarab Guild*. PhD thesis, University of Maryland.

Young, O.P. (1981a) The attraction of Neotropical Scarabaeinae (Coleoptera: Scarabaeidae) to reptile and amphibian fecal material. *Coleopterists Bulletin* 35: 345–348.

Young, O.P. (1981b) The utilization of sloth dung in a neotropical forest. *Coleopterists Bulletin* 35: 427–430.

生物名索引

　　本索引非原著索引。原著索引所列条目共680多条，以生物名（拉丁学名及英文俗名，其中拉丁学名共330多条）为主，亦包括地名、人名，以及部分其他名词，但并非正文所涉相关条目的全部。译著涉及的名词多于原著，若以原著原则构建索引，仅生物学名、地名、人名的西文条目就有约1200条。由于篇幅所限，译者在此仅构建生物拉丁学名及相应中文名的索引，共1332条。其中，拉丁学名共664条，后多附有中文名，个别异名者，其后所附为当前的拉丁学名。译者将上述中文名另作索引（不包括人、牛、马等高频单字词条），生成中文条目，共668条，其中亦包括部分其他译名，以及个别未在正文中标注拉丁学名的分类阶元中文名。另有个别条目，其索引页码所指的正文内容，或作为多系群的通称（如词条"粪金龟"，在文中有指物种粪金龟处，但多作为粪金龟科或粪金龟属甲虫的通称），或作为组合词（如词条"獾"，也包括獾粪、獾穴等）。

译后记

当您读到这里的时候，我希望您没有感到失望。不过，无论您失望与否，原书都值得一买，值得一读。毕竟，其中的英式冷幽默不是我的笔力所能再现的。然而，即便您有所失望，我认为您手中的译本也非百无一用。我虽算不上优秀译者，但也接受过与本书内容相关背景的专业训练，而且自以为是个有心的读者。所以，我站在读者的立场上，尽己所能，把读书笔记留在脚注里。通过这些脚注，我得以藏拙，让没有专业背景的读者更好地领会原书的宗旨，也给有专业背景的读者留下进一步探究的线索。我相信，即便在阅读原文时，这些注解也派得上用场。

我翻译本书纯属意外。2018年初夏，我刚将重译的古尔德代表作《美好的生命——伯吉斯页岩与历史本质》(*Wonderful Life: The Burgess Shale and the Nature of History*, 1989, Stephen Jay Gould) 交稿，正投入该书后续之作《万物生灵——从柏拉图到达尔文的卓越之变》(*Full House: The Spread of Excellence from Plato to Darwin*, 1996, Stephen Jay Gould) 的重译工作。所以，接到试译本书的邀约，我本不抱被选中的指望。在相当程度上，参与试译，是我不好拒绝。

之所以愿意一试，仍是因为其主题有可取之处。十多年前，由于蛋白质组研究的进展，昆虫粪便一度成为化学生态学研究的新热点。我记得有一名来接受研究生面试的学生说，将来希望研究昆虫粪便。就如在本书末章里 frass 词条中说的那样，我们昆虫学研究人员就如此称呼它，或者称之为 feces。有不知内情的同学表示不解，另一同学说，就是 poo。

　　昆虫粪便有什么好研究的呢？通过分析植食昆虫粪便中的蛋白组，昆虫学家曾在其中发现植物诱导性防御、抑制昆虫有效吸收营养的蛋白酶，在穿肠而过后仍保持活性。后来，他们也曾从虫粪中发现昆虫反制植物诱导性防御的证据。这些，都拓宽了我们对植物 – 昆虫互作关系理解的广度。尽管我早已不从事这一领域的研究，但对它的兴趣仍未泯灭。在目睹原书封面之前，见到标题是动物粪便，又发现相当大的篇幅是昆虫，我所联想到的，并非是利用粪便的粪虫，而是以为“虫粪研究”领域有了巨大进展，以至于可自成一书。

　　此外，正文开头也吸引了我。我虽非 Monty Python 的铁粉，但看过他们的多部电影、音乐会实况录像、一些经典小品，也熟悉他们的几首经典歌曲，甚至十几年来主要用其铁粉开发的 python 语言编写自用代码。以 Monty Python 笑话开头的文字，我怎么会不被吸引。

　　显然，本书内容与我的想象截然不同。然而，当我察觉时，已是试译之后。彼时，我已被告知译稿被选中。对于我来说，这构成一个挑战。不过，我向来喜欢有挑战性的选择。我以为按前一本译作的工作速度，在当年秋天之前可以完成《万物生灵》的重译，然后可以安心翻译本书。只是事与愿违，本书的翻译工作直到 2019 年初才开始。而且，一反自己的原则，我未先读完全书，便贸然开始翻译。

　　对于前三章的内容，每译一页，我都需要花费大量时间考证。我甚至怀疑手头的预览电子版不是终稿，在就近的外文书店寻书未果后，继而联系了作者，通过他的介绍，原书编辑发给我一个“个头”更大的电子版。这仍不能解开我心中的结。得知有亲友回国，我托他们给我带回纸质原著。彼时已到3月底。

对于第一章，我须逐一了解从人到相关动物，尤其是牛的消化过程，还有大量奇异的动物粪便术语。对于第二章，诸多半个多世纪前甚至史前时代的污水处理手段，也让我举步维艰。即便我专程去国家图书馆好几次，试图找到适当的参考，收获却十分有限。到第三章，我仍然感觉自己像是在考古。但无论如何，第四章给人希望，因为那讲的是昆虫。

然而，刚译到第二节，我便被击垮了。让我感到崩溃的不是内容，而是物种学名。于是我停下翻译，集中解决拉丁学名的"汉化"问题。我对自己查找物种中文名是有信心的，2005年之前，生物多样性数据电子化尚未具规模之时，由于工作需要，我逐页查阅过1949年以后出版的几乎所有关于植物、昆虫、真菌的志书。即便对于不明的化石标本，我也知道从何处找到命名依据，给它一个合适的临时汉语称呼。但昆虫中文名不同，它好比黑洞，大而未知，甲虫更是质量巨大的"黑洞"。即便我不得不按从前的工作方法，根据索引内容，列出书中出现的所有拉丁名，确定各分类阶元的阶元，再按图索骥，查找所有可查的工具书、学术论文及学位论文，可到头来，问题也只能解决一半。这或许与我的原则有关，作为半个专业人士，我尊重前人成果。我的原则便是，如果有前人命名，我不另作命名，但确定是否有人命名也是一个费事耗神的活。

这时，我已收到纸质原著，趁查找的间隙，我终于将全书完整地读了一遍。随后，我发现工作策略的一大失误。我应该先翻译本书最后三章，即"粪志""粪虫""粪典"。它们兼具工具书的功能，对于译者而言，它们就像给代码机器学习的数据，经过它们的日熏月浸，看似生僻繁杂的术语，总能形成统一的规则定式。实际上，第一章中出现的粪便别称不仅在"粪志"中列出，在"粪典"中还有解释，而第三章中的古代厕所称谓，在"粪典"中也有详述。此外，我也发现，第四章到第十章是本书的主体内容，它们在我熟悉的范畴之内，并不构成挑战。

于是，我跳过主体内容，从第十一章"粪志"开始译起，并在第十二章各论"粪虫"的"虫志"中确定了自己为鞘翅目昆虫临时命名的原则，对于十三章"粪典"，我反而感到轻松，因为我已将三大英文字典全部用上。

这些准备工作给我的最大收获，便是有机会用上这些字典，这是我初学英语时未想象过的。除了使用Merriam-Webster官网提供的各韦氏字典产品，我用上了类似《辞源》的《牛津英语词典》，1889年版的《新世纪词典》，甚至《牛津拉丁语词典》及"古老"的《拉英词典》。

也是在这一阶段，为催稿所迫，我接受了另找译者翻译未完成章节，最后由我统稿的建议。这让我有些失落。在完成第四章的翻译后，九月初，我开始对他人援译的第五章到第十章进行统稿。然而，很快我便发现这部分初稿的风格和对原文的理解与我的处理之间有较大的距离。最终，两个月之后，我的统稿几近等同于重译。至少，我的"人肉机器学习"最终派上了用场。而在这一阶段，我对甲虫命名有了新的认识。

在此之前，除了查阅前述参考工具，我还参考过2018年出版的杨干燕等人的译作《甲虫博物馆》。除此之外，我只能依据拉丁名构词、命名原文献释义、昆虫行为特性等来指定中文名。虽曾见到一本台湾出版的《粪金龟的世界》（陈克敏，2002）的信息，但我未留意其英文书名，而本书中出现的粪金龟并不多，也非疑难。在查阅台湾的生物多样性网站时，我发现该书书名中的"粪金龟"指的是金龟亚科（即蜣螂亚科）的"正牌"蜣螂，便去国图调阅了该书。该书有其可取之处，虽与我的疑难少有重叠之处，但书中列出的对各个标本的中文定名依据吸引了我的注意。

在《粪金龟的世界》第一章"有关中译名的问题"里，我发现文中提到一本一个多世纪前出版的《〈赖氏日耳曼动物志〉甲虫学名释义》

（*Erklärung der wissenschaftlichen Käfernamen aus Reitter's Fauna Germanica,* 1917）。我接触过《日耳曼动物志》甲虫卷，但我不懂德语，主要是为了看图版。通过这一线索，我找到成于一战期间但未遂作者之愿，在战后未能得到补充的这本甲虫学名释义书，以及同一作者于1894年出版的《鞘翅目昆虫命名》（*Nomenclator Coleopterologicus*）。尽管后者的释义为德语，但借助翻译工具，我能看懂。得益于这些书，我的大部分疑难由此解决。

在此，我要感谢为本书翻译提供帮助的朋友。感谢高文艳女士出手相助，为我准备第五至十章初稿，感谢张瑞海博士为我试读译文第一稿，感谢焦晓国博士为我审读修改稿，感谢王庆海博士为我审读作者序，感谢吴涛博士为我传递历史文献，感谢中国农业科学院农业环境与可持续发展研究所张国良博士、付卫东女士、宋振博士、王忠辉及王薇等同志为我提供便利。感谢双翅目昆虫系统分类研究专家陈小琳博士提供广菲思斑蝇中文学名。特别感谢蜣螂亚科系统分类专家白明博士为我审读终稿并撰写推荐序。最后，感谢我的家人，为我提供巨大的支持。

郑　浩

2020年9月1日凌晨于北京宽街陋室